MATHEMATIK zur Fachhochschulreife

Technische Richtung

Komplexe Zahlen, Funktionen, Folgen und Reihen, Differential- und Integralrechnung, Vektoralgebra

LÖSUNGEN

Von Juliane Brüggemann
Berthold Heinrich
Reinhard Sobczak
Rolf Schöwe
Jost Knapp
Rudolf Borgmann

unter Mitarbeit der Verlagsredaktion

Cornelsen

In den Marginalien – z. B. 10 – wird die Seitennummer der Aufgabenstellung im Lehrbuch angezeigt.

Redaktion: Bettina Klein, Dr. Horst Wedell, Dr. Jürgen Wolff
Herstellung: Wolf-Dieter Stark

Titelfoto: Henrik Pohl, Berlin
Technische Zeichnungen: Wolfgang Mattern, Bochum
Technische Umsetzung: Universitätsdruckerei H. Stürtz AG, Würzburg

Cornelsen online http://www.cornelsen.de

1. Auflage € Druck 5 4 3 Jahr 03

Druck: Universitätsdruckerei H. Stürtz AG, Würzburg

ISBN 3-464-41271-7

Bestellnummer 412717

gedruckt auf säurefreiem Papier, umweltschonend hergestellt aus chlorfrei gebleichten Faserstoffen

Inhaltsverzeichnis

1 Die Zahlenmengen

1.1 Natürliche, ganze, rationale und reelle Zahlen

1. a) $\frac{49}{60}$ **b)** $-\frac{1}{72}$ **c)** $\frac{1}{2}$
d) $\frac{121}{84}=1\frac{37}{84}$ **e)** $\frac{349}{120}=2\frac{109}{120}$ **f)** $-\frac{43}{5}=-8\frac{3}{5}$

2. a) 20 **b)** 2 **c)** $\frac{8}{3}=2\frac{2}{3}$ **d)** $\frac{108}{17}=6\frac{6}{17}$
e) $\frac{3}{8}$ **f)** $\frac{54}{49}=1\frac{5}{49}$ **g)** $\frac{186}{7}=26\frac{4}{7}$ **h)** $\frac{53}{3}=17\frac{2}{3}$
i) $\frac{748}{15}=49\frac{13}{15}$ **j)** $\frac{310}{9}=34\frac{4}{9}$ **k)** 2 **l)** $\frac{195}{14}=13\frac{13}{14}$

3. a) $\frac{1}{9}$ **b)** $\frac{1}{3}$ **c)** $\frac{10}{7}=1\frac{3}{7}$
d) 54 **e)** $\frac{15}{8}=1\frac{7}{8}$ **f)** $\frac{8}{3}=2\frac{2}{3}$

4. a) 0,7169811 **b)** 0,7157894 **c)** 1,4142012

5. a) $\frac{38}{53}$ **b)** $\frac{68}{95}$ **c)** $\frac{239}{169}=1\frac{70}{169}$

6. a) 4 184 472,8643 dm^2 **b)** 181 242,597479 g

7. a) 3; $b \neq 0$ **b)** keine Vereinfachung möglich; $a \neq 1$
c) keine Vereinfachung möglich; $x, y, z \neq 0$
d) $\frac{b-c}{b+c}$; $a \neq r,\ b \neq c,\ r, c \neq 0$

8. a) $D=\mathbb{Q};\ L=\left\{\frac{1}{3}\right\}$ **b)** $D=\mathbb{Q};\ L=\left\{\frac{3}{4}\right\}$
c) $D=\mathbb{Q};\ L=\left\{\frac{c}{a-2b}\right\},\ a \neq 2b$ **d)** $D=\mathbb{Q};\ L=\{0{,}8\}$
e) $D=\mathbb{Q};\ L=\left\{\frac{5}{6}\right\}$ **f)** $D=\mathbb{Q}\setminus\left\{\frac{1}{3};\ 1;\ \frac{8}{3};\ 3\right\};\ L=\left\{\frac{4}{9}\right\}$

9. a)

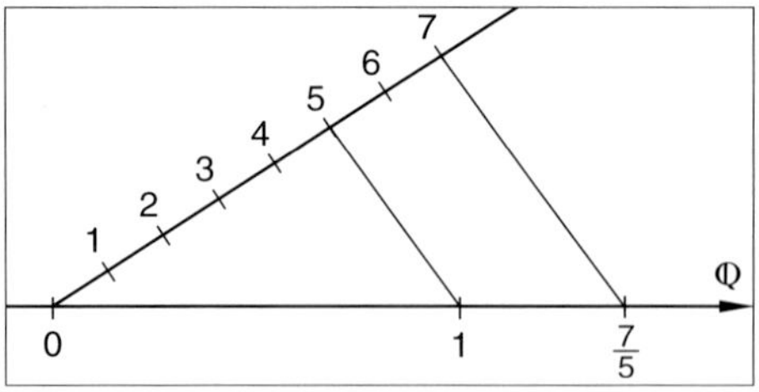

b)

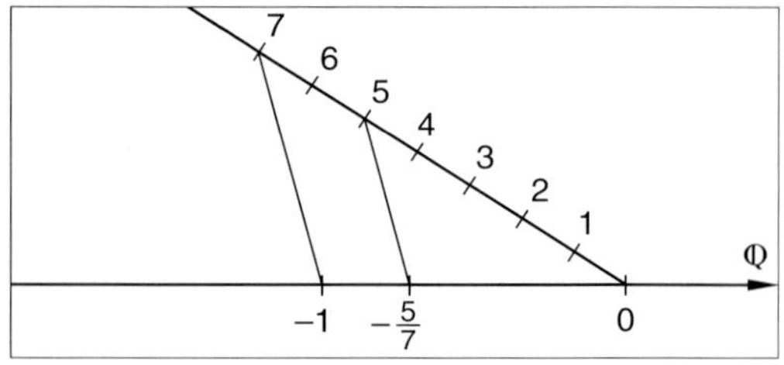

c)

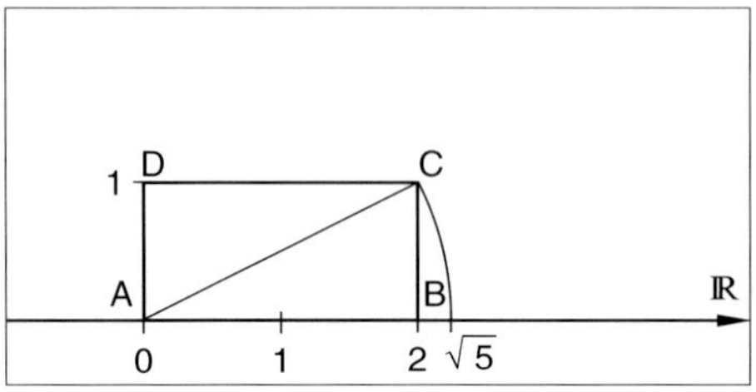

d)

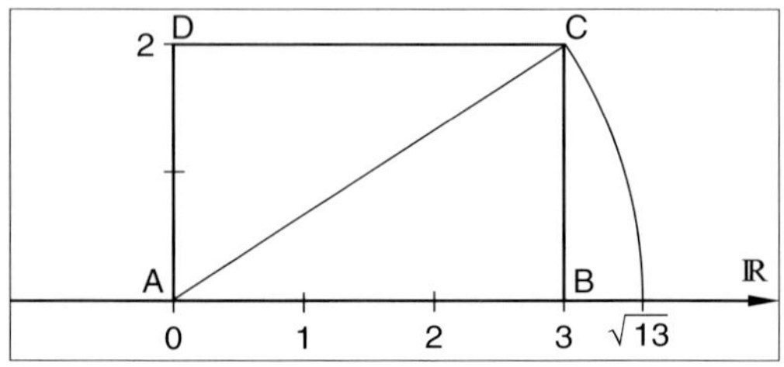

10. a) Zuerst wird die Zahlengerade gezeichnet und maßstäblich eingeteilt. Vom Punkt 0 aus wird ein Strahl unter einem Winkel $< 90°$ zur Zahlengeraden gezeichnet. Auf diesem Strahl werden mit Hilfe des Zirkels gleich lange Strecken abgetragen. Durch den Teilungspunkt 5 und die Zahl 1 auf der Zahlengeraden wird eine Gerade gezeichnet. Die Parallele zu dieser Geraden durch den Teilungspunkt 7 schneidet die Zahlengerade bei $\frac{7}{5}$.

b) Konstruktion wie a), nur von 0 aus nach links in den negativen Bereich; die Gerade durch den Teilungspunkt 7 und 1 auf der Zahlengeraden ist parallel bis zum Teilungspunkt 5 zu verschieben.

c) d) Wir zeichnen über der Einheitsstrecke der Zahlengeraden jeweils ein Rechteck *ABCD* mit den Längenmaßzahlen 2 und 1 (3 und 2). Nach dem Lehrsatz des Pythagoras hat die Diagonale eine Längenmaßzahl x, die der quadratischen Gleichung

$$x^2 = 2^2 + 1^2 = 5 \quad (x^2 = 3^2 + 2^2 = 13)$$

entspricht. Der Kreisbogen mit dem Radius $x = |\overline{AC}|$ schneidet die Zahlengerade in jeweils dem Punkt, der der Längenmaßzahl

$$x = \sqrt{5} \quad \left(x = \sqrt{13}\right) \text{ entspricht.}$$

11. a) Aus $x^2 = 5$ und der Annahme $x = \frac{p}{q}$ folgt $\frac{p^2}{q^2} = 5$, also $p^2 = 5\,q^2$.

Da auf der linken Seite der letzten Gleichung das Quadrat einer ganzen Zahl steht, kommt dort der Primfaktor 5 in geradzahliger Anzahl vor. Ebenso tritt in der Primfaktorzerlegung von q^2 der Primfaktor 5 in gerader Anzahl auf. Da aber auf der rechten Seite der Gleichung ein weiteres Mal der Faktor 5 vorkommt, tritt der Primfaktor 5 rechts in ungeradzahliger Anzahl auf. Die Gleichung $p^2 = 5\,q^2$ kann also niemals gelten.

b) Aus $x^2 = 13$ und der Annahme $x = \frac{p}{q}$ folgt $\frac{p^2}{q^2} = 13$, also $p^2 = 13\,q^2$.

Da auf der linken Seite der letzten Gleichung das Quadrat einer ganzen Zahl steht, kommt dort der Primfaktor 13 in geradzahliger Anzahl vor. Ebenso tritt in der Primfaktorzerlegung von q^2 der Primfaktor 13 in gerader Anzahl auf. Da aber auf der rechten Seite der Gleichung ein weiteres Mal der Faktor 13 vorkommt, tritt der Primfaktor 13 rechts in ungeradzahliger Anzahl auf. Die Gleichung $p^2 = 13\,q^2$ kann also niemals gelten.

c) Aus $x^2 = 8 = 2^3$ und der Annahme $x = \frac{p}{q}$ folgt $\frac{p^2}{q^2} = 2^3$, also $p^2 = 2^3\,q^2$.

Da auf der linken Seite der letzten Gleichung das Quadrat einer ganzen Zahl steht, kommt dort der Primfaktor 2 in geradzahliger Anzahl vor. Ebenso tritt in der Primfaktorzerlegung von q^2 der Primfaktor 2 in gerader Anzahl auf. Da aber auf der rechten Seite der Faktor 2 zusätzlich dreimal vorkommt, tritt der Primfaktor 2 rechts in ungeradzahliger Anzahl auf. Die Gleichung $p^2 = 2^3\,q^2$ kann also niemals gelten.

d) Aus $x^2 = \frac{2}{3}$ und der Annahme $x = \frac{p}{q}$ folgt $\frac{p^2}{q^2} = \frac{2}{3}$, also $3p^2 = 2q^2$.

Da auf der linken Seite der letzten Gleichung das Quadrat einer ganzen Zahl steht, kommt dort der Primfaktor 2 in geradzahliger Anzahl vor. Ebenso tritt in der Primfaktorzerlegung von q^2 der Primfaktor 2 in gerader Anzahl auf. Da aber auf der rechten Seite der Gleichung ein weiteres Mal der Faktor 2 vorkommt, tritt der Primfaktor 2 rechts in ungeradzahliger Anzahl auf. Die Gleichung $3p^2 = 2q^2$ kann also niemals gelten.

Bemerkung: Man kann beim letzten Beweis auch die jeweilige Anzahl des Primfaktors 3 betrachten.

12. a)

$2 < x < 3$	denn	$2^2 = 4$	< 5	< 6		$= 3^2$
$2{,}2 < x < 2{,}3$	denn	$2{,}2^2 = 4{,}84$	< 5	$< 5{,}29$		$= 2{,}3^2$
$2{,}23 < x < 2{,}24$	denn	$2{,}23^2 = 4{,}979$	< 5	$< 5{,}0176$		$= 2{,}24^2$
$2{,}236 < x < 2{,}237$	denn	$2{,}236^2 = 4{,}999696$	< 5	$< 5{,}004169$		$= 2{,}237^2$
$2{,}2360 < x < 2{,}2361$	denn	$2{,}2360^2 = 4{,}999696$	< 5	$< 5{,}0001432$		$= 2{,}2361^2$
$2{,}23606 < x < 2{,}23607$	denn	$2{,}23606^2 = 4{,}9999643$	< 5	$< 5{,}000009$		$= 2{,}23607^2$
$2{,}236067 < x < 2{,}236068$	denn	$2{,}236067^2 = 4{,}9999956$	< 5	$< 5{,}0000001$		$= 2{,}236068^2$

b)

$0{,}9 < x < 1$	denn	$0{,}9^2 = 0{,}81$	$< 0{,}9$	< 1		$= 1^2$
$0{,}94 < x < 0{,}95$	denn	$0{,}94^2 = 0{,}8836$	$< 0{,}9$	$< 0{,}9025$		$= 0{,}95^2$
$0{,}948 < x < 0{,}949$	denn	$0{,}948^2 = 0{,}898704$	$< 0{,}9$	$< 0{,}900601$		$= 0{,}949^2$
$0{,}9486 < x < 0{,}9487$	denn	$0{,}9486^2 = 0{,}8998419$	$< 0{,}9$	$< 0{,}9000316$		$= 0{,}9487^2$
$0{,}94868 < x < 0{,}94869$	denn	$0{,}94868^2 = 0{,}8999937$	$< 0{,}9$	$< 0{,}9000127$		$= 0{,}94869^2$
$0{,}948683 < x < 0{,}948684$	denn	$0{,}948683^2 = 0{,}8999994$	$< 0{,}9$	$< 0{,}9000013$		$= 0{,}948684^2$

c)

$1 < x < 1{,}6$	denn	$1^2 = 1$	$< 2{,}5$	$< 2{,}56$		$= 1{,}6^2$
$1{,}58 < x < 1{,}59$	denn	$1{,}58^2 = 2{,}4964$	$< 2{,}5$	$< 2{,}5281$		$= 1{,}59^2$
$1{,}581 < x < 1{,}582$	denn	$1{,}581^2 = 2{,}499561$	$< 2{,}5$	$< 2{,}502724$		$= 1{,}582^2$
$1{,}5811 < x < 1{,}5812$	denn	$1{,}5811^2 = 2{,}4998772$	$< 2{,}5$	$< 2{,}5001934$		$= 1{,}5812^2$
$1{,}58113 < x < 1{,}58114$	denn	$1{,}58113^2 = 2{,}4999721$	$< 2{,}5$	$< 2{,}5000037$		$= 1{,}58114^2$
$1{,}581138 < x < 1{,}581139$	denn	$1{,}581138^2 = 2{,}4999974$	$< 2{,}5$	$< 2{,}5000005$		$= 1{,}581139^2$

d)

$1{,}7 < x < 1{,}8$	denn	$1{,}7^2 = 2{,}89$	$< \pi$	$< 3{,}24$		$= 1{,}8^2$
$1{,}77 < x < 1{,}78$	denn	$1{,}77^2 = 3{,}1329$	$< \pi$	$< 3{,}1684$		$= 1{,}78^2$
$1{,}772 < x < 1{,}773$	denn	$1{,}772^2 = 3{,}139984$	$< \pi$	$< 3{,}143529$		$= 1{,}773^2$
$1{,}7724 < x < 1{,}7725$	denn	$1{,}7724^2 = 3{,}1414018$	$< \pi$	$< 3{,}1417563$		$= 1{,}7725^2$
$1{,}77245 < x < 1{,}77246$	denn	$1{,}77245^2 = 3{,}141579$	$< \pi$	$< 3{,}1416145$		$= 1{,}77246^2$
$1{,}772453 < x < 1{,}772454$	denn	$1{,}772453^2 = 3{,}1415896$	$< \pi$	$< 3{,}1415932$		$= 1{,}772454^2$

1.2 Komplexe Zahlen

16

1. a) $z_1 = 4 + 2j$ $z_2 = 1 + j$ $z_3 = 1 + 3j$ $z_4 = -3 + 2j$ $z_5 = -3 + j$

$z_6 = -4 - j$ $z_7 = -1 - 4j$ $z_8 = 1 - 3j$ $z_9 = 1 - 2j$ $z_{10} = 3 - 2j$

b) $z_1 = 2$ $z_2 = 3{,}5 + j$ $z_3 = 1{,}5 + 2{,}5j$ $z_4 = 1{,}5j$ $z_5 = -3 + 3{,}5j$

$z_6 = -1{,}5$ $z_7 = -2{,}5 - 3{,}5j$ $z_8 = -2{,}5j$ $z_9 = 2{,}5 - 1{,}5j$ $z_{10} = 3 - 0{,}5j$

2.

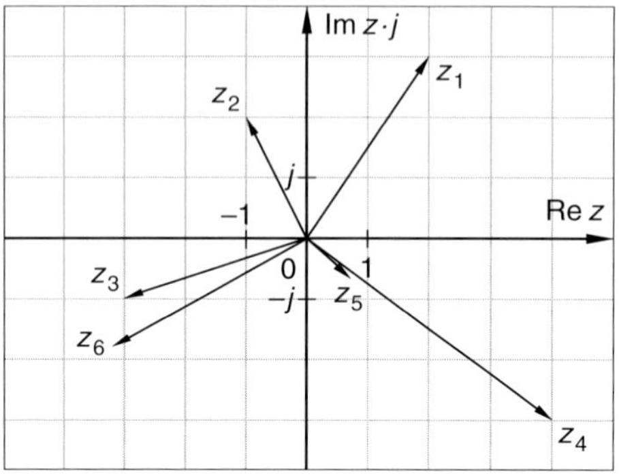

3. a) $\{z \mid z = a + bj \wedge a \in \mathbb{R}^{>1} \wedge b \in \mathbb{R} \wedge j^2 = -1\}$

b) $\{z \mid z = a + bj \wedge a \in \mathbb{R} \wedge b \in \mathbb{R}^{\leq 1} \wedge j^2 = -1\}$

c) $\{z \mid z = a + bj \wedge a, b \in \mathbb{R} \wedge a = b \wedge j^2 = -1\}$

d) $\{z \mid z = a + bj \wedge a, b \in \mathbb{R} \wedge \sqrt{a^2 + b^2} = 1 \wedge j^2 = -1\}$

e) $\{z \mid z = a + bj \wedge a, b \in \mathbb{R} \wedge \sqrt{a^2 + b^2} \leq 1 \wedge j^2 = -1\}$

f) $\{z \mid z = a + bj \wedge a, b \in \mathbb{R} \wedge \sqrt{a^2 + b^2} > 1 \wedge j^2 = -1\}$

4. a)

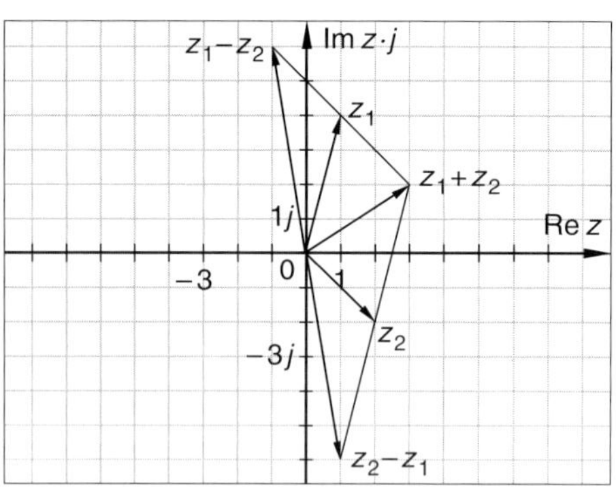

$z_1 + z_2 = 3 + 2j$

$z_1 - z_2 = -1 + 6j$

$z_2 - z_1 = 1 - 6j$

b)

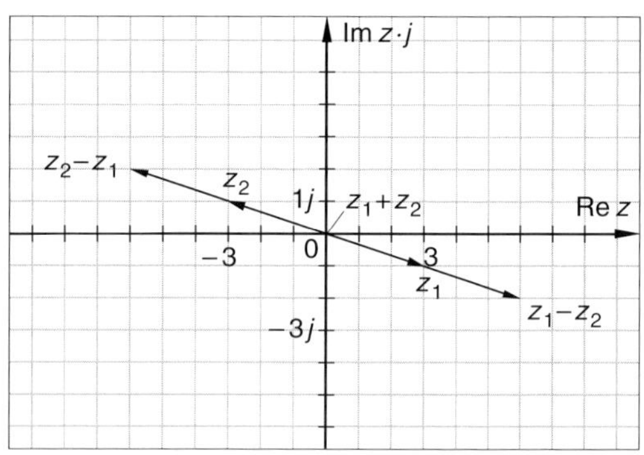

$z_1 + z_2 = 0$

$z_1 - z_2 = 6 - 2j$

$z_2 - z_1 = -6 + 2j$

c)

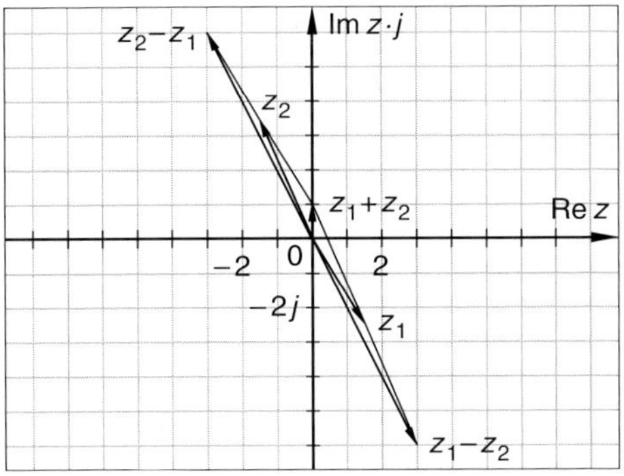

$z_1 + z_2 = j$
$z_1 - z_2 = 3 - 6j$
$z_2 - z_1 = -3 + 6j$

5. a) $z = 26 + 7j$ **b)** $z = -7{,}5 - 11{,}5j$ **c)** $z = -5{,}5 + 11{,}5j$
d) $z = 26 - 7j$ **e)** $z = -7{,}5 + 11{,}5j$ **f)** $z = -5{,}5 - 11{,}5j$

6.

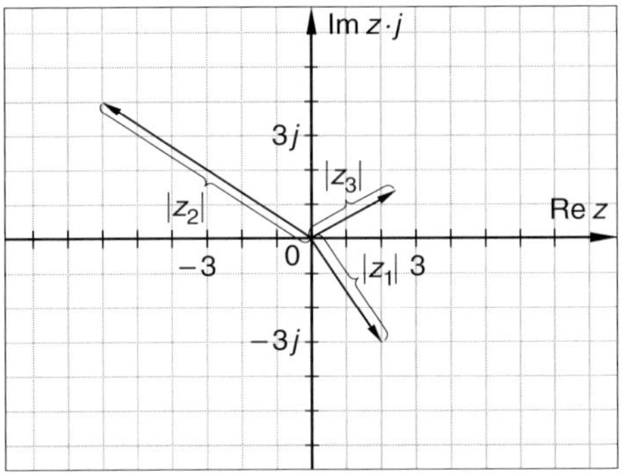

$|z_1| \approx 3{,}6055$
$|z_2| \approx 7{,}211$
$|z_3| \approx 2{,}778$

7. a) $z_1 : z_2 = \frac{1}{10} - \frac{3}{10}j$ **b)** $z_2 : z_1 = 1 + 3j$ **c)** $z_3 : z_1 = \frac{2}{5} - \frac{7}{15}j$
d) $z_1 : z_3 = \frac{18}{17} + \frac{21}{17}j$ **e)** $z_1 : \bar{z}_1 = \frac{3}{5} - \frac{4}{5}j$ **d)** $\bar{z}_1 : z_2 = \frac{3}{10} - \frac{1}{10}j$
g) $\bar{z}_3 : \bar{z}_1 = \frac{2}{5} + \frac{7}{15}j$ **h)** $\bar{z}_3 : \bar{z}_2 = -\frac{1}{10} + \frac{1}{6}j$

8. a) $z + \bar{z} = 2a = 2\,\mathrm{Re}\,z$ **b)** $z - \bar{z} = 2bj = 2j\,\mathrm{Im}\,z$
c) $\bar{z}_1 \cdot \bar{z}_2 = (a_1 a_2 + b_1 b_2) - (a_1 b_2 + a_2 b_1)j = \overline{z_1 \cdot z_2}$
d) $\bar{z}_1 : \bar{z}_2 = \frac{a_1 a_2 + b_1 b_2}{a_2^2 + b_2^2} - \frac{a_2 b_1 - a_1 b_2}{a_2^2 + b_2^2} = \overline{z_1 : z_2}$

9. a) $x = -2 \quad \vee \quad x = 3$ **b)** $x = 2 - 4j \quad \vee \quad x = 2 + 4j$
c) $x = -\frac{7}{2} - 3j \quad \vee \quad x = -\frac{7}{2} + 3j$ **d)** $x = \frac{13}{2} - \frac{\sqrt{11}}{2}j \quad \vee \quad x = \frac{13}{2} + \frac{\sqrt{11}}{2}j$
e) $x = \frac{5}{2} - \frac{3}{2}j \quad \vee \quad x = \frac{5}{2} + \frac{3}{2}j$ **f)** $x = -\frac{1}{2} - \sqrt{40{,}375}j \quad \vee \quad x = -\frac{1}{2} + \sqrt{40{,}375}j$

2 Funktionen

2.1 Begriff und Definitionen

27 **1. a)** ja **b)** ja **c)** nein **d)** ja **e)** nein
f) nein **g)** nein **h)** ja **i)** ja **j)** ja

2. a)

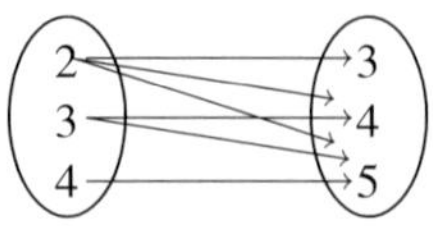

keine eindeutige Zuordnung

b)

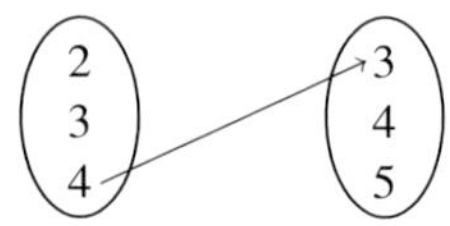

nicht alle Elemente der Ausgangsmenge erfasst.

c)

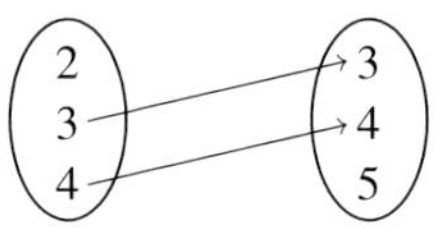

siehe b).

d)

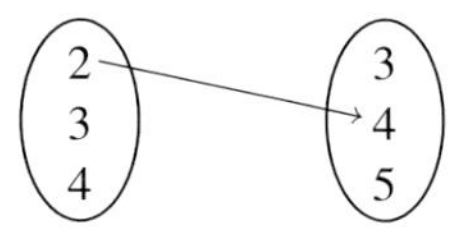

siehe b).

e)

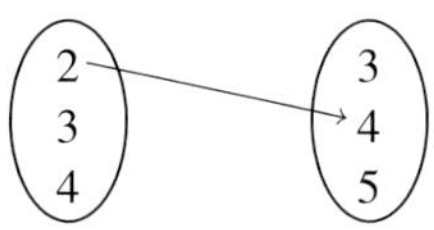

siehe b).

f)

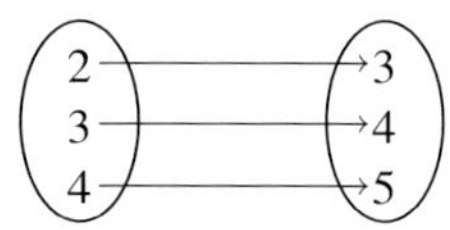

alle Elemente der Ausgangsmenge erfasst, eindeutige Zuordnung

28 **3. a_1) a)**

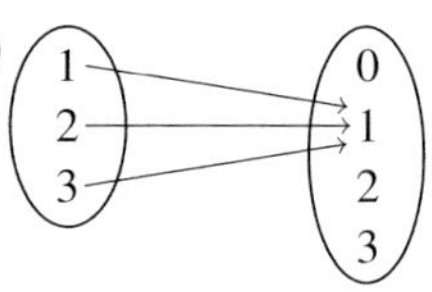

b) Funktion, da alle Elemente von A erfasst sind und die Zuordnung eindeutig ist.

c) $W = \{1\}$

a_2) a)

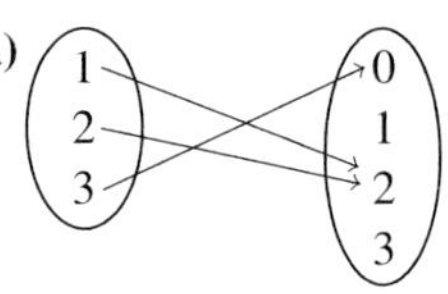

b) Funktion, da alle Elemente von A erfasst sind und die Zuordnung eindeutig ist.

c) $W = \{0, 2\}$

a_3) a)

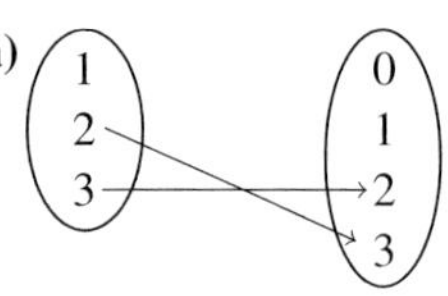

b) keine Funktion, da nicht alle Elemente von A erfasst sind.

c) –

4. (1) $x \mapsto x$; $W = \{1; 2; 3\}$ **(2)** $x \mapsto x + 1$; $W = \{2; 3; 4\}$ **(3)** $x \mapsto x^2$; $W = \{1; 4; 9\}$
(4) $x \mapsto 2x$; $W = \{2; 4; 6\}$ **(5)** $x \mapsto x + 3$; $W = \{4; 5; 6\}$ **(6)** $x \mapsto 3x - 1$; $W = \{2; 5; 8\}$

5. a) 28

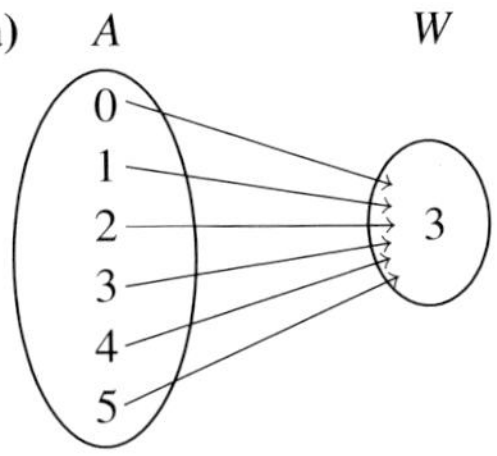

b)

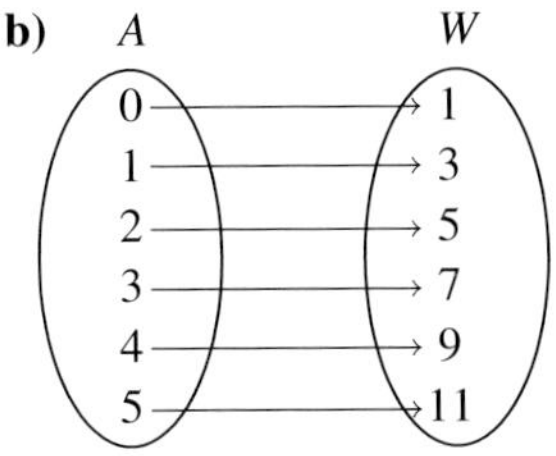

c)

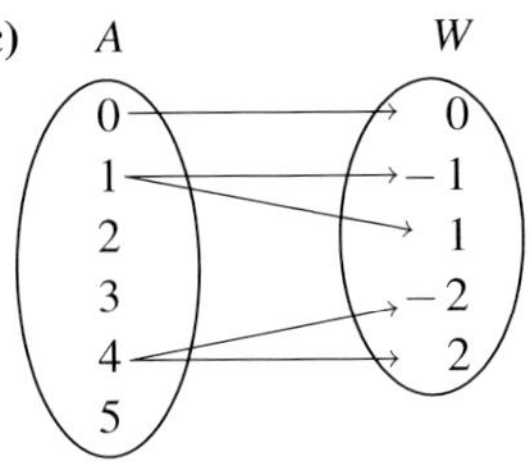

d)

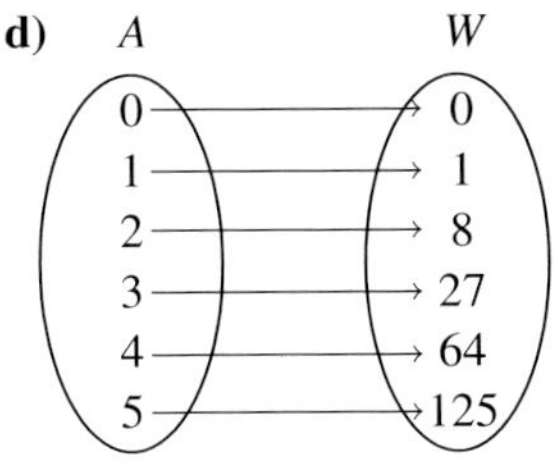

e)

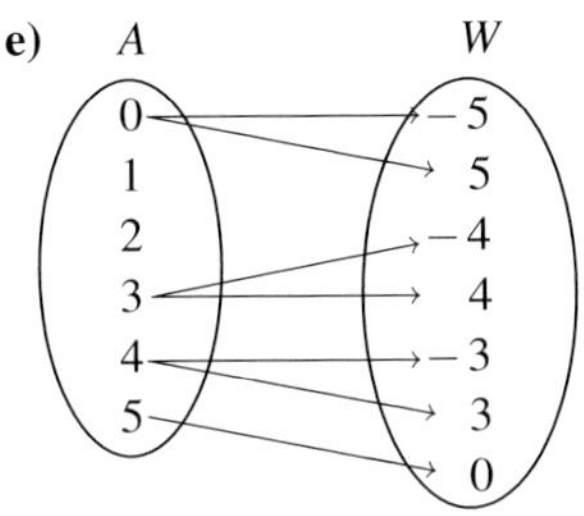

f)

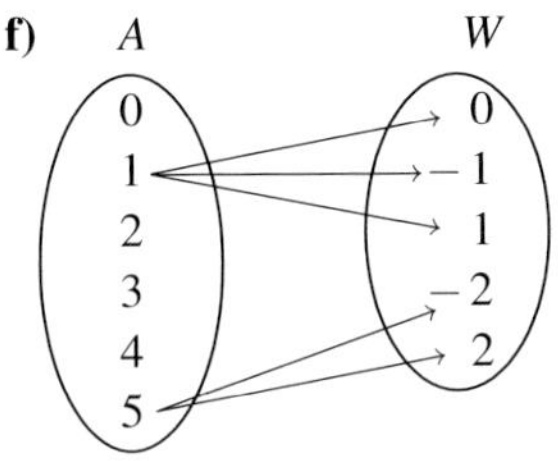

6. a) Graph einer Funktion, da jede Parallele zur y-Achse die Punktmenge in höchstens einem Punkt schneidet.

b) c) d) kein Graph einer Funktion, da Parallelen zur y-Achse existieren, die die Punktmenge in mehr als einem Punkt schneiden.

2.2 Lineare Funktionen

1. a) $f(x) = 10x - 48$ 40

b) $f(x) = -\frac{12}{7}x + 21\frac{4}{7}$

c) $f(x) = -x - 8$

c) $f(x) = -\frac{1}{3}x + 4\frac{2}{3}$

2. a) $g_1(x) = -0{,}5x + 8$
$g_2(x) = 2x - 3$

c) $x_{01} = 16$
$x_{02} = 1{,}5$

d) $S\langle 4{,}4 \mid 5{,}8\rangle$

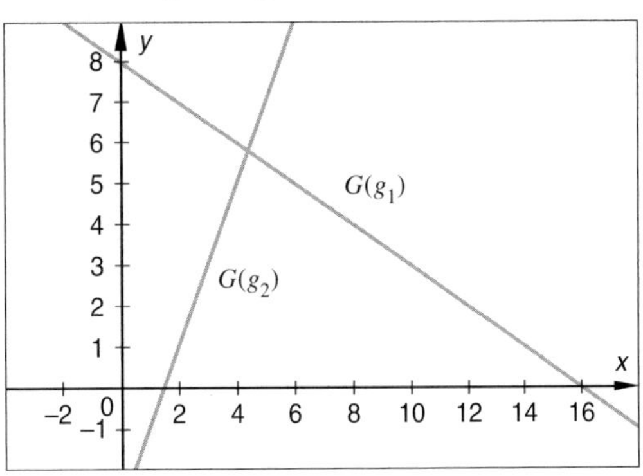

40 **3. a)** $f(x) = \frac{1}{3}x + \frac{5}{3}$ **b)** $f(x) = x + 1$ **c)** $f(x) = 2x$ **d)** $f(x) = 2$

4. $f(x) = -0{,}5x + 2$

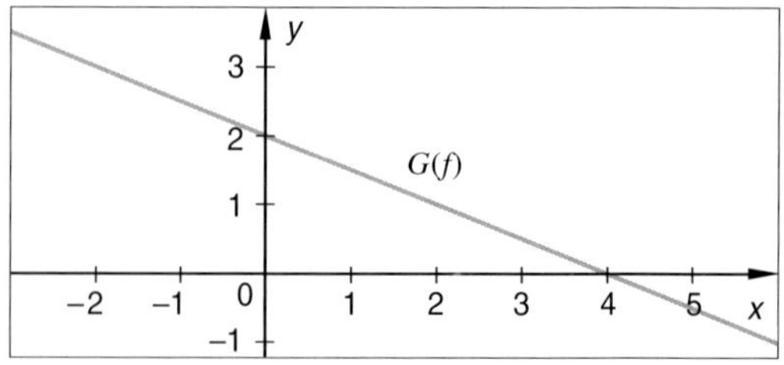

41 **5. b)** $f(x) = 0{,}5x + 4$

c) $f(12) = 10$

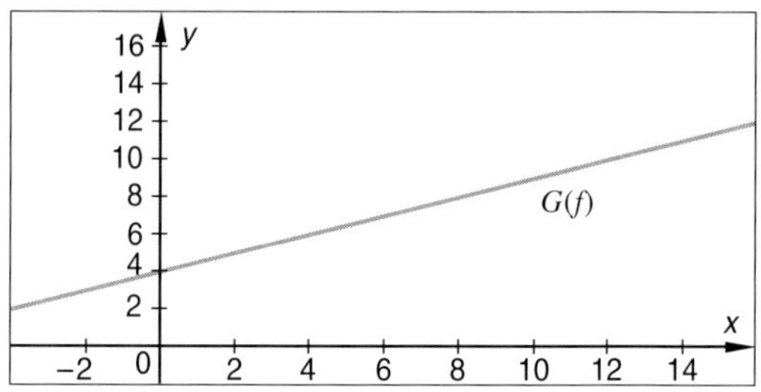

6. a) $S\langle 2 \mid 5\rangle$

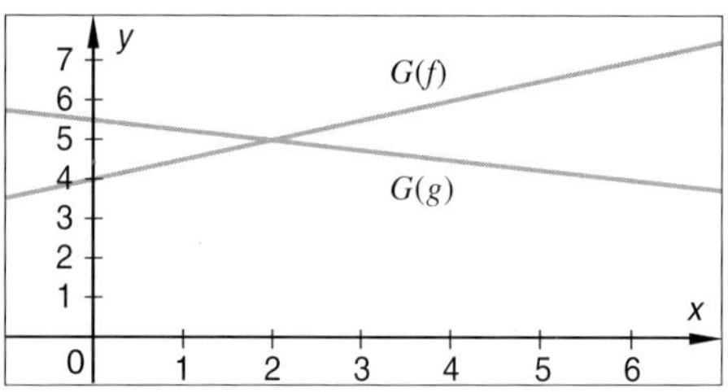

b) $S\langle 2 \mid 1\rangle$

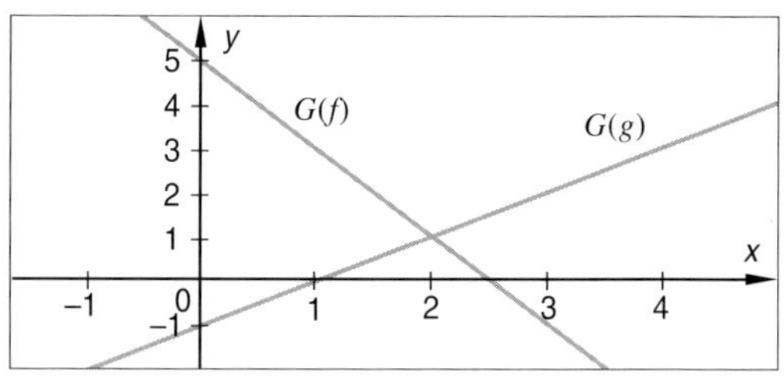

c) $S\langle 3 \mid 4\rangle$

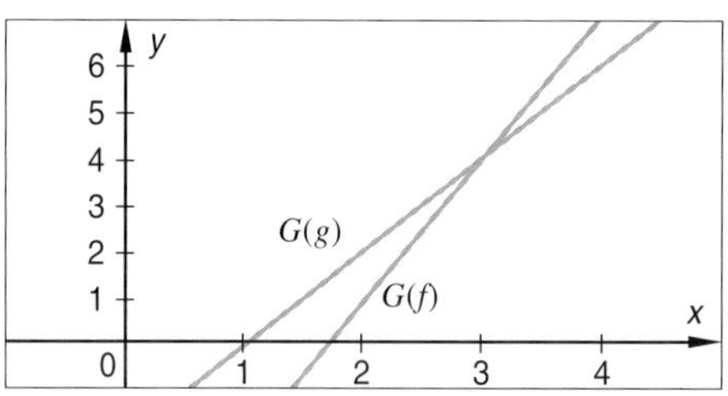

d) $S\langle 4 \mid 10\rangle$

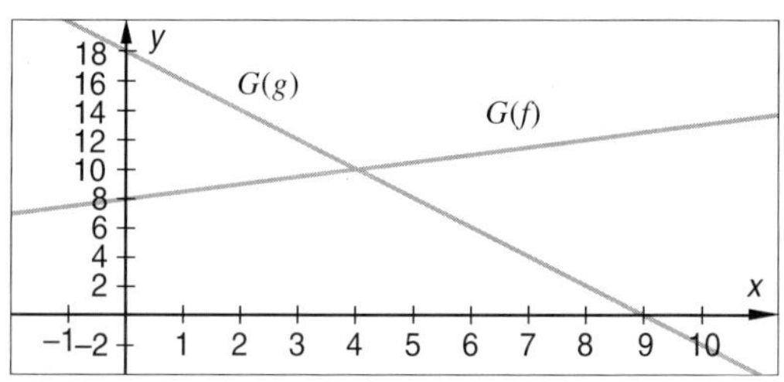

7. b) $f_1(x) = \frac{4}{7}x + \frac{3}{7}$

$f_2(x) = -0{,}8 + 6{,}6$

c) $S\langle 4{,}5 \mid 3\rangle$

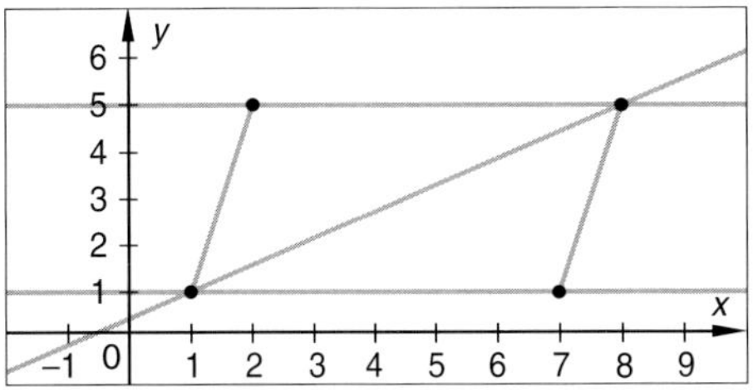

8. b) $g(x) = 0{,}5x + 2{,}5$

c) $x_0 = -5$

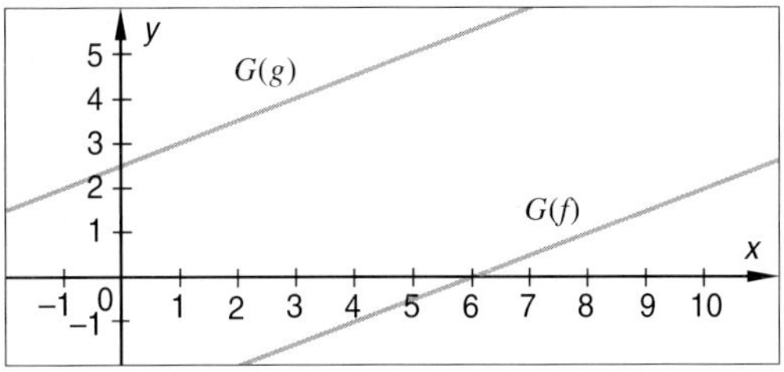

9. a) $f(x) = 2{,}5x - 0{,}5$

b) $S\langle 4 \mid 9{,}5\rangle$

c) $x_{01} = 0{,}2$

$x_{02} = 23$

$A = 0{,}5 \cdot (23 - 0{,}2) \cdot 9{,}5 = 108{,}3$

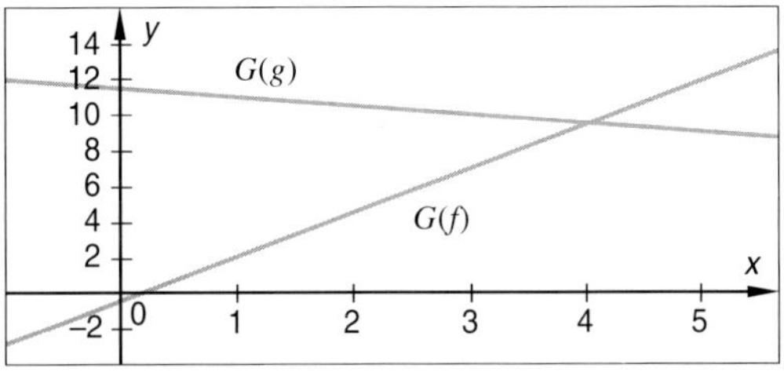

10. a) $f_1(x) = 600x + 1\,000$

$f_2(x) = 400x + 1\,600$

b) 13 Uhr

c) 14.10 Uhr (Gruppe 1)

14.45 Uhr (Gruppe 2)

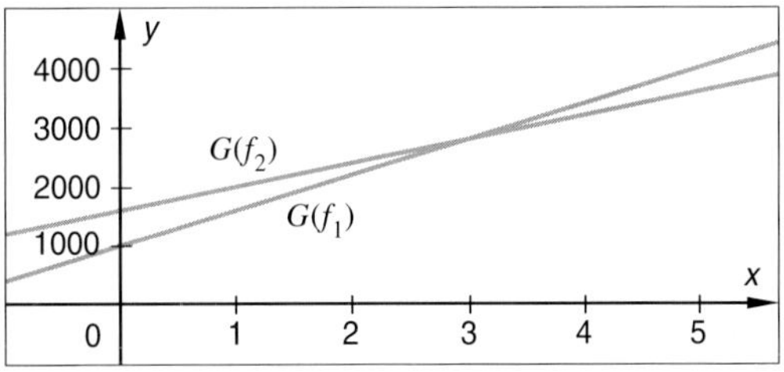

11. Es gilt: $F = D \cdot s$ mit $D = 1\,\frac{\text{N}}{\text{cm}}$

Damit ergibt sich die Funktionsgleichung

$s = \frac{1}{D} \cdot F$ mit $\frac{1}{D} = 1\,\frac{\text{cm}}{\text{N}}$

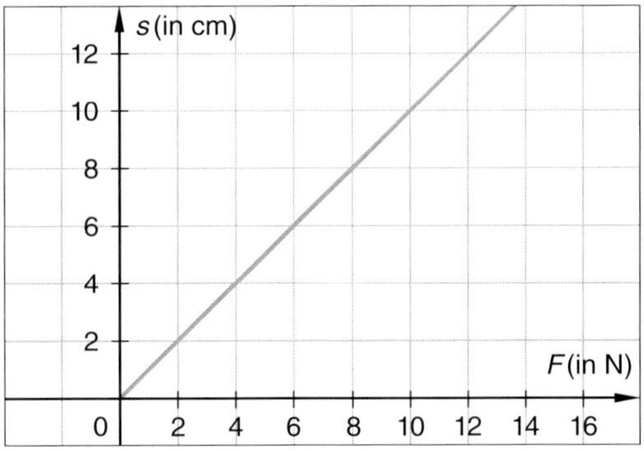

41

12. a) $f(x) = |x| - 3$

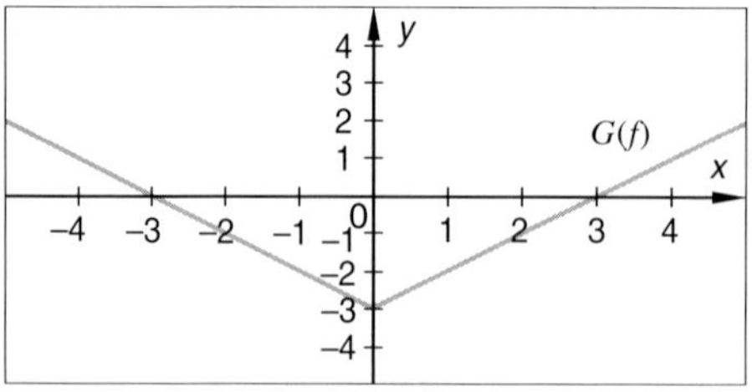

Verschiebung um 3 Einheiten in Richtung der negativen y-Achse.

b) $f(x) = |x+2| - 4$

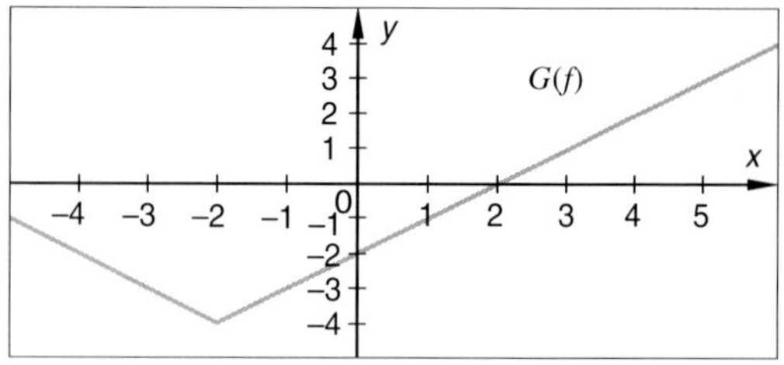

Verschiebung um 2 Einheiten in Richtung der negativen x-Achse und um 4 Einheiten in Richtung der negativen y-Achse.

c) $f(x) = |2x - 1| - 1$

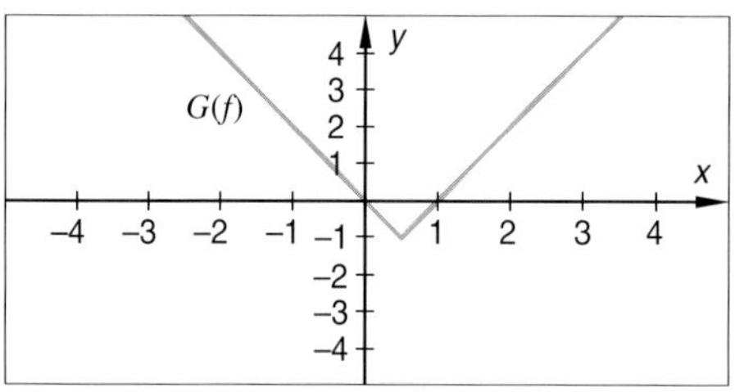

Verschiebung um 0,5 Einheiten in Richtung der positiven x-Achse und um 1 Einheit in Richtung der negativen y-Achse.

d) $f(x) = |0{,}5x + 2| + 3$

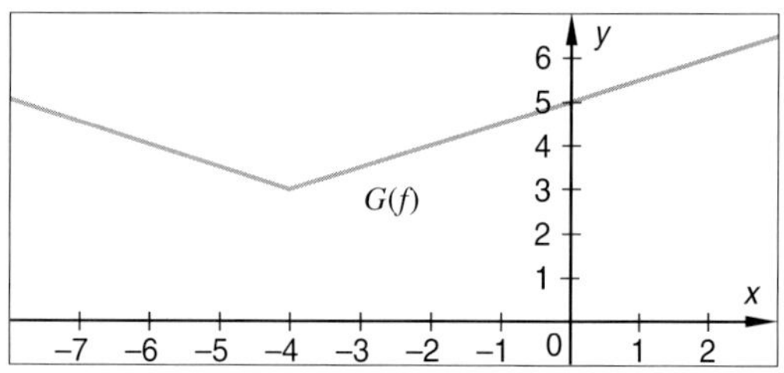

Verschiebung um 4 Einheiten in Richtung der negativen x-Achse und um 3 Einheiten in Richtung der positiven y-Achse.

e) $f(x) = |-x + 1| - 3$

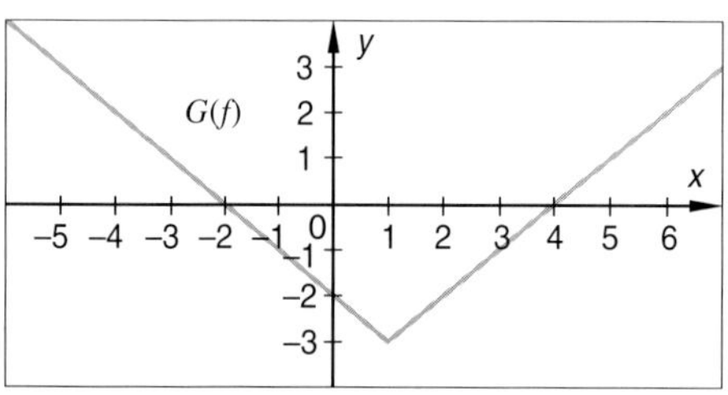

Verschiebung um 1 Einheit in Richtung der positiven x-Achse und um 3 Einheiten in Richtung der negativen y-Achse.

f) $f(x) = |-x - 5| + 2$

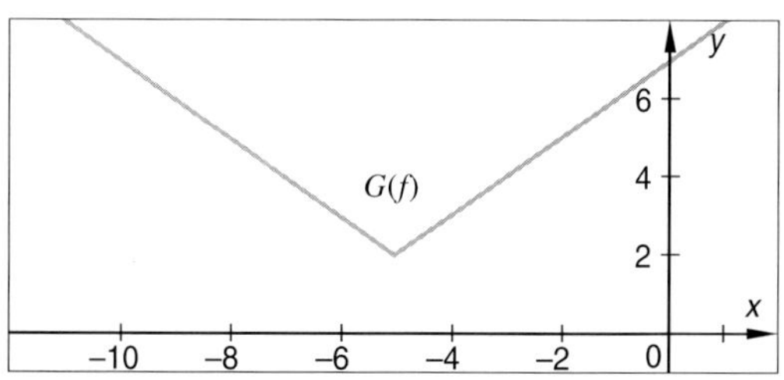

Verschiebung um 5 Einheiten in Richtung der negativen x-Achse und um 2 Einheiten in Richtung der positiven y-Achse.

41

g) $f(x) = |x - 2{,}5| + 1{,}5$

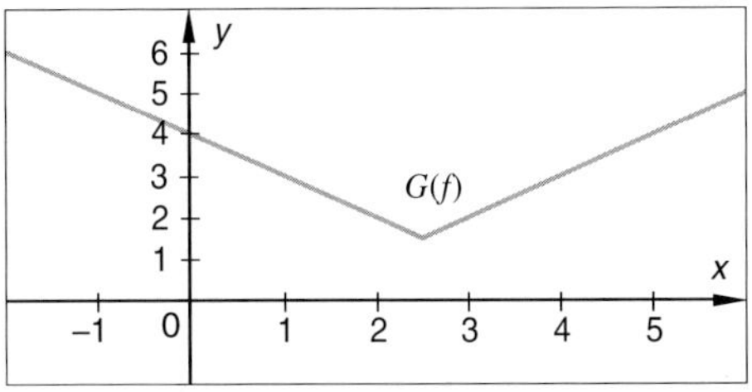

Verschiebung um 2,5 Einheiten in Richtung der positiven x-Achse und um 1,5 Einheiten in Richtung der positiven y-Achse.

h) $f(x) = |x - 6| - 0{,}5$

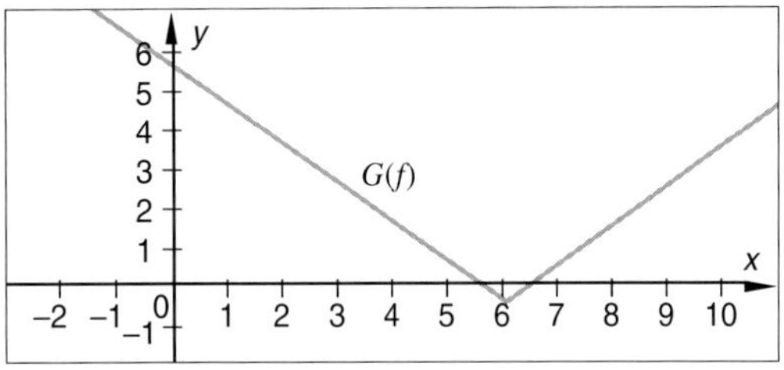

Verschiebung um 6 Einheiten in Richtung der positiven x-Achse und um 0,5 Einheiten in Richtung der negativen y-Achse.

13. a) $x = 2;\ y = 3$ **b)** $x = 1;\ y = 4$ **c)** $x = 5;\ y = 7$
d) nicht lösbar **e)** mehrdeutig lösbar **f)** $x = -10;\ y = -7$

42

14. $g(x) = -2{,}5x$

15. $g(x) = -0{,}5x + 2$

16. Um 14.00 Uhr holt der PKW den LKW ein. Der LKW hat bis zu diesem Zeitpunkt 400 km zurückgelegt.
(Abb. nebenstehend)

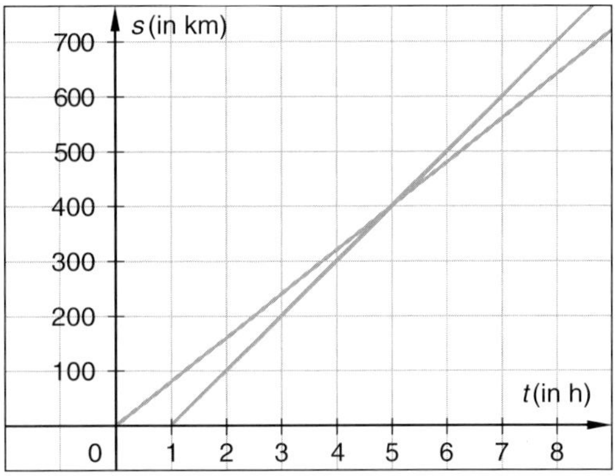

2.3 Quadratische Funktionen

56

1. a)

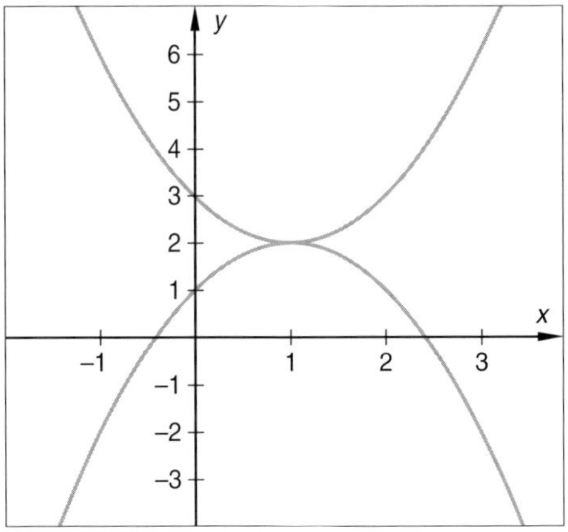

b)

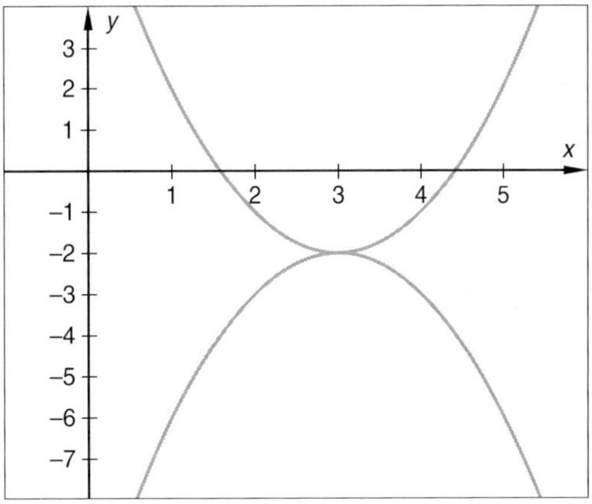

56

c)

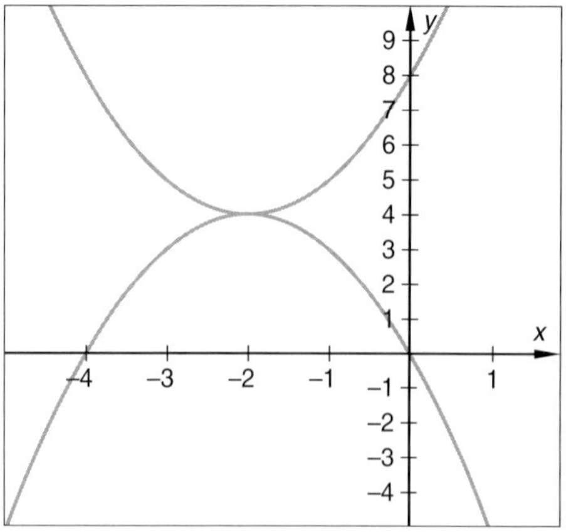

d)

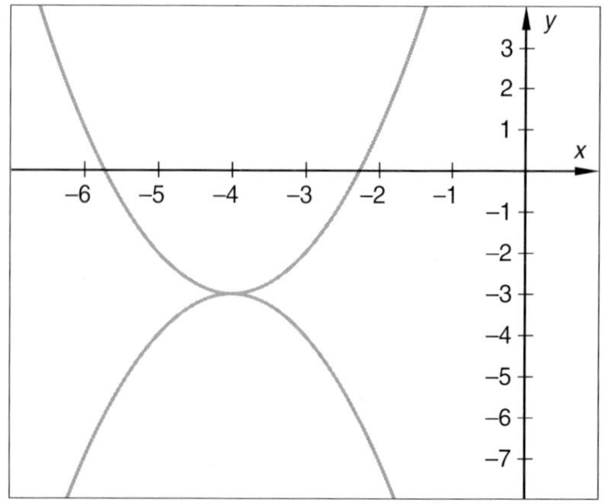

e)

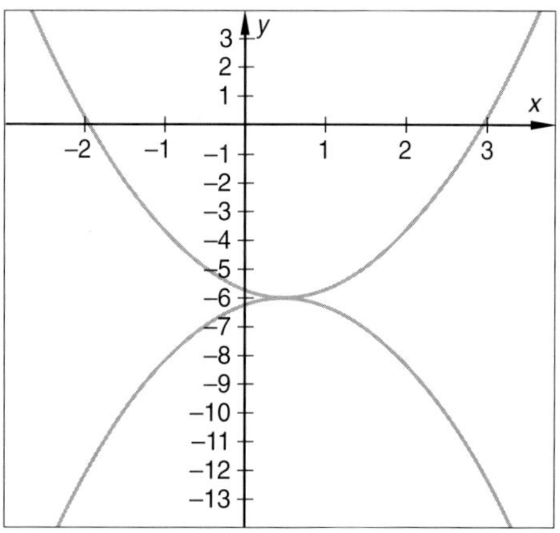

2. a) $f(x) = x^2 - 4x + 1$
$S_y \langle 0 \mid 1 \rangle$; $x_{01} = 0{,}27$; $x_{02} = 3{,}73$

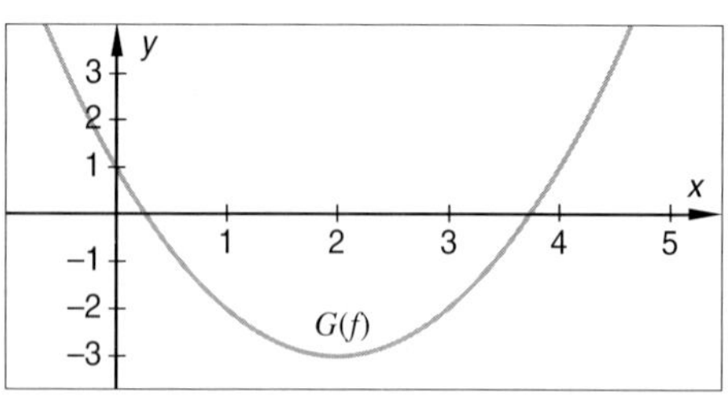

b) $f(x) = x^2 + 6x + 8$
$S_y \langle 0 \mid 8 \rangle$; $x_{01} = -4$; $x_{02} = -2$

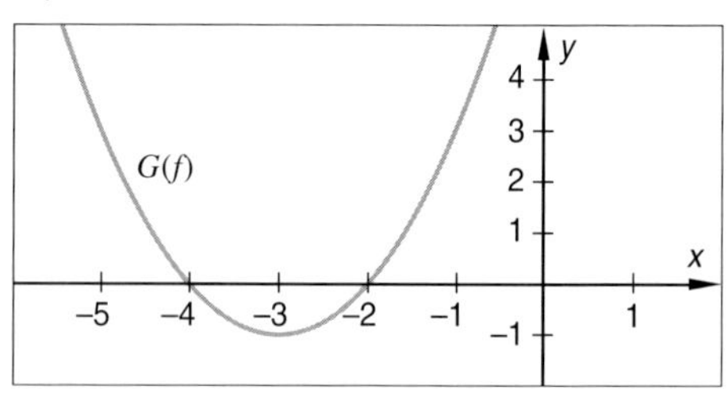

c) $f(x) = x^2 - 6x + 11$
$S_y\langle 0 \mid 11\rangle$; keine Nullstellen

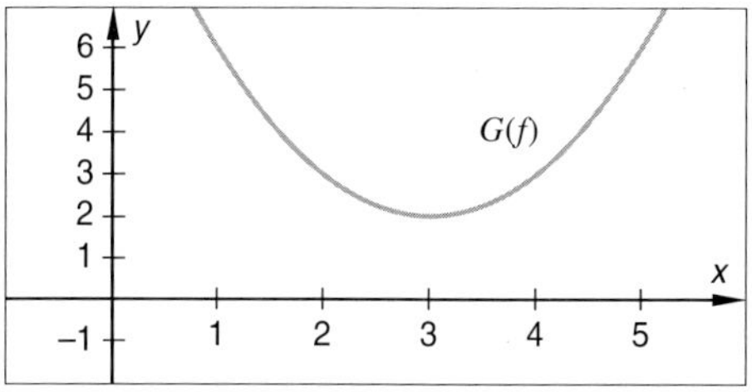

d) $f(x) = x^2 + 3x + 2{,}25$
$S_y\langle 0 \mid 2{,}25\rangle$; $x_0 = -1{,}5$

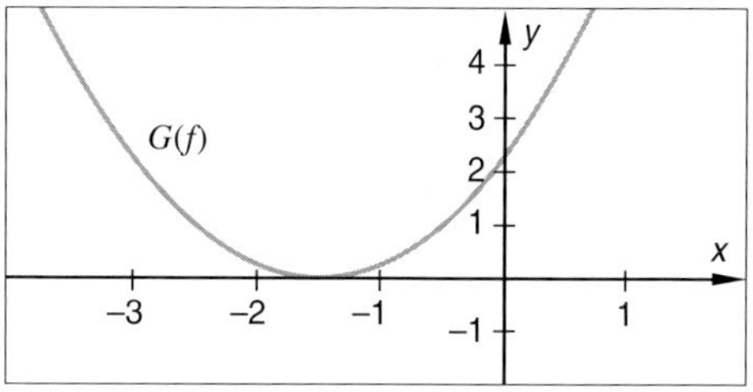

e) $f(x) = x^2 - 5x + 3{,}25$
$S_y\langle 0 \mid 3{,}25\rangle$; $x_{01} = 0{,}77$; $x_{02} = 4{,}23$

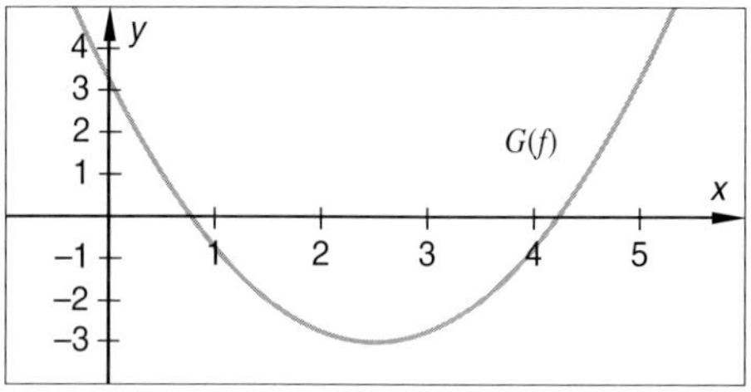

f) $f(x) = -x^2 + 2x$
$S_y\langle 0 \mid 0\rangle$; $x_{01} = 0$; $x_{02} = 2$

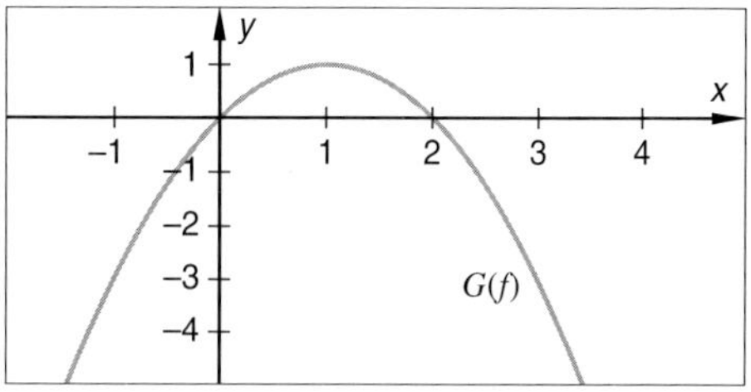

g) $f(x) = -2x^2 - 8x + 1$
$S_y\langle 0 \mid 1\rangle$; $x_{01} = -4{,}12$; $x_{02} = 0{,}12$

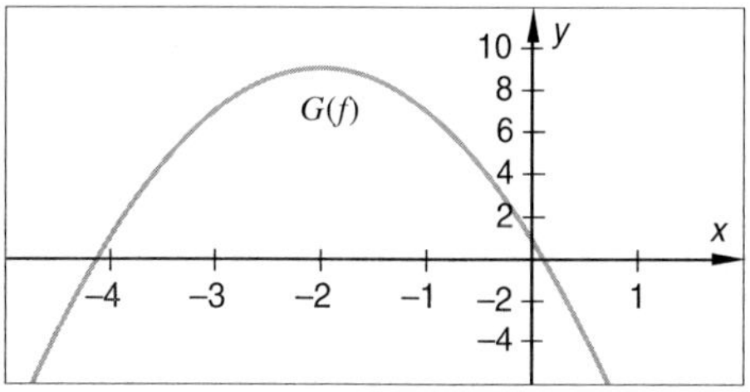

h) $f(x) = -4x^2 + 4x - 4$
$S_y\langle 0 \mid -4\rangle$; keine Nullstellen

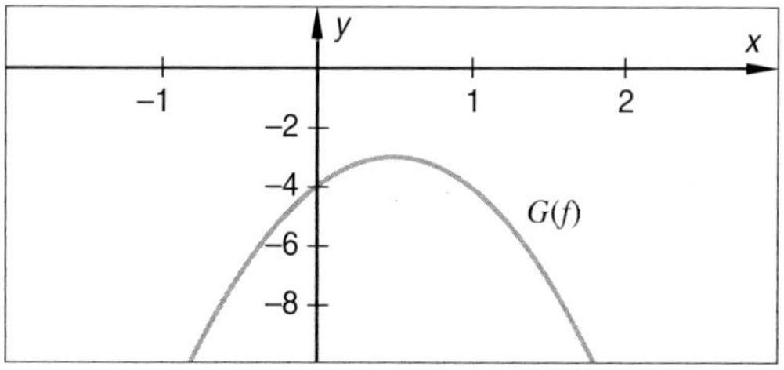

i) $f(x) = -0{,}5x^2 + 2x + 2{,}5$
$S_y\langle 0 \mid 2{,}5\rangle$; $x_{01} = -1$; $x_{02} = 5$

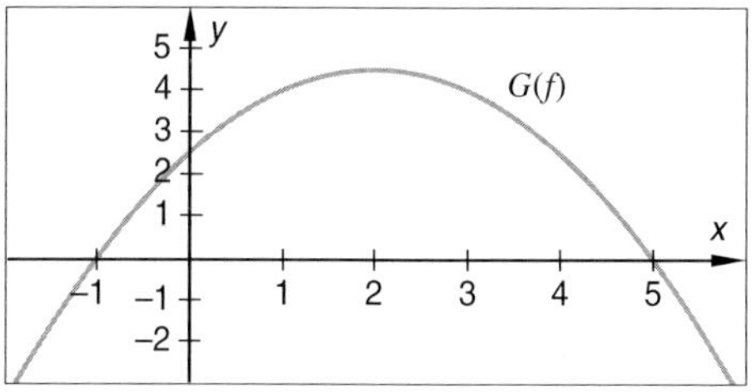

56

3. a) $f(x) = (x+2)^2 - 16$
S $\langle -2 \mid -16 \rangle$

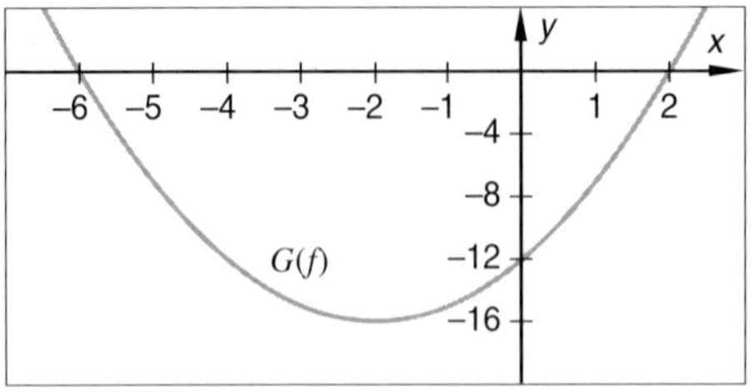

b) $f(x) = (x-1)^2 - 4$
S $\langle 1 \mid -4 \rangle$

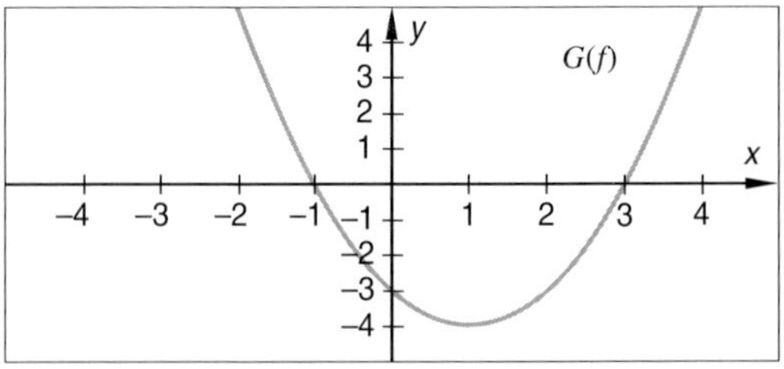

c) $f(x) = (x-4)^2 - 31$
S $\langle 4 \mid -31 \rangle$

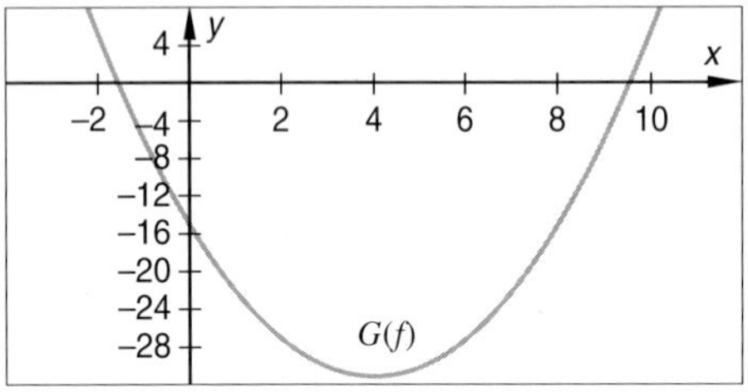

d) $f(x) = (x+1{,}5)^2 + 12{,}75$
S $\langle -1{,}5 \mid 12{,}75 \rangle$

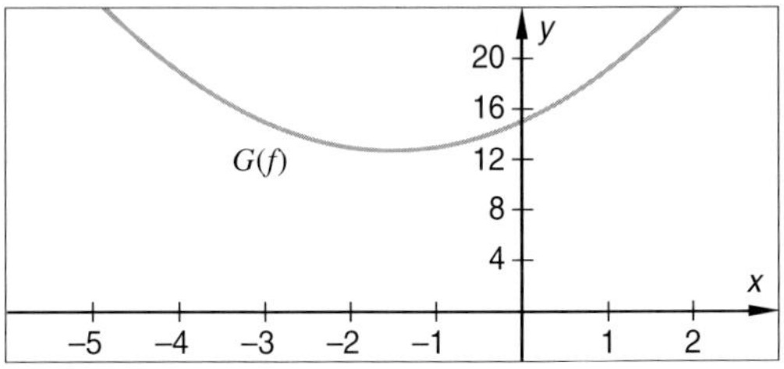

e) $f(x) = (x-2{,}5)^2 + 13{,}75$
S $\langle 2{,}5 \mid 13{,}75 \rangle$

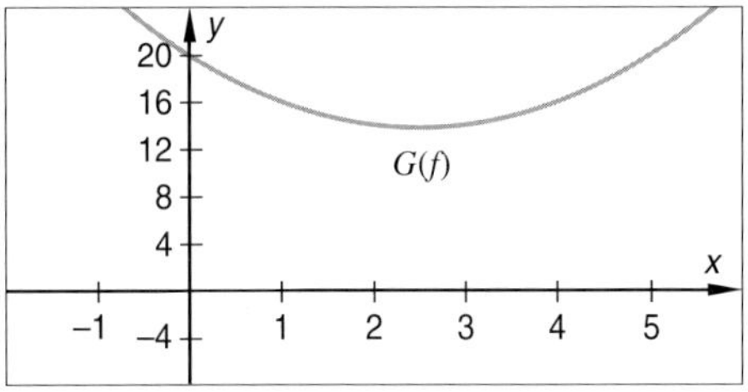

f) $f(x) = (x-0{,}5)^2 - 1{,}25$
S $\langle 0{,}5 \mid -1{,}25 \rangle$

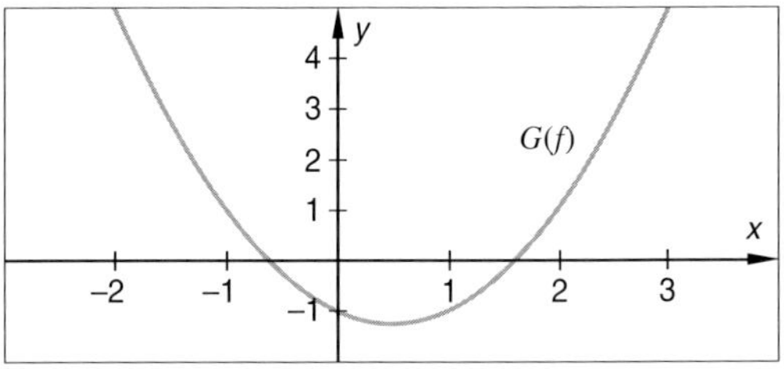

4. a) $f(x) = -(x-2)^2 - 8$
S $\langle 2 \mid -8 \rangle$

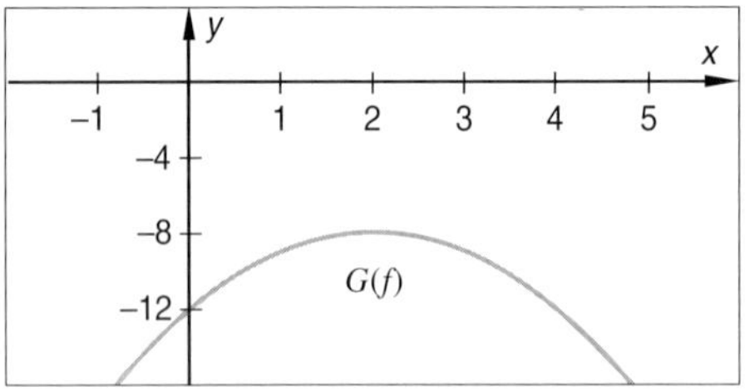

b) $f(x) = 2\,(x+1)^2 + 14$
S $\langle -1 \mid 14 \rangle$

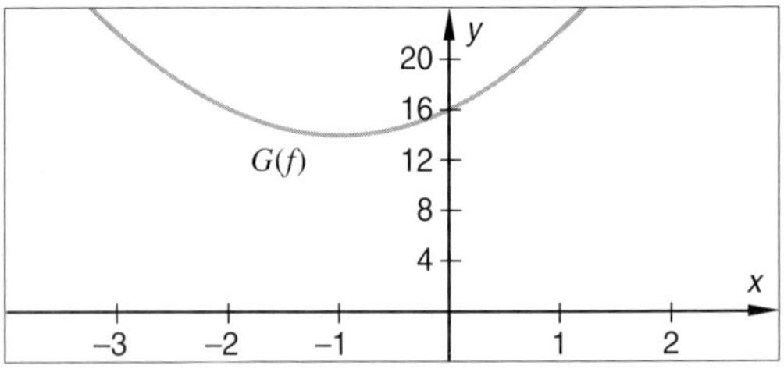

56

c) $f(x) = -3\,(x-1{,}5)^2 - 20{,}25$
S $\langle 1{,}5 \mid -20{,}25\rangle$

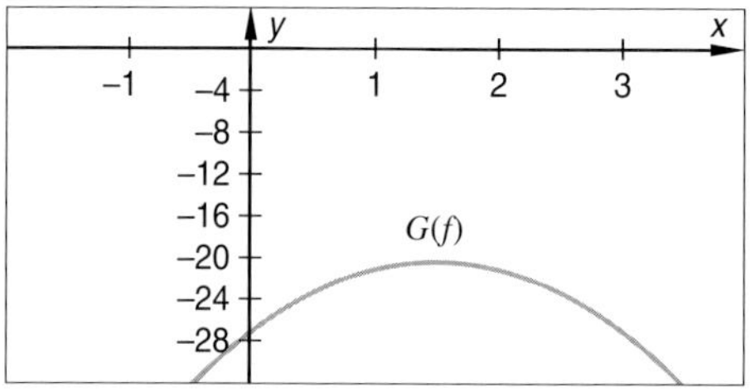

d) $f(x) = 4\,(x+0{,}125)^2 + 5{,}9375$
S $\langle -0{,}125 \mid 5{,}9375\rangle$

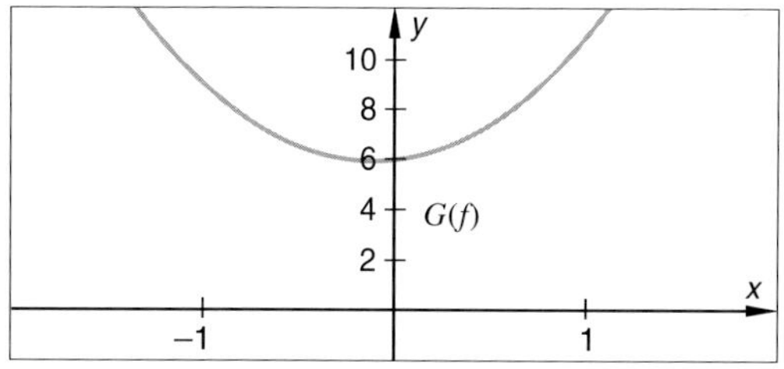

e) $f(x) = -0{,}5\,(x-2)^2 - 3$
S $\langle 2 \mid -3\rangle$

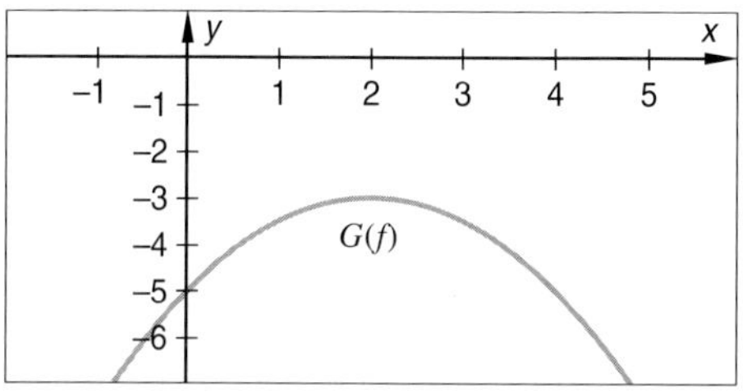

f) $f(x) = 0{,}25\,(x-4)^2 - 3$
S $\langle 4 \mid -3\rangle$

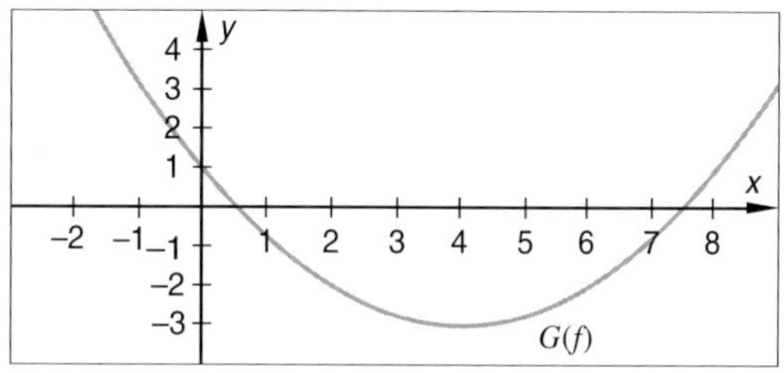

g) $f(x) = 5\,(x+0{,}5)^2 + 23{,}75$
S $\langle -0{,}5 \mid 23{,}75\rangle$

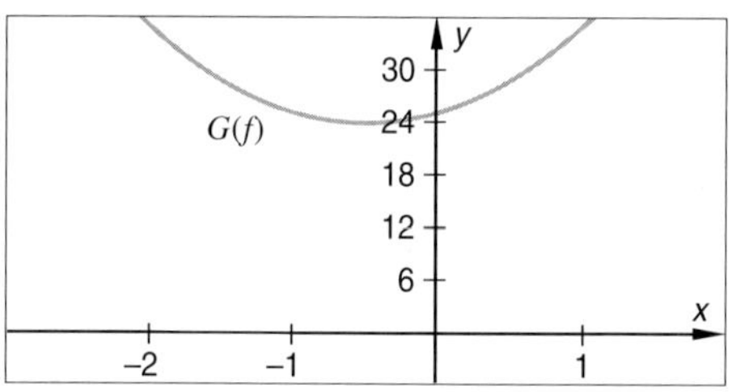

h) $f(x) = -2\,(x-1{,}25)^2 - 4{,}875$
S $\langle 1{,}25 \mid -4{,}875\rangle$

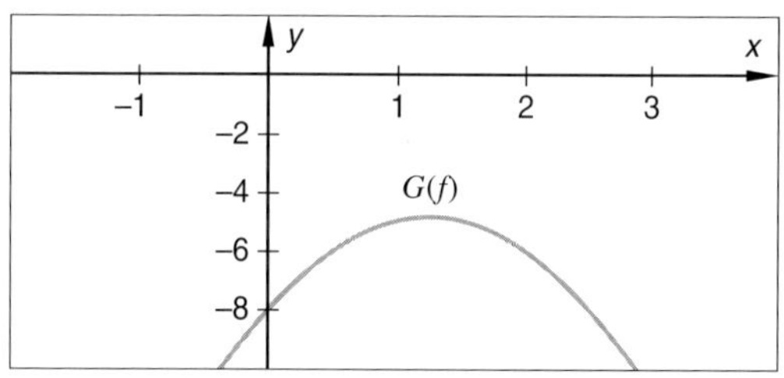

i) $f(x) = 2\,(x+1{,}5)^2 - 7{,}5$
S $\langle -1{,}5 \mid -7{,}5\rangle$

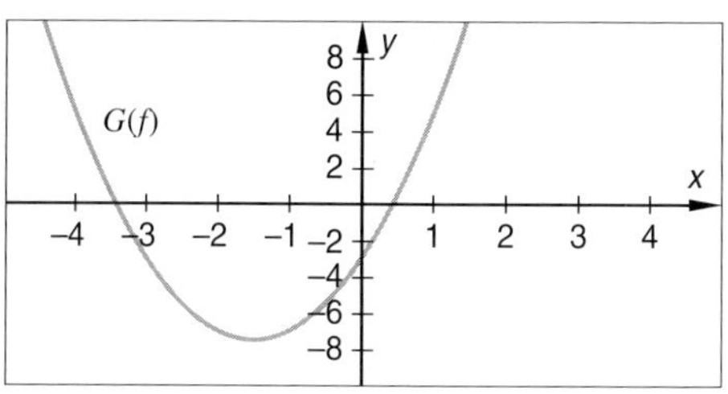

5. a) $f(x) = -x^2$
S $\langle 0 \mid 0\rangle$; $x_0 = 0$

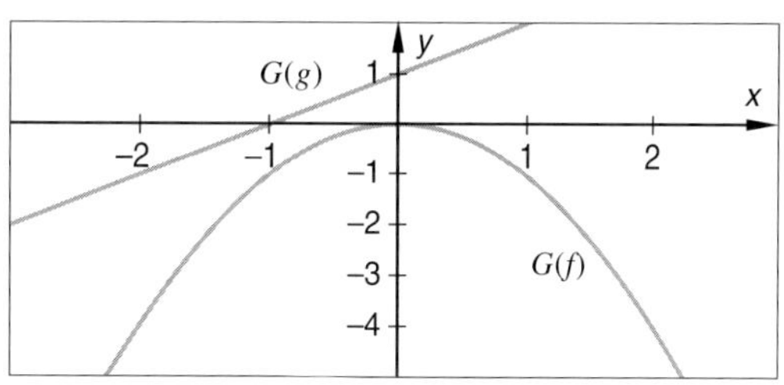

56 **b)** $f(x) = (x+2)^2 - 9$; S $\langle -2 \mid -9 \rangle$;
$S_y \langle 0 \mid -5 \rangle$; $x_{01} = -5$; $x_{02} = 1$;
$S_1 \langle -4{,}37 \mid -3{,}37 \rangle$; $S_2 \langle 1{,}37 \mid 2{,}37 \rangle$

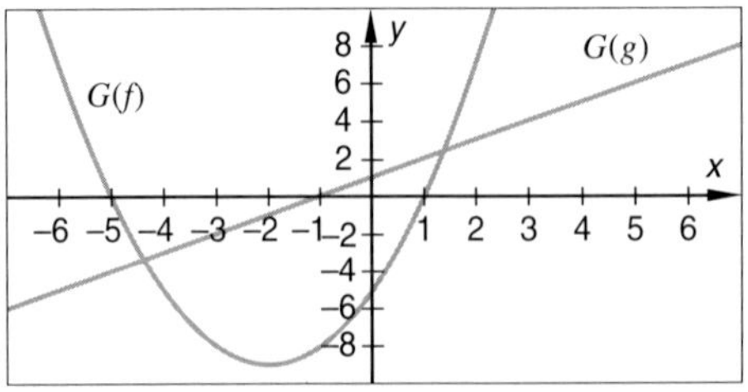

c) $f(x) = (x-4)^2 - 4$; S $\langle 4 \mid -4 \rangle$;
$S_y \langle 0 \mid 12 \rangle$; $x_{01} = 2$; $x_{02} = 6$;
$S_1 \langle 1{,}46 \mid 2{,}46 \rangle$; $S_2 \langle 7{,}54 \mid 8{,}54 \rangle$

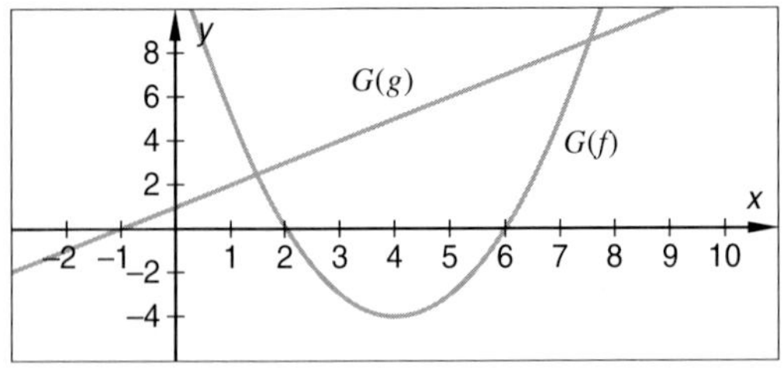

d) $f(x) = x^2 - 6{,}25$; $S = S_y \langle 0 \mid -6{,}25 \rangle$;
$x_{01} = -2{,}5$; $x_{02} = 2{,}5$;
$S_1 \langle -2{,}24 \mid -1{,}24 \rangle$; $S_2 \langle 3{,}24 \mid 4{,}24 \rangle$

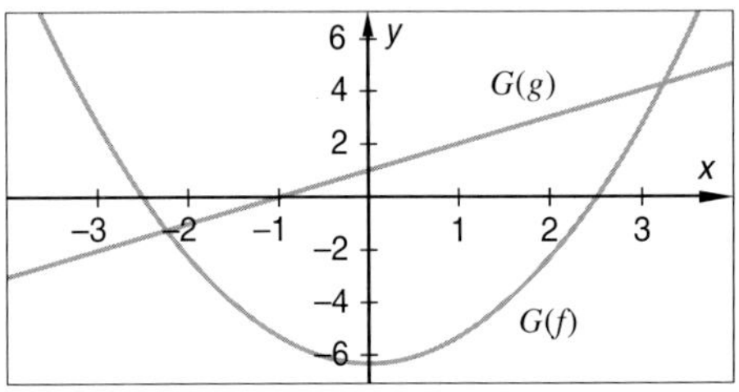

e) $f(x) = (x+1{,}5)^2 - 12{,}25$; $S_y \langle 0 \mid -10 \rangle$;
S $\langle -1{,}5 \mid -12{,}25 \rangle$; $x_{01} = -5$; $x_{02} = 2$;
$S_1 \langle -4{,}46 \mid -3{,}46 \rangle$; $S_2 \langle 2{,}46 \mid 3{,}46 \rangle$

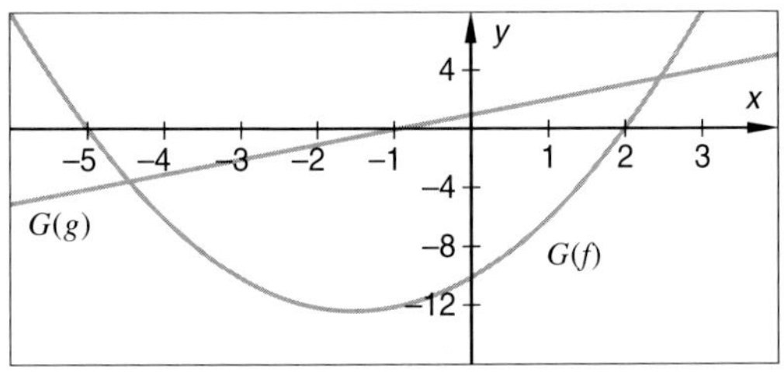

f) $f(x) = (x-1{,}25)^2 - 0{,}0625$; $S_y \langle 0 \mid 1{,}5 \rangle$;
S $\langle 1{,}25 \mid -0{,}0625 \rangle$; $x_{01} = 1$; $x_{02} = 1{,}5$;
$S_1 \langle 0{,}15 \mid 1{,}15 \rangle$; $S_2 \langle 3{,}35 \mid 4{,}35 \rangle$

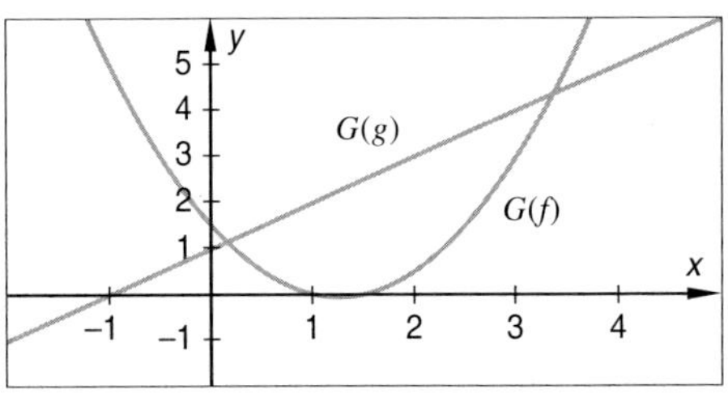

g) $f(x) = -(x-2{,}5)^2 + 20{,}25$; $S_y \langle 0 \mid 14 \rangle$;
S $\langle 2{,}5 \mid 20{,}25 \rangle$; $x_{01} = -2$; $x_{02} = 7$;
$S_1 \langle -2{,}12 \mid -1{,}12 \rangle$; $S_2 \langle 6{,}12 \mid 7{,}12 \rangle$

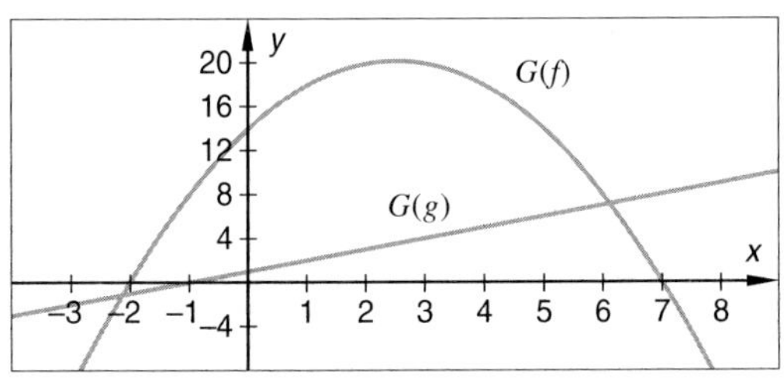

h) $f(x) = 2(x-3)^2 - 2$; $S_y \langle 0 \mid 16 \rangle$;
S $\langle 3 \mid -2 \rangle$; $x_{01} = 2$; $x_{02} = 4$;
$S_1 \langle 1{,}5 \mid 2{,}5 \rangle$; $S_2 \langle 5 \mid 6 \rangle$

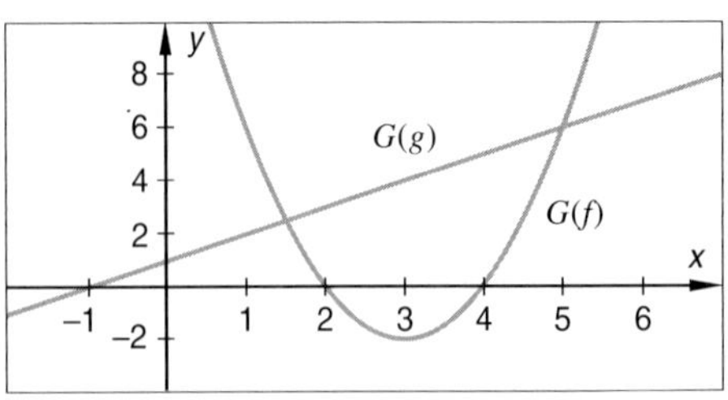

i) $f(x) = 0{,}5\,(x-2)^2 - 4{,}5$; $S_y \langle 0 \mid -2{,}5 \rangle$;
S $\langle 2 \mid -4{,}5 \rangle$; $x_{01} = -1$; $x_{02} = 5$;
$S_1 \langle -1 \mid 0 \rangle$; $S_2 \langle 7 \mid 8 \rangle$

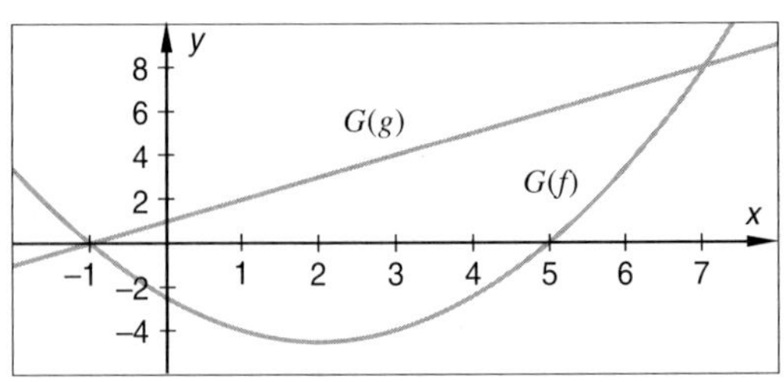

56

j) $f(x) = 0{,}2\,(x + 2{,}5)^2 - 0{,}05$; $S_y \langle 0 \mid 12 \rangle$;
$S \langle -2{,}5 \mid -0{,}05 \rangle$; $x_{01} = -3$; $x_{02} = -2$;
keine Schnittpunkte mit $G(g)$

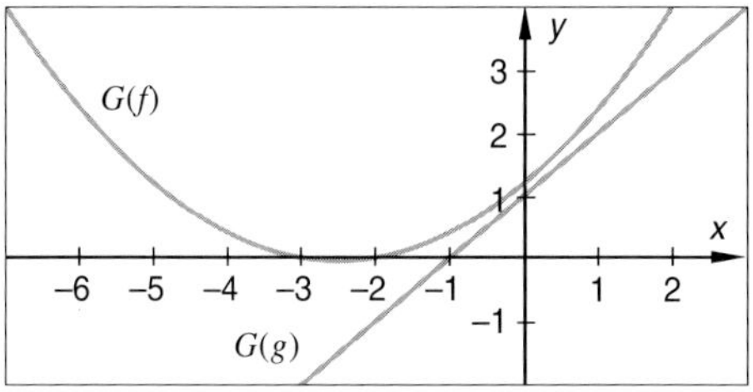

k) $f(x) = -3\,(x + 3)^2 + 48$; $S_y \langle 0 \mid 21 \rangle$;
$S \langle -3 \mid 48 \rangle$; $x_{01} = -7$; $x_{02} = 1$;
$S_1 \langle -7{,}25 \mid -6{,}25 \rangle$; $S_2 \langle 0{,}92 \mid 1{,}92 \rangle$

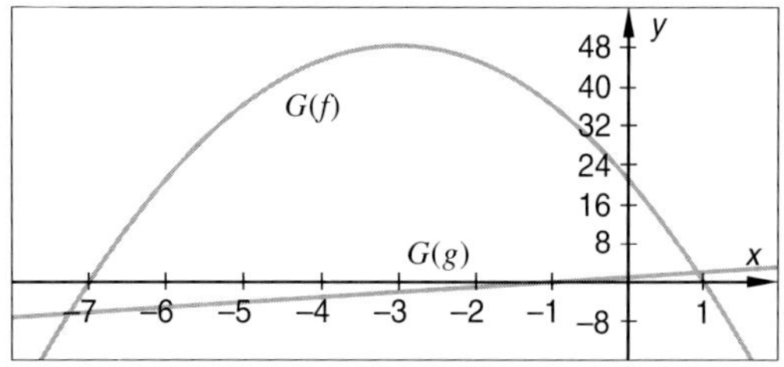

l) $f(x) = -2\,(x + 1{,}75)^2 + 31{,}125$; $S_y \langle 0 \mid 25 \rangle$;
$S \langle -1{,}75 \mid 31{,}25 \rangle$; $x_{01} = -5{,}69$;
$x_{02} = 2{,}19$; $S_1 \langle -6 \mid -5 \rangle$; $S_2 \langle 2 \mid 3 \rangle$

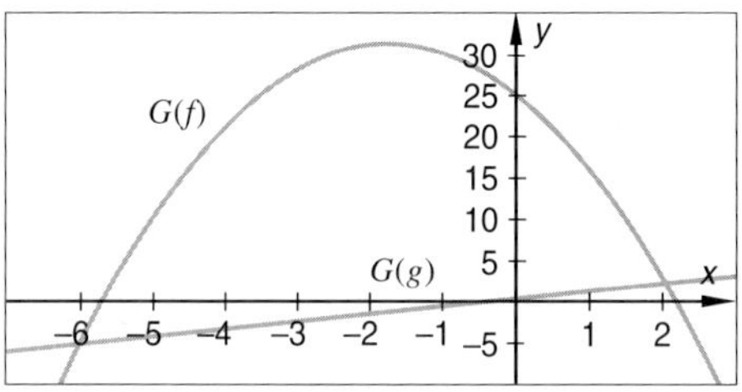

m) $f(x) = -0{,}5\,(x - 3{,}5)^2 + 3{,}125$; $S_y \langle 0 \mid -3 \rangle$;
$S \langle 3{,}5 \mid 3{,}125 \rangle$; $x_{01} = 1$; $x_{02} = 6$;
keine Schnittpunkte mit $G(g)$

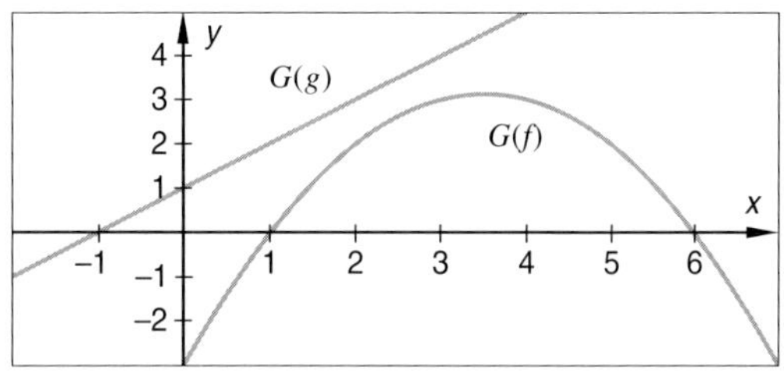

6. a) Höhe: 57,6 m

b) Länge: 240 m

c) Tiefe: 32,4 m unter der Brücke

d) $y_{CS} = 0{,}6x - 32{,}4$; $y_{DS} = -0{,}6x + 147{,}6$

7. a) $f(x) = -3x^2 + 5x - 7$;

b) $S \left\langle \frac{5}{6} \middle| -4{,}92 \right\rangle$; $S_y \langle 0 \mid -7 \rangle$;
keine Nullstellen

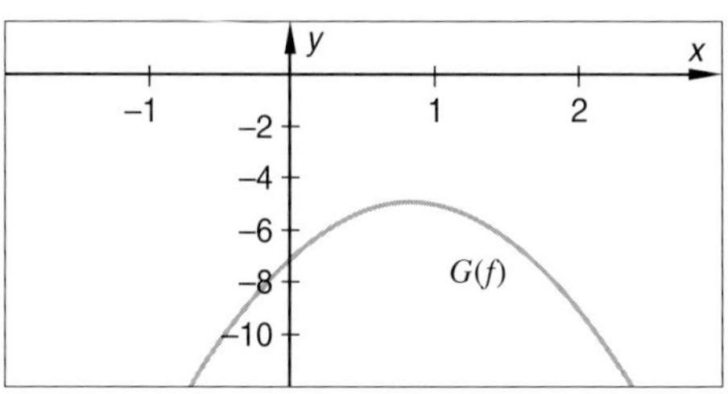

8. a) $f(x) = 0{,}5\,(x + 3)^2 - 2$; $S_y \langle 0 \mid 2{,}5 \rangle$;
$S \langle -3 \mid -2 \rangle$; $x_{01} = -5$; $x_{02} = -1$;

b) $S_1 \langle 1 \mid 6 \rangle$; $S_2 \langle 5 \mid 30 \rangle$

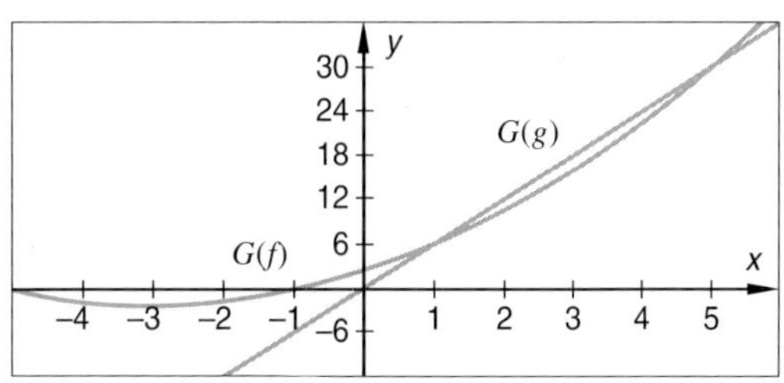

57

9. a) $S_1 \langle -6 \mid 2 \rangle$; $S_2 \langle -1 \mid -2 \rangle$

b) $f_3(x) = -0{,}8x - 2{,}8$

c) f_1: $S_y \langle 0 \mid -6{,}4 \rangle$;
$x_{01} = -6{,}75$; $x_{02} = -1{,}58$;
f_2: $S_y \langle 0 \mid 2{,}8 \rangle$;
$x_{01} = -5{,}61$; $x_{02} = -0{,}53$;
f_3: $S_y \langle 0 \mid -2{,}8 \rangle$; $x_0 = -3{,}5$

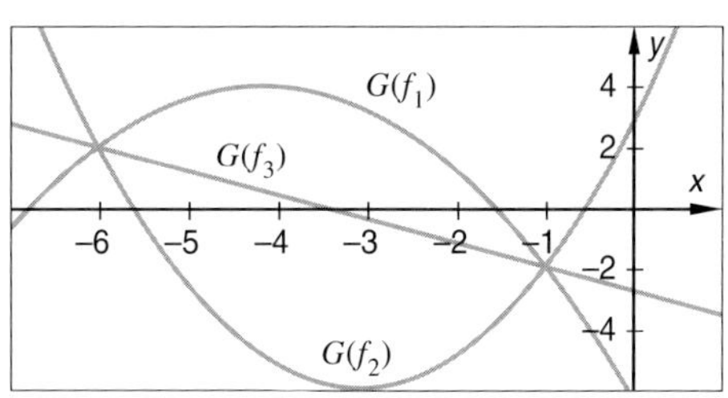

57

10. a) $S_1 \langle -3{,}5 \mid -3{,}25 \rangle$; $S_2 \langle -1{,}5 \mid -1{,}25 \rangle$

b) $f_3(x) = -x - 6{,}75$

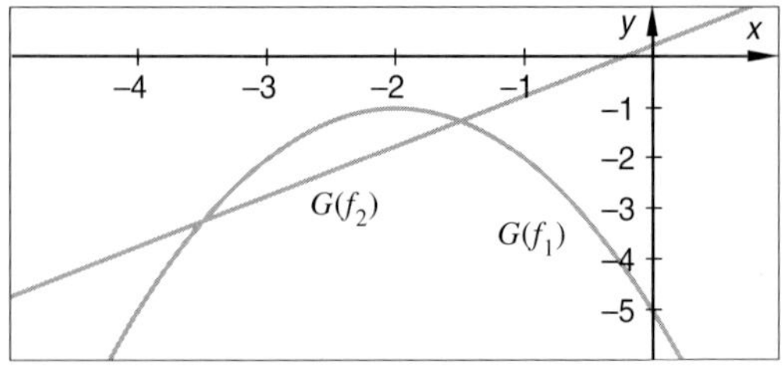

11. a) f_1: $S_y \langle 0 \mid 2{,}25 \rangle$;
$x_{01} = -4{,}5$; $x_{02} = -0{,}5$;
f_2: $S_y \langle 0 \mid -5{,}25 \rangle$; $x_0 = -3{,}5$

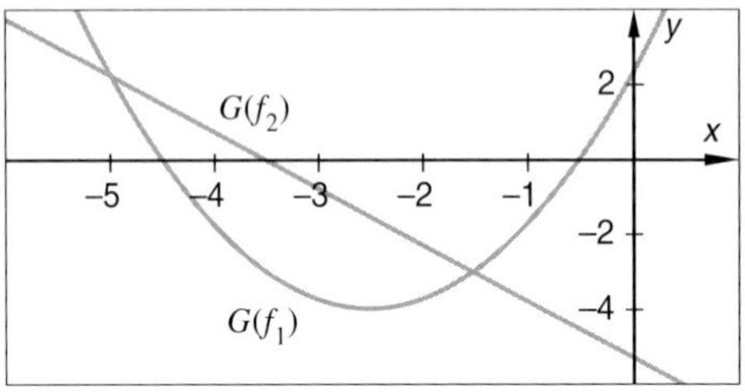

12. a) $S_1 \langle 2 \mid 9 \rangle$; $S_2 \langle 4 \mid 12 \rangle$; $S_3 \langle 10 \mid -15 \rangle$

b) $f(x) = -0{,}75x^2 + 6x$

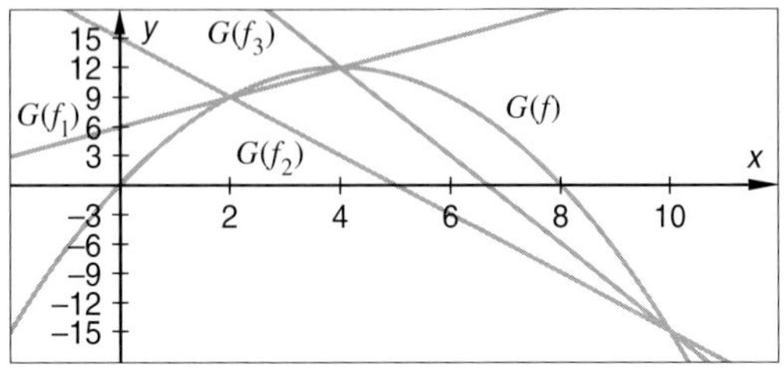

13. a) $P_1 \langle -5 \mid 8 \rangle$; $P_2 \langle 1 \mid 8 \rangle$

b) $f(x) = 8$

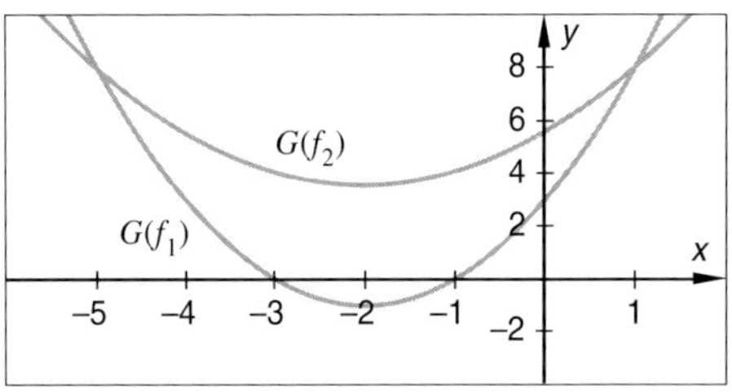

14. a) $P_1 \langle -0{,}5 \mid 3 \rangle$; $P_2 \langle -5{,}5 \mid -2 \rangle$

b) $f_3(x) = -x - 7{,}5$

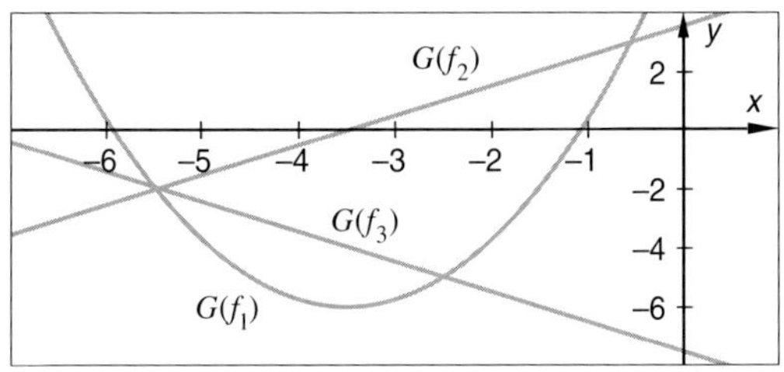

15. a) $f(x) = x^2 + 3x - 4$
b) $f(x) = x^2 + x - 2$
c) $f(x) = -x^2 - 3x + 10$
d) $f(x) = 0{,}5x^2 - 0{,}5x - 3$
e) $f(x) = 0{,}5x^2 + 1{,}5x - 5$
f) $f(x) = -0{,}5x + 3{,}5x - 6$

16. a) $P_1 \left\langle 0 \,\middle|\, -2\frac{7}{9} \right\rangle$; $P_2 \left\langle 2 \,\middle|\, 3\frac{8}{9} \right\rangle$; $P_3 \left\langle -3 \,\middle|\, -4\frac{4}{9} \right\rangle$

$f(x) = \frac{5}{9}x^2 + \frac{20}{9}x - \frac{25}{9}$

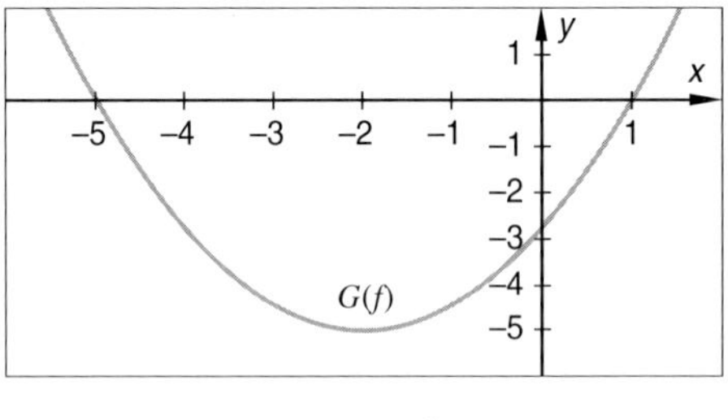

17. a) $2x + a = 240 \Leftrightarrow a = 240 - 2x$
$F(x) = x \cdot (240 - 2x)$

c) $S \langle 60 \mid 7\,200 \rangle$; $x = 60$; $a = 120$

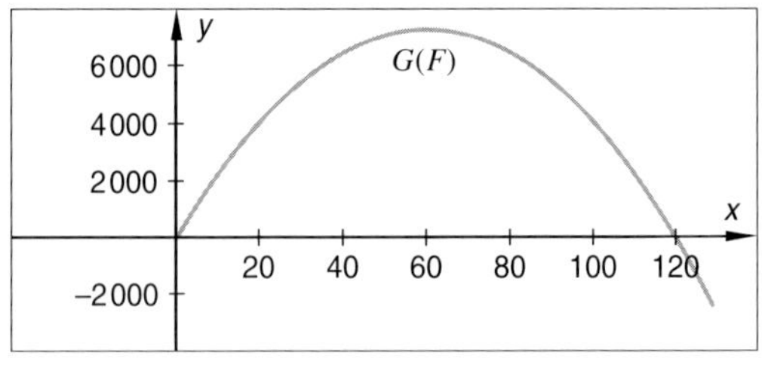

18. a) $h(t) = -5t^2 - 2{,}5t + 25$

b) nach 2,04 s

2.4 Ganzrationale Funktionen

1. a) $S_y\langle 0 \mid 0\rangle$; $x_{01} = 0$; 71
$x_{02} = 4$ (doppelt)
$f(x) = x \cdot (x-4)^2$
Keine Symmetrie; wegen $f(x) \to \infty$ für $x \to -\infty$ steigt $G(f)$ zunächst von links nach rechts bis zu seinem höchsten Punkt zwischen den Nullstellen 0 und 4, muss dann bis zu seinem tiefsten Punkt ($\langle 4 \mid 0\rangle$; doppelte Nullstelle) fallen und schließlich wegen $f(x) \to \infty$ für $x \to \infty$ nur noch steigen.

$f(x) = x^3 + 8x^2 + 16x$

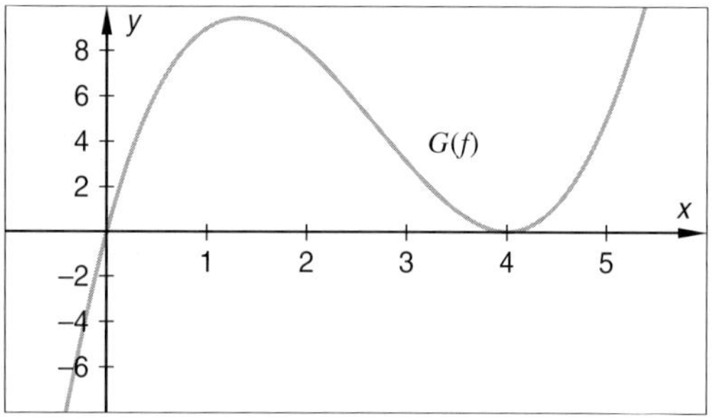

b) $S_y\langle 0 \mid 6\rangle$; $x_{01} = -2$; $x_{02} = 1$;
$x_{03} = 3$; $f(x) = (x+2) \cdot (x-1) \cdot (x-3)$
Keine Symmetrie; wegen $f(x) \to \infty$ für $x \to -\infty$ steigt $G(f)$ zunächst von links nach rechts bis zu seinem höchsten Punkt zwischen den Nullstellen -2 und 1, muss dann bis zu seinem tiefsten Punkt zwischen den Nullstellen 1 und 3 fallen und schließlich wegen $f(x) \to \infty$ für $x \to \infty$ nur noch steigen.

$f(x) = x^3 - 2x^2 - 5x + 6$

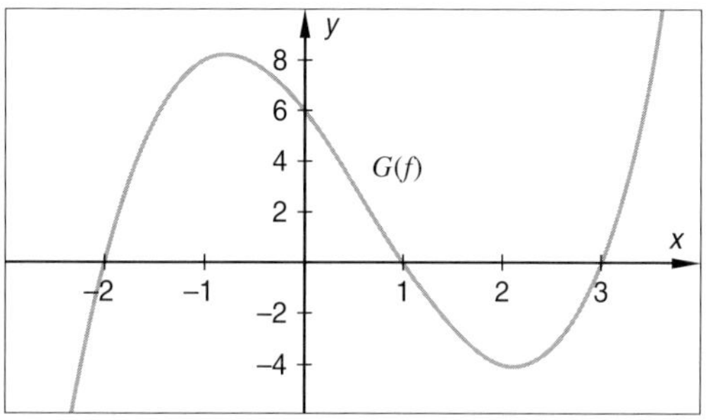

c) $S_y\langle 0 \mid 4\rangle$; $x_{01} = 1$;
$x_{02} = 2$ (doppelt)
$f(x) = -(x-1) \cdot (x-2)^2$
Keine Symmetrie; wegen $f(x) \to \infty$ für $x \to -\infty$ steigt $G(f)$ zunächst von links nach rechts bis zu seinem tiefsten Punkt zwischen den Nullstellen 1 und 2, muss dann bis zu seinem höchsten Punkt ($\langle 2 \mid 0\rangle$; doppelte Nullstelle) steigen und schließlich wegen $f(x) \to -\infty$ für $x \to \infty$ nur noch fallen.

$f(x) = -x^3 + 5x^2 - 8x + 4$

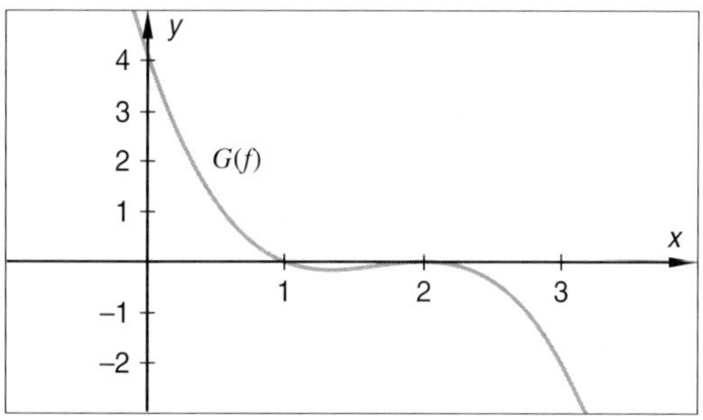

d) $S_y\langle 0 \mid -2\rangle$; $x_{01} = -2$ (doppelt);
$x_{02} = 1$; $f(x) = 0{,}5 \cdot (x+2)^2 \cdot (x-1)$
Keine Symmetrie; wegen $f(x) \to -\infty$ für $x \to -\infty$ steigt $G(f)$ zunächst von links nach rechts bis zu seinem höchsten Punkt ($\langle -2 \mid 0\rangle$; doppelte Nullstelle), muss dann bis zu seinem tiefsten Punkt zwischen den Nullstellen -2 und 1 fallen und schließlich wegen $f(x) \to \infty$ für $x \to \infty$ nur noch steigen.

$f(x) = 0{,}5x^3 + 1{,}5x^2 - 2$

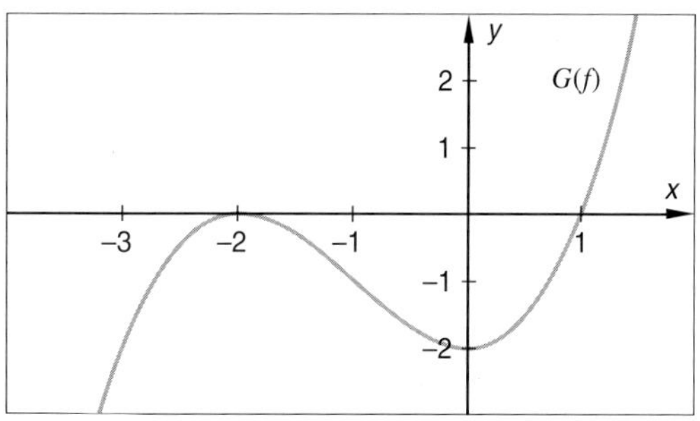

71

e) $S_y\langle 0 \mid 1\rangle$; $x_{01} = 1$ (doppelt);
$x_{02} = 2$; $f(x) = -0{,}5 \cdot (x-1)^2 \cdot (x-2)$
Keine Symmetrie; wegen $f(x) \to \infty$ für $x \to -\infty$ fällt $G(f)$ zunächst von links nach rechts bis zu seinem tiefsten Punkt ($\langle 1 \mid 0\rangle$; doppelte Nullstelle), muss dann bis zu seinem höchsten Punkt zwischen den Nullstellen 1 und 2 steigen und schließlich wegen $f(x) \to -\infty$ für $x \to \infty$ nur noch fallem.

$f(x) = -0{,}5x^3 + 2x^2 - 2{,}5x + 1$

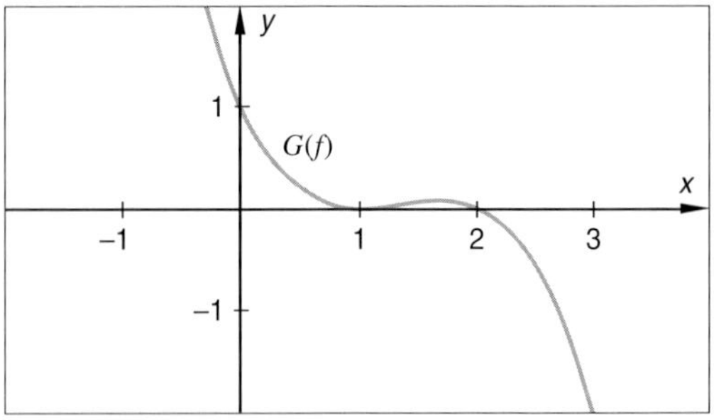

f) $S_y\langle 0 \mid -3\rangle$; $x_{01} = 1$ (doppelt);
$x_{02} = 3$; $f(x) = (x-1)^2 \cdot (x-3)$
Keine Symmetrie; wegen $f(x) \to -\infty$ für $x \to -\infty$ steigt $G(f)$ zunächst von links nach rechts bis zu seinem höchsten Punkt ($\langle 1 \mid 0\rangle$; doppelte Nullstelle), muss dann bis zu seinem tiefsten Punkt zwischen den Nullstellen 1 und 3 fallen und schließlich wegen $f(x) \to \infty$ für $x \to \infty$ nur noch steigen.

$f(x) = x^3 - 5x^2 + 7x - 3$

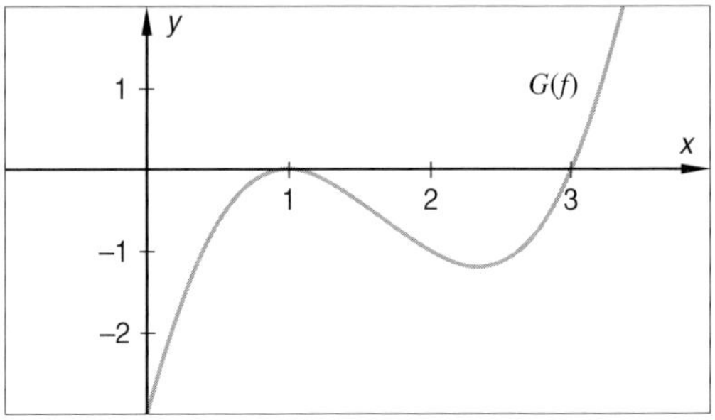

g) $S_y\langle 0 \mid 4\rangle$; $x_{01} = -1$; $x_{02} = 2$; $x_{03} = 4$;
$f(x) = 0{,}5 \cdot (x+1) \cdot (x-2) \cdot (x-4)$
Keine Symmetrie; wegen $f(x) \to -\infty$ für $x \to -\infty$ steigt $G(f)$ zunächst von links nach rechts bis zu seinem höchsten Punkt zwischen den Nullstellen -1 und 2, muss dann bis zu seinem tiefsten Punkt zwischen den Nullstellen 2 und 4 fallen und schließlich wegen $f(x) \to \infty$ für $x \to \infty$ nur noch steigen.

$f(x) = 0{,}5x^3 - 2{,}5x^2 + x + 4$

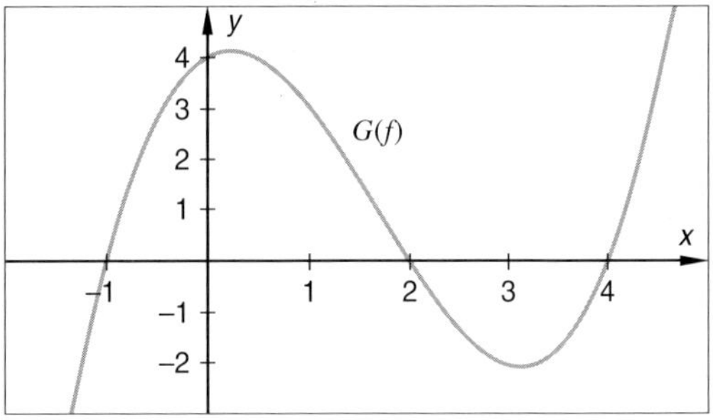

h) $S_y\langle 0 \mid -0{,}75\rangle$;
$x_{01} = -3$; $x_{02} = -0{,}5$; $x_{03} = 0{,}5$;
$f(x) = (x+3) \cdot (x+0{,}5) \cdot (x-0{,}5)$
Keine Symmetrie; wegen $f(x) \to -\infty$ für $x \to -\infty$ steigt $G(f)$ zunächst von links nach rechts bis zu seinem höchsten Punkt zwischen den Nullstellen -3 und $-0{,}5$, muss dann bis zu seinem tiefsten Punkt zwischen den Nullstellen $-0{,}5$ und $0{,}5$ fallen und schließlich wegen $f(x) \to \infty$ für $x \to \infty$ nur noch steigen.

$f(x) = x^3 + 3x^2 - 0{,}25x - 0{,}75$

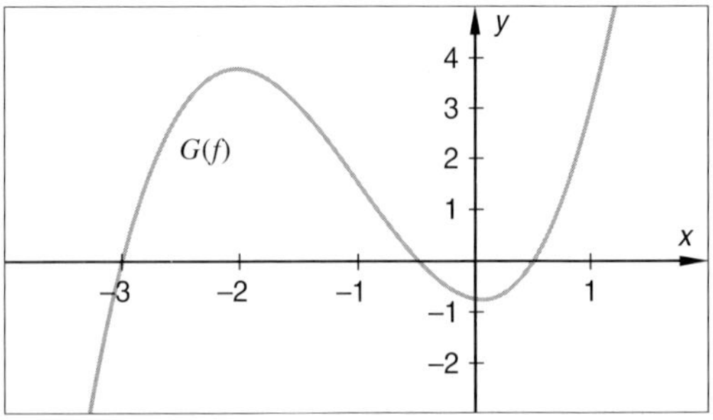

71

i) $S_y\langle 0 \mid -0{,}75\rangle$;
$x_{01} = -1$; $x_{02} = 0{,}5$; $x_{03} = 3$;
$f(x) = -0{,}5 \cdot (x+1) \cdot (x-0{,}5) \cdot (x-3)$
Keine Symmetrie; wegen $f(x) \to \infty$ für $x \to -\infty$ fällt $G(f)$ zunächst von links nach rechts bis zu seinem tiefsten Punkt zwischen den Nullstellen -1 und $0{,}5$, muss dann bis zu seinem höchsten Punkt zwischen den Nullstellen 0,5 und 3 steigen und schließlich wegen $f(x) \to -\infty$ für $x \to \infty$ nur noch fallen.

$f(x) = -0{,}5x^3 + 1{,}25x^2 + x - 0{,}75$

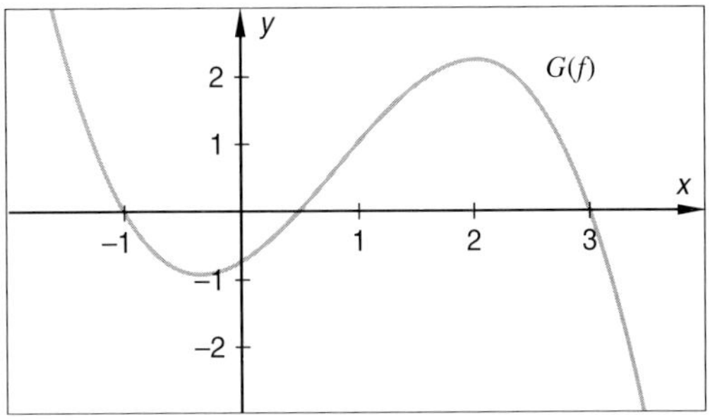

j) $S_y\langle 0 \mid 0\rangle$; $x_{01} = 0$ (doppelt);
$x_{02} = 3$ (doppelt); $f(x) = x^2 \cdot (x-3)^2$
Keine Symmetrie; wegen $f(x) \to \infty$ für $x \to -\infty$ fällt $G(f)$ zunächst von links nach rechts bis zu seinem tiefsten Punkt ($\langle 0 \mid 0\rangle$; doppelte Nullstelle), muss dann bis zu seinem höchsten Punkt zwischen den Nullstellen 0 und 3 steigen, dann bis zu seinem tiefsten Punkt ($\langle 3 \mid 0\rangle$; doppelte Nullstelle) wieder fallen und schließlich wegen $f(x) \to \infty$ für $x \to \infty$ nur noch steigen.

$f(x) = x^4 - 6x^3 + 9x^2$

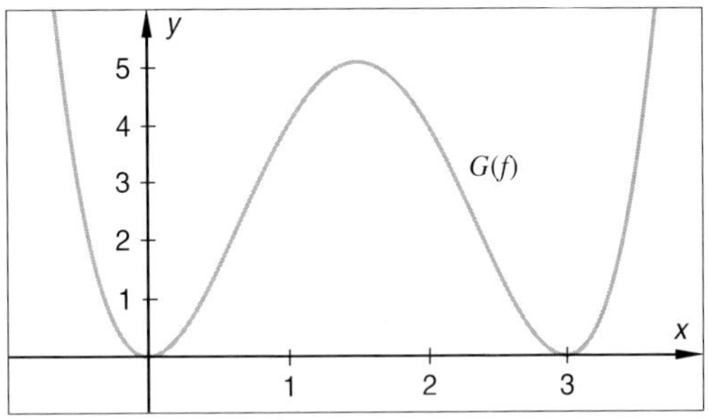

k) $S_y\langle 0 \mid 4\rangle$; $x_{01} = -2$; $x_{02} = -1$;
$x_{03} = 1$; $x_{04} = 2$;
$f(x) = (x+2) \cdot (x+1) \cdot (x-1) \cdot (x-2)$
Achsensymmetrie zur y-Achse; wegen $f(x) \to \infty$ für $x \to -\infty$ fällt $G(f)$ zunächst von links nach rechts bis zu seinem tiefsten Punkt zwischen den Nullstellen -2 und -1, muss dann bis zu seinem höchsten Punkt zwischen den Nullstellen -1 und 1 steigen, dann bis zu seinem tiefsten Punkt zwischen den Nullstellen 1 und 2 wieder fallen und schließlich wegen $f(x) \to \infty$ für $x \to \infty$ nur noch steigen.

$f(x) = x^4 - 5x^2 + 4$

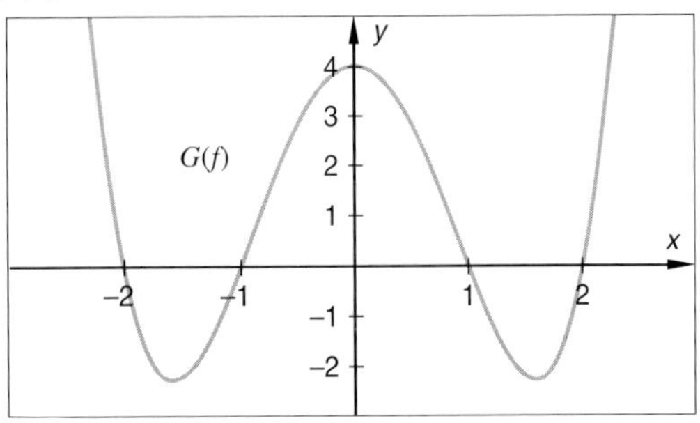

l) $S_y\langle 0 \mid 6\rangle$; $x_{01} = -3$; $x_{02} = -2$;
$x_{03} = 1$; $x_{04} = 2$;
$f(x) = 0{,}5 \cdot (x+3) \cdot (x+2) \cdot (x-1) \cdot (x-2)$
Keine Symmetrie; wegen $f(x) \to \infty$ für $x \to -\infty$ fällt $G(f)$ zunächst von links nach rechts bis zu seinem tiefsten Punkt zwischen den Nullstellen -3 und -2, muss dann bis zu seinem höchsten Punkt zwischen den Nullstellen -2 und 1 steigen, dann bis zu seinem tiefsten Punkt zwischen den Nullstellen 1 und 2 wieder fallen und schließlich wegen $f(x) \to \infty$ für $x \to \infty$ nur noch steigen.

$f(x) = 0{,}5x^4 + x^3 - 3{,}5x - 4x + 6$

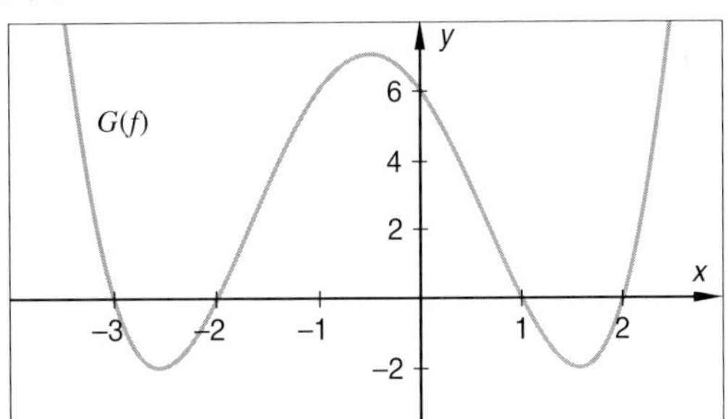

71 **2. a)** $f(x) = x^3 + x^2 - 10x + 8$

b) $f(x) = x^3 - 12x^2 + 45x - 50$

c) $f(x) = x^3 - 3x^2 - 9x - 5$

d) $f(x) = x^3 - 2x^2 - 2{,}75x + 3{,}75$

e) $f(x) = -x^3 - 2x^2 + 9x + 18$

f) $f(x) = -x^3 - 4x^2 - x + 6$

g) $f(x) = 0{,}5x^3 + 2{,}5x^2 + 1{,}5x - 4{,}5$

h) $f(x) = x^3 - 2x^2 - 5x + 6$

i) $f(x) = x^3 - x^2 - 9x + 9$

j) $f(x) = -0{,}5x^3 + x^2 + 0{,}5x - 1$

k) $f(x) = 0{,}25x^3 - 0{,}5x^2 - 2{,}75x + 3$

l) $f(x) = -0{,}1875x^3 - 0{,}375x^2 + 2{,}8125x - 2{,}25$

3. a) $f(x) = 3x^3 - 24x^2 + 60x - 48$

b) $f(x) = x^4 - x^2$

c) $f(x) = 2x^4 - 10x^2 + 12$

4. a) $f(x) = -\frac{1}{3}x^2 + \frac{2}{3}x + 1$

b) $f(x) = 2x^3 - 2x^2 - 4x + 4$

c) $f(x) = x^4 - 29x^2 + 100$

5. a)

x	−2	4	−3	3	$f(x)$
−3	−2	10	−33	102	102
−2	−2	8	−19	41	41
−1	−2	6	−9	12	12
0	−2			3	3
1	−2	2	−1	2	2
2	−2	0	−3	−3	−3
3	−2	−2	−9	−24	−24

b)

x	−2	0	5	6	2	$f(x)$
−2	−2	4	−3	12	−22	−22
−1	−2	2	1	4	−6	−6
0	−2				2	2
1	−2	−2	3	9	−16	−16
2	−2	−4	−3	0	2	2

c)

x	1/3	0	−2	1/2	0	−5	$f(x)$
−3	1/3	−1	1	−5/2	15/2	−55/2	−55/2
−2	1/3	−2/3	−2/3	11/6	−11/3	7/3	7/3
−1	1/3	−1/3	−5/3	13/6	−13/6	−17/6	−17/6
0	1/3					−5	−5
1	1/3	1/3	−5/3	−7/6	−7/6	−37/6	−37/6
2	1/3	2/3	−2/3	−5/6	−10/6	−25/3	−25/3
3	1/3	1	1	7/2	21/2	53/2	53/2

2.5 Gebrochen-rationale Funktionen

85 **1. a)** $f(x) = \frac{3}{x-2}$; $D(f) = \mathbb{R}\setminus\{2\}$;
keine Symmetrie;
Pol mit VZW bei 2; $y_A(x) = 0$;
$f(x) < 0$ für $x < 2 \Rightarrow G(f)$ nähert sich $G(y_A)$ von unten für $x \to -\infty$;
$f(x) > 0$ für $x > 2 \Rightarrow G(f)$ nähert sich $G(y_A)$ von oben für $x \to \infty$;
keine Nullstelle; $S_y\langle 0 \mid -1{,}5\rangle$.

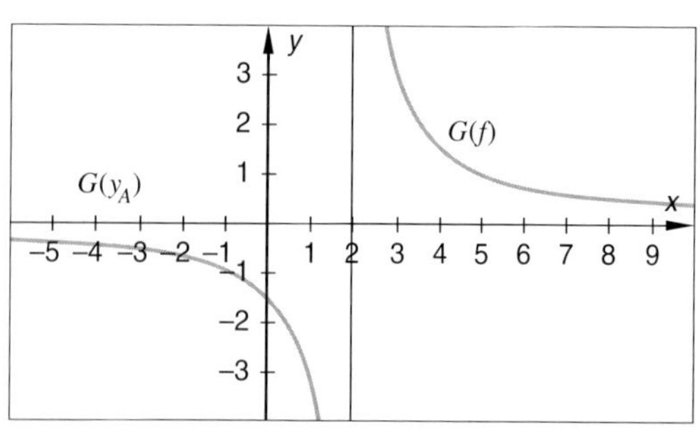

b) $f(x) = \dfrac{-5}{x+3}$; $D(f) = \mathbb{R}\backslash\{-3\}$;
keine Symmetrie;
Pol mit VZW bei -3; $y_A(x) = 0$;
$f(x) > 0$ für $x < -3 \Rightarrow G(f)$ nähert sich $G(y_A)$ von oben für $x \to -\infty$;
$f(x) < 0$ für $x > -3 \Rightarrow G(f)$ nähert sich $G(y_A)$ von unten für $x \to \infty$;
keine Nullstelle; $S_y\langle 0 \mid -1{,}67\rangle$.

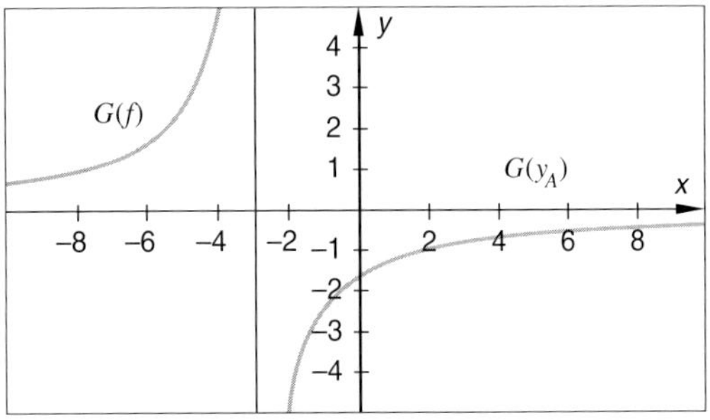

c) $f(x) = \dfrac{-7}{-x-4}$; $D(f) = \mathbb{R}\backslash\{-4\}$;
keine Symmetrie;
Pol mit VZW bei -4; $y_A(x) = 0$;
$f(x) < 0$ für $x < -4 \Rightarrow G(f)$ nähert sich $G(y_A)$ von unten für $x \to -\infty$;
$f(x) > 0$ für $x > -4 \Rightarrow G(f)$ nähert sich $G(y_A)$ von oben für $x \to \infty$;
keine Nullstelle; $S_y\langle 0 \mid 1{,}75\rangle$.

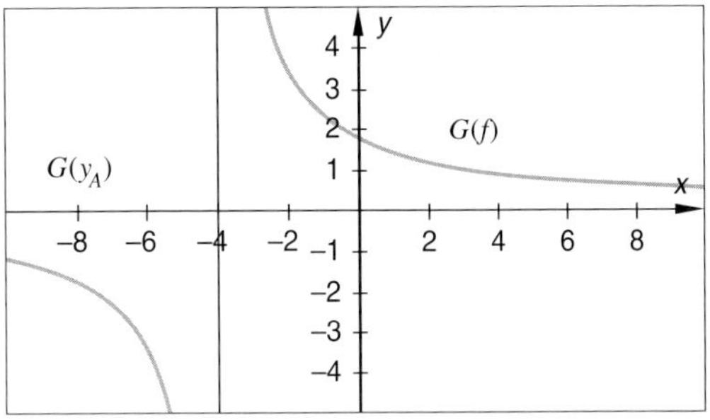

d) $f(x) = \dfrac{6}{-x+3}$; $D(f) = \mathbb{R}\backslash\{3\}$;
keine Symmetrie;
Pol mit VZW bei 3; $y_A(x) = 0$;
$f(x) > 0$ für $x < 3 \Rightarrow G(f)$ nähert sich $G(y_A)$ von oben für $x \to -\infty$;
$f(x) < 0$ für $x > 3 \Rightarrow G(f)$ nähert sich $G(y_A)$ von unten für $x \to \infty$;
keine Nullstelle; $S_y\langle 0 \mid 2\rangle$.

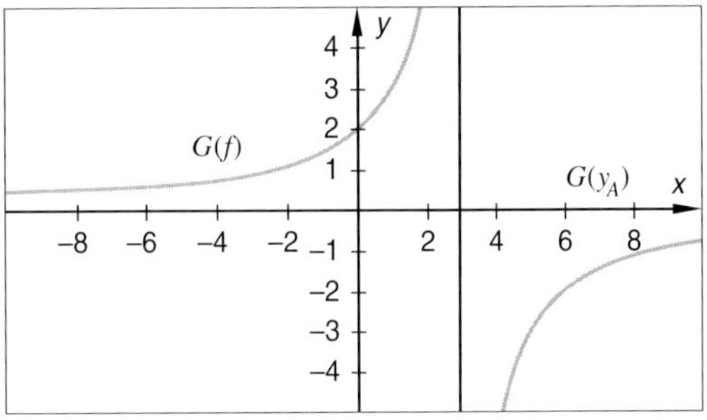

e) $f(x) = \dfrac{-0{,}5}{(x-3)^2}$; $D(f) = \mathbb{R}\backslash\{3\}$;
keine Symmetrie;
Pol ohne VZW bei 3; $y_A(x) = 0$;
$f(x) < 0$ für $x < 3 \Rightarrow G(f)$ nähert sich $G(y_A)$ von unten für $x \to -\infty$;
$f(x) < 0$ für $x > 3 \Rightarrow G(f)$ nähert sich $G(y_A)$ von unten für $x \to \infty$;
keine Nullstelle; $S_y\langle 0 \mid -0{,}06\rangle$.

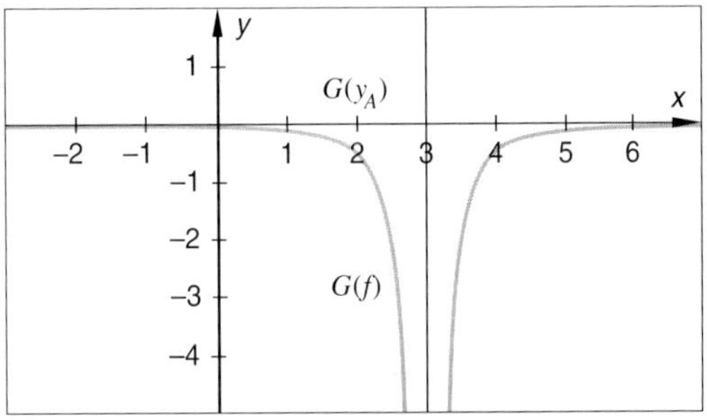

f) $f(x) = \dfrac{1}{4(x+1)^2}$; $D(f) = \mathbb{R}\backslash\{-1\}$;
keine Symmetrie;
Pol ohne VZW bei -1; $y_A(x) = 0$;
$f(x) > 0$ für $x < -1 \Rightarrow G(f)$ nähert sich $G(y_A)$ von oben für $x \to -\infty$;
$f(x) > 0$ für $x > -1 \Rightarrow G(f)$ nähert sich $G(y_A)$ von oben für $x \to \infty$;
keine Nullstelle; $S_y\langle 0 \mid 0{,}25\rangle$.

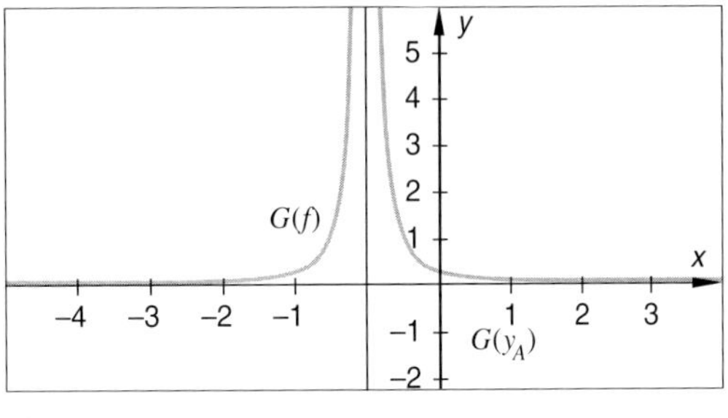

85

g) $f(x) = \dfrac{x+4}{x-2}$; $D(f) = \mathbb{R}\setminus\{2\}$;
keine Symmetrie;
Pol mit VZW bei 2; $y_A(x) = 1$;
$f(x) < 1$ für $x < 2 \Rightarrow G(f)$ nähert sich $G(y_A)$ von unten für $x \to -\infty$;
$f(x) > 1$ für $x > 2 \Rightarrow G(f)$ nähert sich $G(y_A)$ von oben für $x \to \infty$;
$x_0 = -4$; $S_y\langle 0 \mid -2\rangle$.

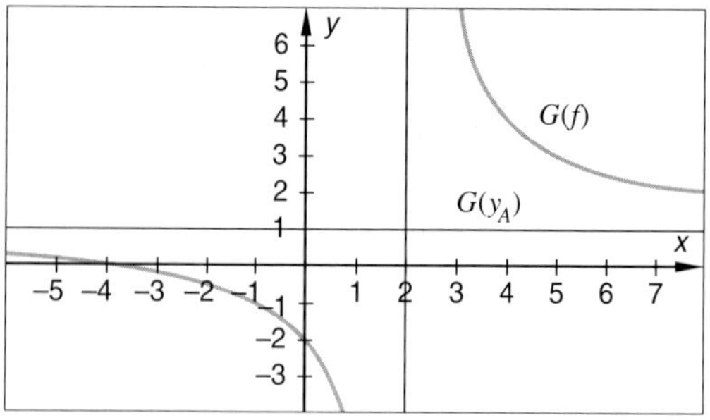

h) $f(x) = \dfrac{x-3}{x+1}$; $D(f) = \mathbb{R}\setminus\{-1\}$;
keine Symmetrie;
Pol mit VZW bei -1; $y_A(x) = 1$;
$f(x) > 1$ für $x < -1 \Rightarrow G(f)$ nähert sich $G(y_A)$ von oben für $x \to -\infty$;
$f(x) < 1$ für $x > -1 \Rightarrow G(f)$ nähert sich $G(y_A)$ von unten für $x \to \infty$;
$x_0 = 3$; $S_y\langle 0 \mid -3\rangle$.

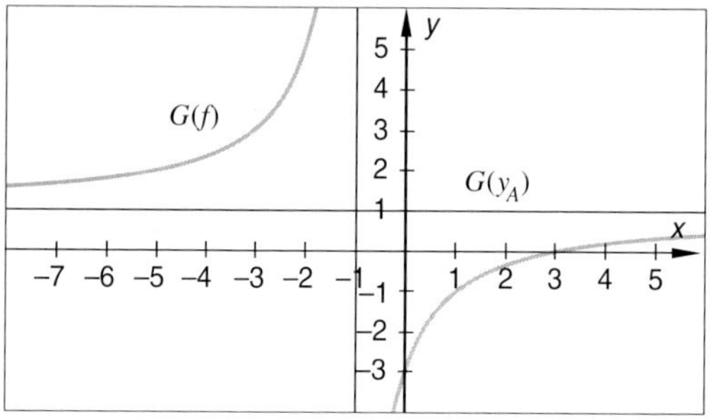

i) $f(x) = \dfrac{x+2}{2x+2}$; $D(f) = \mathbb{R}\setminus\{-1\}$;
keine Symmetrie;
Pol mit VZW bei -1; $y_A(x) = 0{,}5$;
$f(x) < 0{,}5$ für $x < -1 \Rightarrow G(f)$ nähert sich $G(y_A)$ von unten für $x \to -\infty$;
$f(x) > 0{,}5$ für $x > -1 \Rightarrow G(f)$ nähert sich $G(y_A)$ von oben für $x \to \infty$;
$x_0 = -2$; $S_y\langle 0 \mid 1\rangle$.

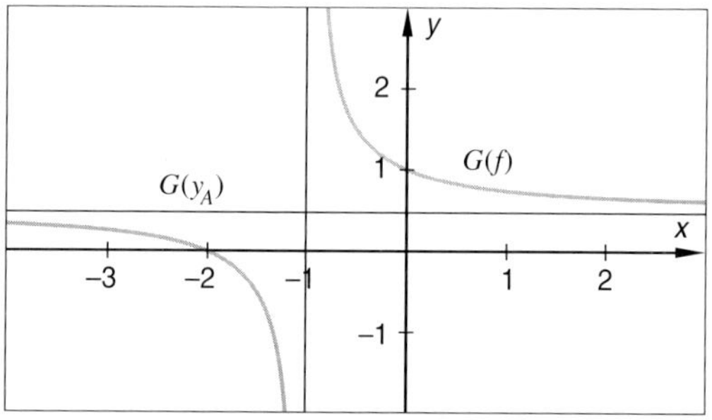

j) $f(x) = \dfrac{2x-3}{x+2}$; $D(f) = \mathbb{R}\setminus\{-2\}$;
keine Symmetrie;
Pol mit VZW bei -2; $y_A(x) = 2$;
$f(x) > 2$ für $x < -2 \Rightarrow G(f)$ nähert sich $G(y_A)$ von oben für $x \to -\infty$;
$f(x) < 2$ für $x > -2 \Rightarrow G(f)$ nähert sich $G(y_A)$ von unten für $x \to \infty$;
$x_0 = 1{,}5$; $S_y\langle 0 \mid -1{,}5\rangle$.

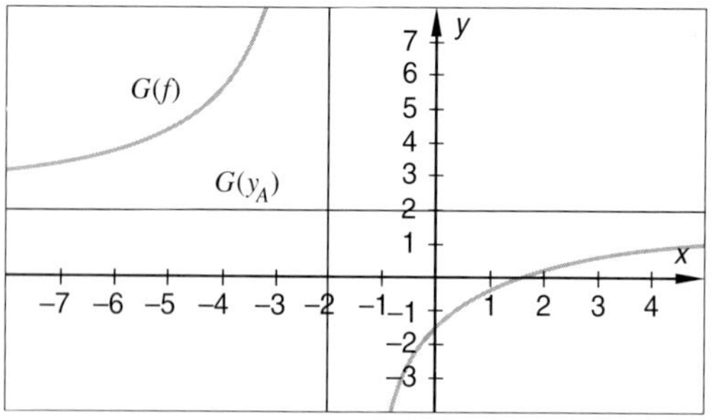

k) $f(x) = \frac{x-3}{x^2-4}$; $D(f) = \mathbb{R}\backslash\{-2;2\}$;
keine Symmetrie;
Pol mit VZW bei -2 und 2; $y_A(x) = 0$;
$f(x) < 0$ für $x < -2 \Rightarrow G(f)$ nähert sich $G(y_A)$ von unten für $x \to -\infty$;
$f(x) > 0$ für $x > 3 \Rightarrow G(f)$ nähert sich $G(y_A)$ von oben für $x \to \infty$;
$x_0 = 3$; $S_y\langle 0 \mid 0{,}75\rangle$.

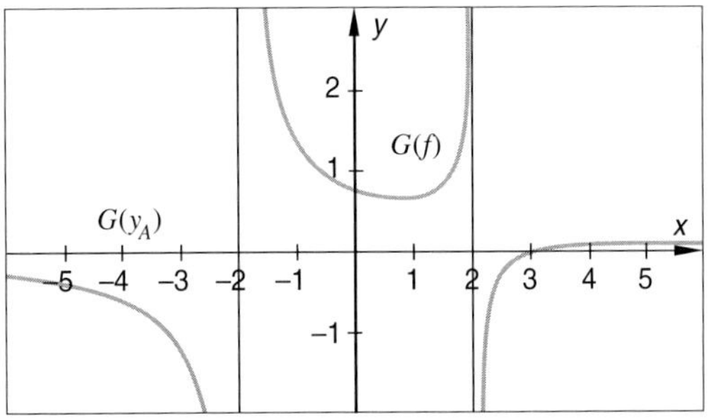

l) $f(x) = \frac{x+5}{x^2-x-2}$; $D(f) = \mathbb{R}\backslash\{-1;2\}$;
keine Symmetrie;
Pol mit VZW bei -1 und 2; $y_A(x) = 0$;
$f(x) < 0$ für $x < -5 \Rightarrow G(f)$ nähert sich $G(y_A)$ von unten für $x \to -\infty$;
$f(x) > 0$ für $x > 2 \Rightarrow G(f)$ nähert sich $G(y_A)$ von oben für $x \to \infty$;
$x_0 = -5$; $S_y\langle 0 \mid -2{,}5\rangle$.

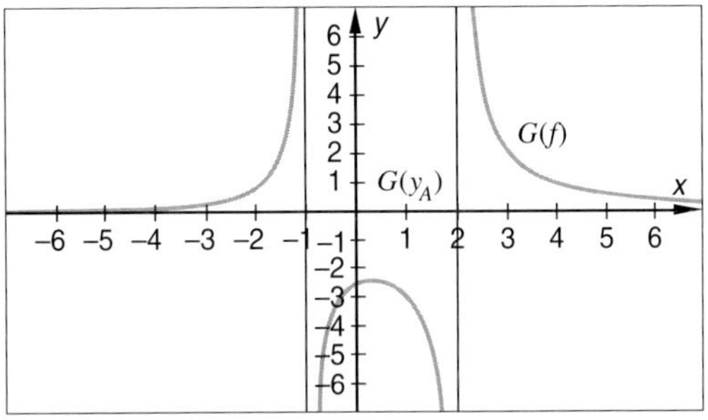

m) $f(x) = \frac{x^2+3x-4}{x-2}$; $D(f) = \mathbb{R}\backslash\{2\}$;
keine Symmetrie;
Pol mit VZW bei 2; $y_A(x) = x+5$;
$f(x) < y_A(x)$ für $x < 2 \Rightarrow G(f)$ nähert sich $G(y_A)$ von unten für $x \to -\infty$;
$f(x) > y_A(x)$ für $x > 2 \Rightarrow G(f)$ nähert sich $G(y_A)$ von oben für $x \to \infty$;
$x_{01} = -4$; $x_{02} = 1$; $S_y\langle 0 \mid 2\rangle$.

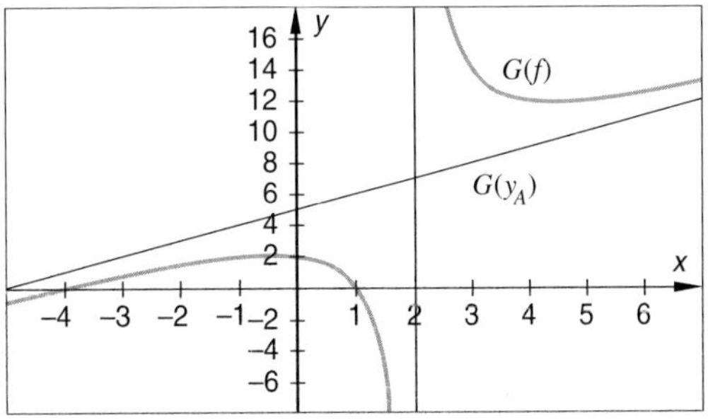

n) $f(x) = \frac{x^2+6x+8}{x+1}$; $D(f) = \mathbb{R}\backslash\{-1\}$;
keine Symmetrie;
Pol mit VZW bei -1; $y_A(x) = x+5$;
$f(x) < y_A(x)$ für $x < -1 \Rightarrow G(f)$ nähert sich $G(y_A)$ von unten für $x \to -\infty$;
$f(x) > y_A(x)$ für $x > -1 \Rightarrow G(f)$ nähert sich $G(y_A)$ von oben für $x \to \infty$;
$x_{01} = -4$; $x_{02} = -2$; $S_y\langle 0 \mid 8\rangle$.

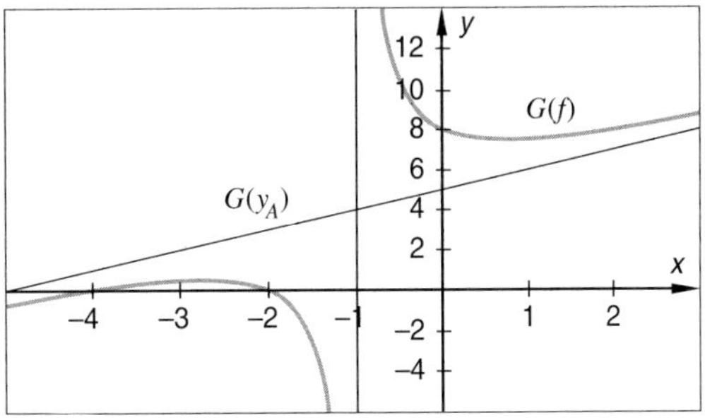

85

o) $f(x) = \dfrac{x^2 - 3x + 2}{2x}$; $D(f) = \mathbb{R}\setminus\{0\}$;
keine Symmetrie;
Pol mit VZW bei 0; $y_A(x) = 0{,}5x - 1{,}5$;
$f(x) < y_A(x)$ für $x < 0 \Rightarrow G(f)$ nähert sich $G(y_A)$ von unten für $x \to -\infty$;
$f(x) > y_A(x)$ für $x > 0 \Rightarrow G(f)$ nähert sich $G(y_A)$ von oben für $x \to \infty$;
$x_{01} = 1$; $x_{02} = 2$; kein S_y.

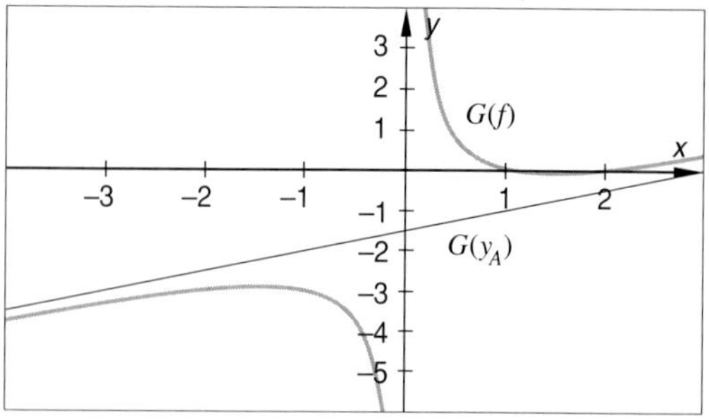

p) $f(x) = \dfrac{x^2 + 6x + 8}{x + 3}$; $D(f) = \mathbb{R}\setminus\{-3\}$;
keine Symmetrie;
Pol mit VZW bei -3; $y_A(x) = x + 3$;
$f(x) > y_A(x)$ für $x < -3 \Rightarrow G(f)$ nähert sich $G(y_A)$ von oben für $x \to -\infty$;
$f(x) < y_A(x)$ für $x > -3 \Rightarrow G(f)$ nähert sich $G(y_A)$ von unten für $x \to \infty$;
$x_{01} = -4$; $x_{02} = -2$; $S_y\langle 0 \mid 2{,}67\rangle$.

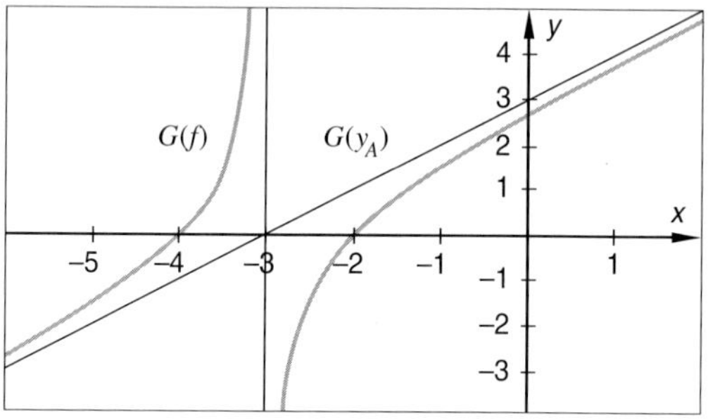

q) $f(x) = \dfrac{x^2 - 7x + 12}{2x - 7}$; $D(f) = \mathbb{R}\setminus\{3{,}5\}$;
keine Symmetrie;
Pol mit VZW bei 3,5;
$y_A(x) = 0{,}5x - 1{,}75$;
$f(x) > y_A(x)$ für $x < 3{,}5 \Rightarrow G(f)$ nähert sich $G(y_A)$ von oben für $x \to -\infty$;
$f(x) < y_A(x)$ für $x > 3{,}5 \Rightarrow G(f)$ nähert sich $G(y_A)$ von unten für $x \to \infty$;
$x_{01} = 3$; $x_{02} = 4$; $S_y\langle 0 \mid -1{,}71\rangle$.

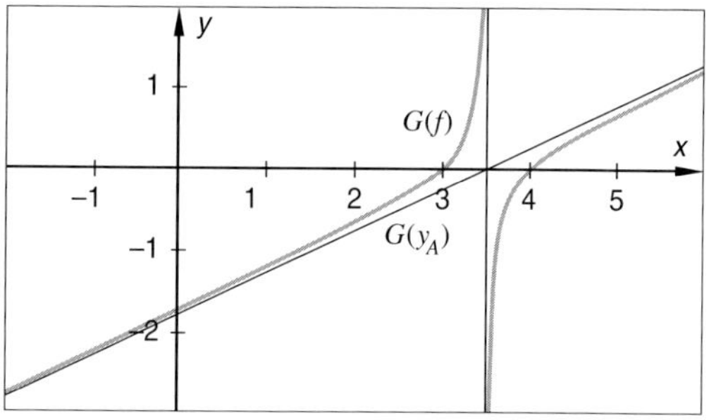

r) $f(x) = \dfrac{2x^2 - 8x - 10}{3x - 6}$; $D(f) = \mathbb{R}\setminus\{2\}$;
keine Symmetrie;
Pol mit VZW bei 2; $y_A(x) = \dfrac{2}{3}x - \dfrac{4}{3}$;
$f(x) > y_A(x)$ für $x < 2 \Rightarrow G(f)$ nähert sich $G(y_A)$ von oben für $x \to -\infty$;
$f(x) < y_A(x)$ für $x > 2 \Rightarrow G(f)$ nähert sich $G(y_A)$ von unten für $x \to \infty$;
$x_{01} = -1$; $x_{02} = 5$; $S_y\langle 0 \mid 1{,}67\rangle$.

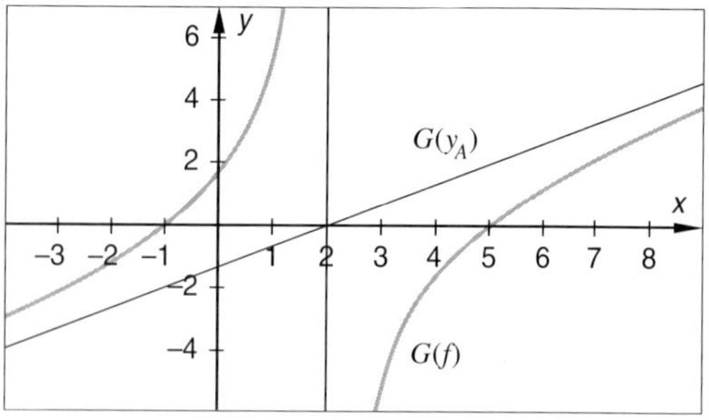

s) $f(x) = \dfrac{x^2 + 5x + 6}{x^2}$; $D(f) = \mathbb{R} \setminus \{0\}$; 85
keine Symmetrie;
Pol ohne VZW bei 0; $y_A(x) = 1$;
$f(x) < y_A(x)$ für $x < -1 \Rightarrow G(f)$ nähert sich $G(y_A)$ von unten für $x \to -\infty$;
$f(x) > y_A(x)$ für $x > 0 \Rightarrow G(f)$ nähert sich $G(y_A)$ von oben für $x \to \infty$;
$x_{01} = -3$; $x_{02} = -2$.

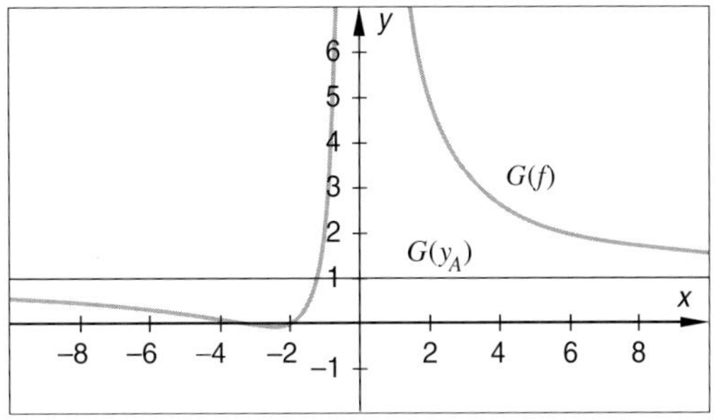

t) $f(x) = \dfrac{x^2 - 7x + 12}{x^2 - 4}$;
$D(f) = \mathbb{R} \setminus \{-2; 2\}$;
keine Symmetrie;
Pol mit VZW bei -2 und 2;
$y_A(x) = 1$;
$f(x) > y_A(x)$ für $x < -2 \Rightarrow G(f)$ nähert sich $G(y_A)$ von oben für $x \to -\infty$;
$f(x) < y_A(x)$ für $x > 2 \Rightarrow G(f)$ nähert sich $G(y_A)$ von unten für $x \to \infty$;
$x_{01} = 3$; $x_{02} = 4$; $S_y\langle 0 \mid -3 \rangle$.

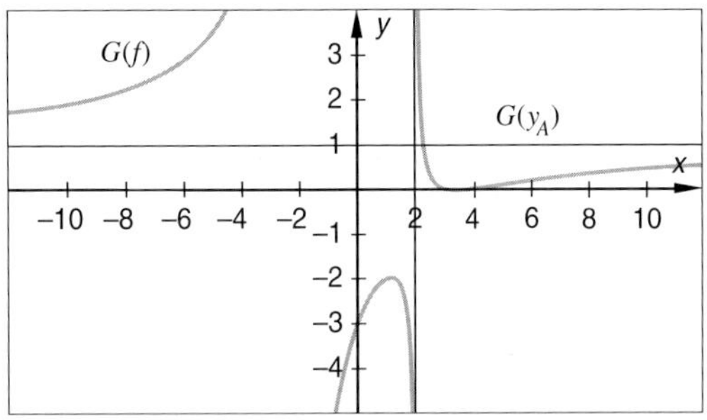

u) $f(x) = \dfrac{2x^2 - 8x - 10}{x^2 + 1}$; $D(f) = \mathbb{R}$;
keine Symmetrie; $y_A(x) = 2$;
$f(x) > y_A(x)$ für $x < -1{,}5 \Rightarrow G(f)$ nähert sich $G(y_A)$ von oben für $x \to -\infty$;
$f(x) < y_A(x)$ für $x > -1{,}5 \Rightarrow G(f)$ nähert sich $G(y_A)$ von unten für $x \to \infty$;
$x_{01} = -1$; $x_{02} = 5$; $S_y\langle 0 \mid -10 \rangle$.

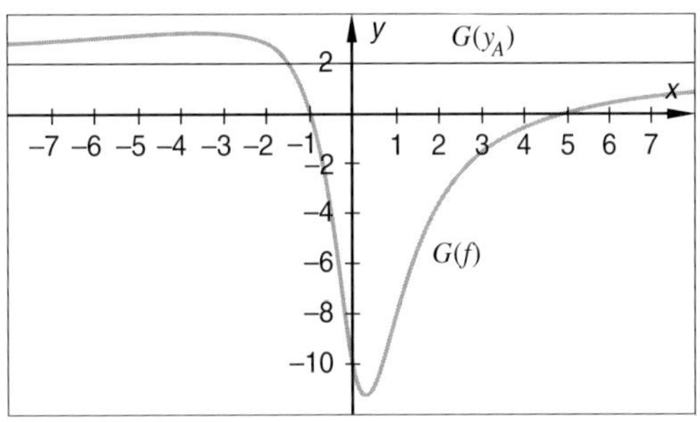

v) $f(x) = \dfrac{x^3}{x - 1}$; $D(f) = \mathbb{R} \setminus \{1\}$;
keine Symmetrie;
Pol mit VZW bei 1; $y_A(x) = x^2 + x + 1$;
$f(x) < y_A(x)$ für $x < 1 \Rightarrow G(f)$ nähert sich $G(y_A)$ von unten für $x \to -\infty$;
$f(x) > y_A(x)$ für $x > 1 \Rightarrow G(f)$ nähert sich $G(y_A)$ von oben für $x \to \infty$;
$x_0 = 0$; $S_y\langle 0 \mid 0 \rangle$.

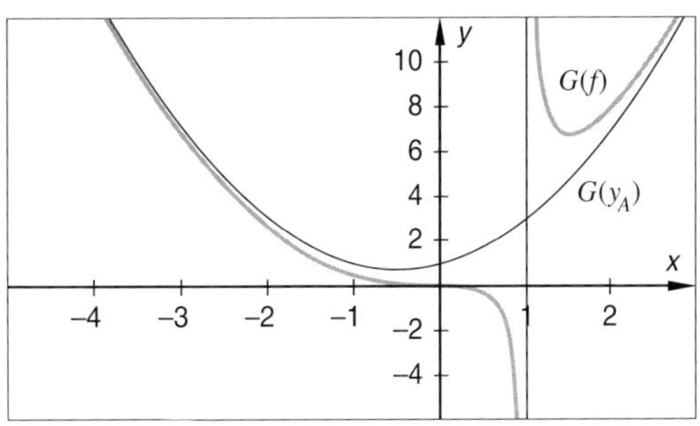

85

w) $f(x) = \dfrac{2x^3 - 16}{x - 1}$; $D(f) = \mathbb{R} \setminus \{1\}$;
keine Symmetrie;
Pol mit VZW bei 1;
$y_A(x) = 2x^2 + 2x + 2$;
$f(x) > y_A(x)$ für $x < 1 \Rightarrow G(f)$ nähert sich $G(y_A)$ von oben für $x \to -\infty$;
$f(x) < y_A(x)$ für $x > 1 \Rightarrow G(f)$ nähert sich $G(y_A)$ von unten für $x \to \infty$;
$x_0 = 2$; $S_y\langle 0 \mid 16 \rangle$.

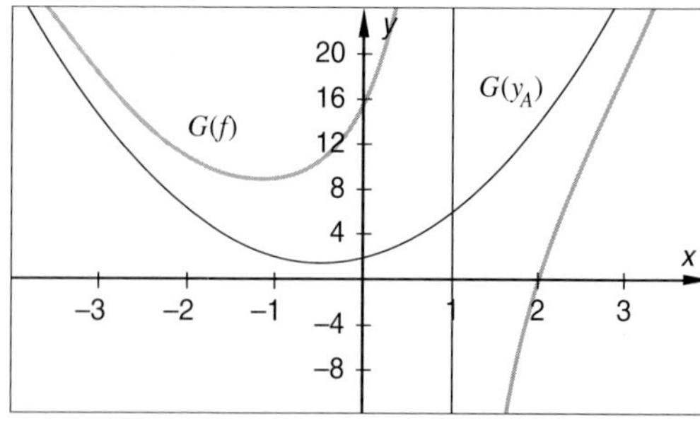

x) $f(x) = \dfrac{x^3 - 1}{x}$; $D(f) = \mathbb{R} \setminus \{0\}$;
keine Symmetrie;
Pol mit VZW bei 0; $y_A(x) = x^2$;
$f(x) > y_A(x)$ für $x < 0 \Rightarrow G(f)$ nähert sich $G(y_A)$ von oben für $x \to -\infty$;
$f(x) < y_A(x)$ für $x > 0 \Rightarrow G(f)$ nähert sich $G(y_A)$ von unten für $x \to \infty$;
$x_0 = 1$.

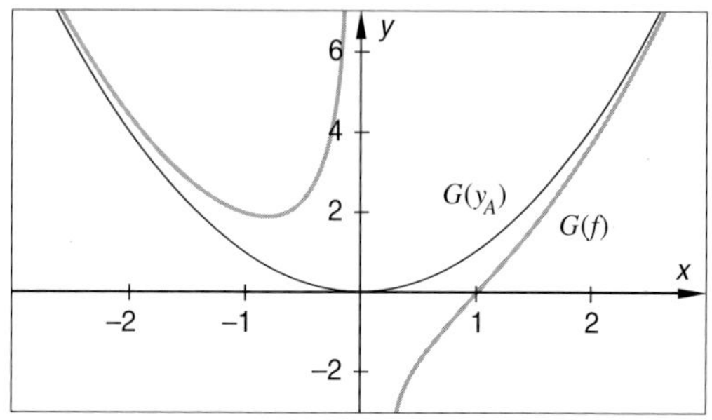

2. a) $f(x) = \dfrac{x^2 - x - 2}{x - 2}$; $D(f) = \mathbb{R} \setminus \{2\}$;
keine Symmetrie; Ergänzungsfunktion $f^*(x) = x + 1$; $D(f^*) = \mathbb{R}$
mit $f^*(2) = 3$, da f an der Stelle 2 eine behebbare Lücke hat.
$x_0 = -1$; $S_y\langle 0 \mid 1 \rangle$.

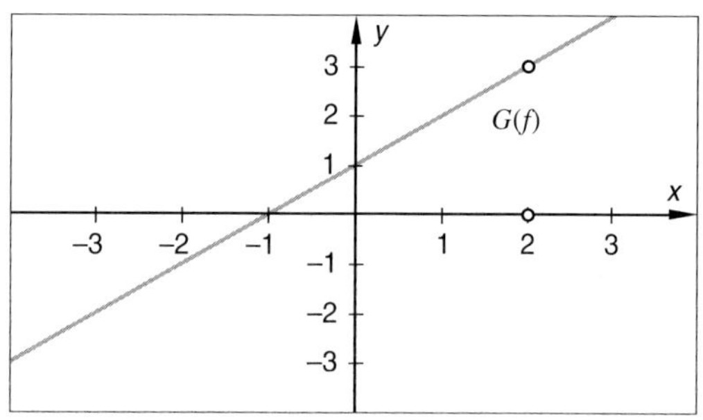

b) $f(x) = \dfrac{2x^2 - 8x + 6}{x - 3}$; $D(f) = \mathbb{R} \setminus \{3\}$;
keine Symmetrie; Ergänzungsfunktion $f^*(x) = 2x - 2$; $D(f^*) = \mathbb{R}$
mit $f^*(3) = 4$, da f an der Stelle 3 eine behebbare Lücke hat.
$x_0 = 1$; $S_y\langle 0 \mid -2 \rangle$.

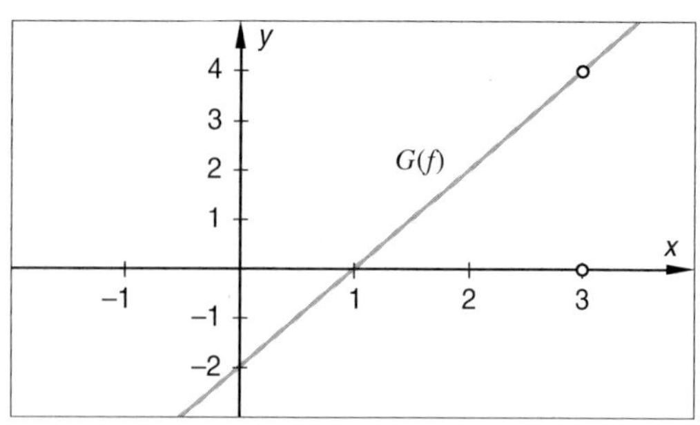

c) $f(x) = \frac{x-3}{x^2-2x-3}$; $D(f) = \mathbb{R}\setminus\{-1;3\}$;
keine Symmetrie; Ergänzungsfunktion
$f^*(x) = \frac{1}{x+1}$; $D(f^*) = \mathbb{R}\setminus\{-1\}$
mit $f^*(3) = 0{,}25$, da f an der Stelle 3 eine behebbare Lücke hat.
$S_y\langle 0 \mid 1\rangle$; $y_A(x) = 0$;
$f(x) < 0$ für $x < -1 \Rightarrow G(f)$ nähert sich $G(y_A)$ von unten für $x \to -\infty$;
$f(x) > 0$ für $x > -1 \Rightarrow G(f)$ nähert sich $G(y_A)$ von oben für $x \to \infty$;

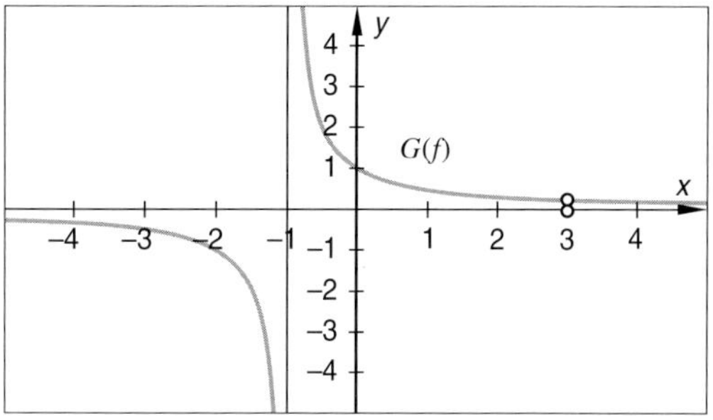

d) $f(x) = \frac{x^3-1}{x-1}$; $D(f) = \mathbb{R}\setminus\{1\}$;
keine Symmetrie; Ergänzungsfunktion
$f^*(x) = x^2+x+1$; $D(f^*) = \mathbb{R}$
mit $f^*(1) = 3$, da f an der Stelle 1 eine behebbare Lücke hat.
$S_y\langle 0 \mid 1\rangle$.

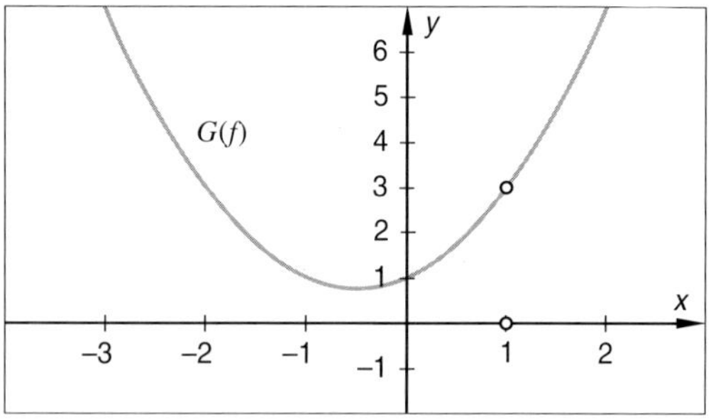

3. $f(x) = \frac{x^2-4}{x} = x + \frac{-4}{x}$
Betrachtung in $(-\infty;0)$ und $(\infty;0)$.
$x_1 < x_2$, entweder $x_1, x_2 \in (\infty;0)$ oder $x_1, x_2 \in (0;\infty)$
$\Rightarrow \frac{1}{x_1} > \frac{1}{x_2} \Rightarrow \frac{-4}{x_1} < \frac{-4}{x_2} \Rightarrow x_1 + \frac{-4}{x_1} < x_2 + \frac{-4}{x_2}$
$\Rightarrow f$ ist streng monoton steigend.

4. a) z. B. $f(x) = \frac{x+4}{x^2+2x-8}$ **b)** $y_A(x) = 0$ **c)** Multiplikation mit $3x$ z. B.

5. mit $A = \frac{\pi}{4} d^2$ und $\sigma A = \frac{F}{A}$ gilt
$\sigma(d) = \frac{4F}{\pi d^2} = \frac{8000}{\pi d^2}$

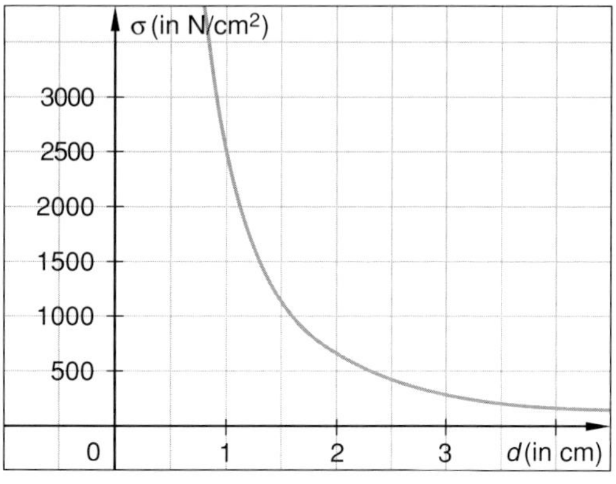

85 **6.** $R(A) = \varrho \dfrac{l}{A}$

Dann gilt $R(d) = \dfrac{100}{\pi d^2}$

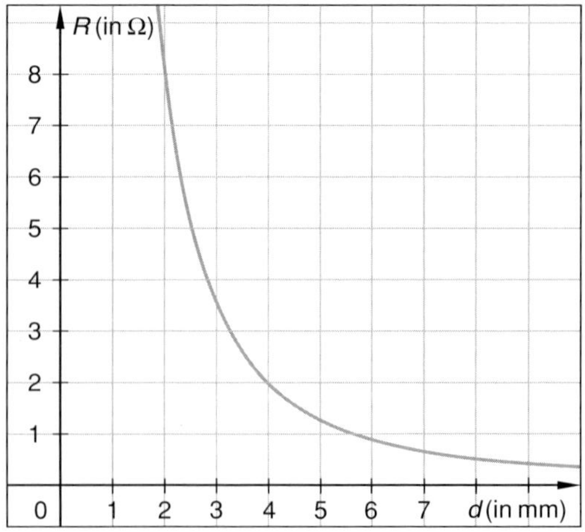

2.6 Exponential- und Logarithmusfunktionen, Umkehrfunktionen

100 **1. a)** $f(x) = 2^x$; $2^1 = 2$;
$2^2 = 4$; $2^3 = 8$;
$2^5 = 32$; $2^{10} = 1\,024$

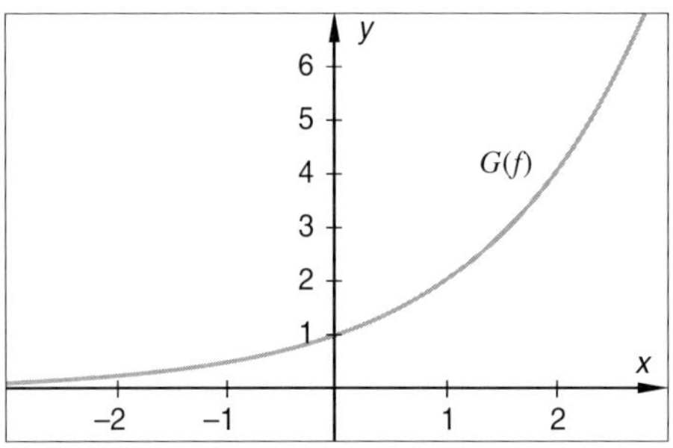

b) $f(x) = 3^x$; $3^1 = 3$;
$3^2 = 9$; $3^3 = 27$;
$3^5 = 243$; $3^{10} = 59\,049$

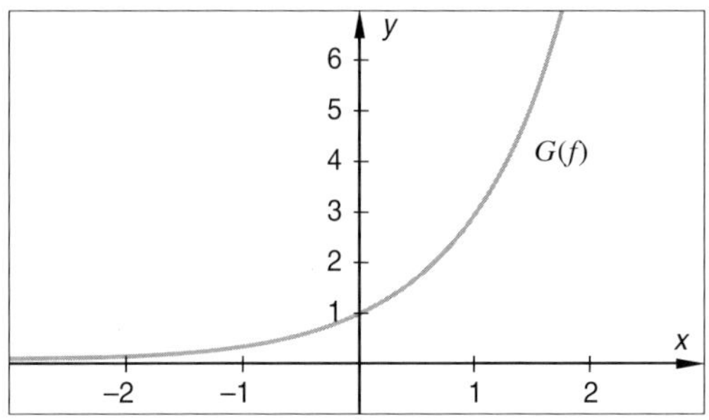

c) $f(x) = 0{,}5^x$; $0{,}5^1 = 0{,}5$;
$0{,}5^2 = 0{,}25$; $0{,}5^3 = 0{,}125$;
$0{,}5^5 = 0{,}03125$; $0{,}5^{10} = 0{,}000976563$

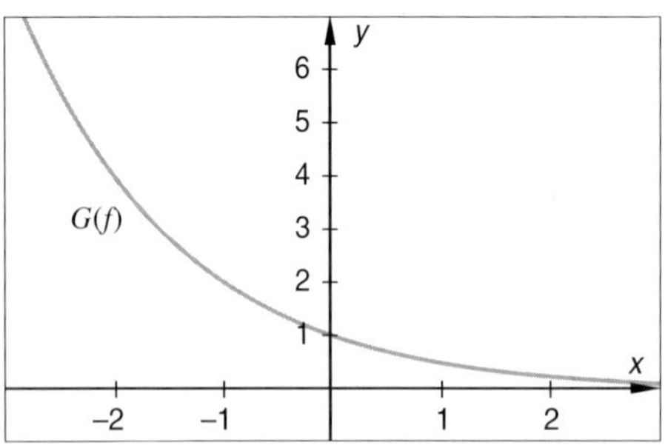

d) $f(x) = \left(\dfrac{2}{3}\right)^x$; $\left(\dfrac{2}{3}\right)^1 = \dfrac{2}{3}$;

$\left(\dfrac{2}{3}\right)^2 = \dfrac{4}{9}$; $\left(\dfrac{2}{3}\right)^3 = \dfrac{8}{27}$; $\left(\dfrac{2}{3}\right)^5 = \dfrac{32}{243}$; $\left(\dfrac{2}{3}\right)^{10} = \dfrac{1\,024}{59\,049}$

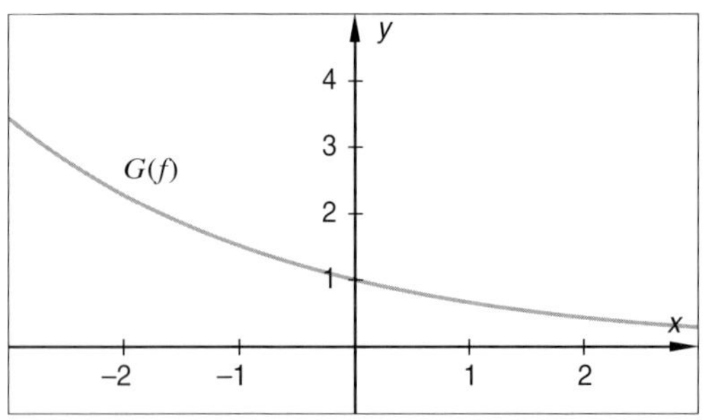

e) $f(x) = 1{,}5^x$; $1{,}5^1 = 1{,}5$;
$1{,}5^2 = 2{,}25$; $1{,}5^3 = 3{,}375$;
$1{,}5^5 = 7{,}59375$; $1{,}5^{10} = 57{,}66503906$

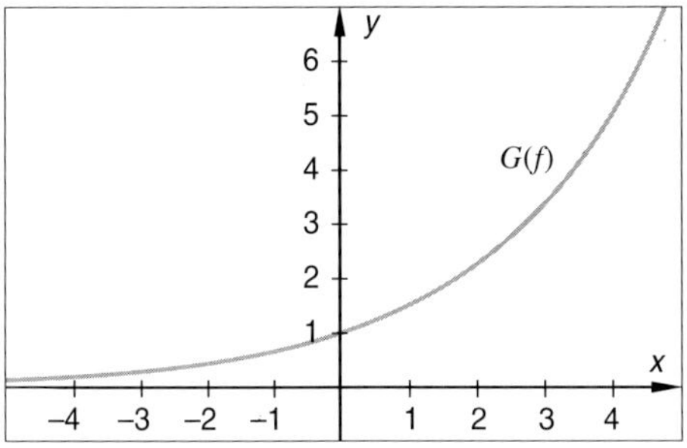

f) $f(x) = 0{,}9^x$; $0{,}9^1 = 0{,}9$; **100**
$0{,}9^2 = 0{,}81$; $0{,}9^3 = 0{,}729$;
$0{,}9^5 = 0{,}59049$; $0{,}9^{10} = 0{,}34867844$

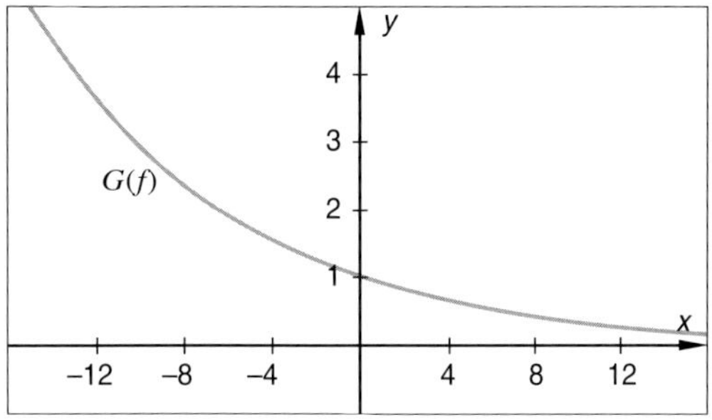

2. a) $f(x) = 1{,}2 \cdot 1{,}035^x$ **b)** 1 425 223 567 (2 000); 2 010 418 597 (2 010); 2 835 893 981 (2 020)
c) nach 20,15 Jahren

3. a) $f(x) = 2^{x-1}$; $D(f) = \mathbb{N}^*$
b) 128 (8); 524 288 (20); 2 147 483 648 (32); $9{,}223372037 \cdot 10^{18}$

4. a) 16 **b)** 0,75 **c)** 0,9428 **d)** $\frac{2}{3}$ **101**
e) 0,8507 **f)** 1,3723 **g)** 0,6918 **h)** 0,5789.

5. a) $x = 8$ **b)** $x = 13$ **c)** $x = 2{,}5$ **d)** $x = 7$
e) $x = 8$ **f)** $x = 6$ **g)** $x = 12$ **h)** $x = 4$

6. a) Einerseits gilt für $x \in \mathbb{R}$ stets: $f(x) \in \mathbb{R}^{>0}$, d. h. $W(f) \subset \mathbb{R}^{>0}$.
Andererseits tritt für $a \neq 1$ jede positive reelle Zahl für y auch als Funktionswert von f auf, d. h. $\mathbb{R}^{>0} \subset W(f)$.
$y = a^x \Rightarrow x = \log_a y$. Also: $f(x) = a^{\log_a y} = y \Rightarrow W(f) = \mathbb{R}^{>0}$.
b) Einerseits gilt für $x \in \mathbb{R}^{>0}$ stets: $g(x) \in \mathbb{R}^{>0}$, d. h. $W(g) \subset \mathbb{R}$.
Andererseits tritt für $a \neq 1$ jede positive reelle Zahl für y auch als Funktionswert von g auf, d. h. $\mathbb{R} \subset W(g)$.
$y = \log_a x \Rightarrow x = a^y$. Also: $g(x) = \log_a a^y = y$ (► $\log_a a = 1$) $\Rightarrow W(g) = \mathbb{R}$.

7. Alle Funktionen sind streng monoton und somit umkehrbar.

8. Alle angegebenen Funktionen g sind Umkehrfunktionen der Funktionen f.

9. a) Exemplarisch: $x_1 < x_2$; z. z.: $f(x_1) < f(x_2) \Leftrightarrow 0{,}25x_1 + 2 < 0{,}25x_2 + 2$
$\Leftrightarrow x_1 < x_2$

f^{-1}: $f^{-1}(x) = 4x - 8$; $D(f^{-1}) = \mathbb{R}$
b) f^{-1}: $f^{-1}(x) = \sqrt{0{,}5x + 1{,}5}$; $D(f^{-1}) = \mathbb{R}^{\geq -3}$
c) f^{-1}: $f^{-1}(x) = \sqrt[3]{2x + 4}$; $D(f^{-1}) = \mathbb{R}$
d) f^{-1}: $f^{-1}(x) = x^2$; $D(f^{-1}) = \mathbb{R}^{\geq 0}$ **e)** f^{-1}: $f^{-1}(x) = \frac{1}{3} \cdot 10^{x-2}$; $D(f^{-1}) = \mathbb{R}$
f) f^{-1}: $f^{-1}(x) = \log_3(x + 4)$; $D(f^{-1}) = \mathbb{R}^{>-4}$

10. $c = \frac{1}{2}$; $a = \frac{1}{4}$

101 **11. a)**

n	1	10	100	1 000	10 000	100 000	1 000 000
e	2	2,5937…	2,7048…	2,7169…	2,7181…	2,71826…	2,71828…

b) Ein zehnstelliger Taschenrechner ermittelt für $\frac{1}{9\,999\,999\,999}$ den Näherungswert $1 \cdot 10^{-10} =$ 0,000 000 000 1 (Anzeige!). Wird dazu die Zahl 1 addiert, so ergibt sich 1,000 000 000 1; in der zehnstelligen Anzeige des Taschenrechners erscheint der Wert 1,000 000 000 = 1; die „hintere“ 1 wird also abgeschnitten.

c) Theoretisch ergibt sich für einen zehnstelligen Taschenrechner $n = 2\,000\,000\,000$. Der genaue Wert n erhöht sich je nach der Rundungsautomatik des verwendeten Rechners.

102 **12.** Uran 235: $\lambda = 9{,}7626 \cdot 10^{-10}$; Uran 238: $\lambda = 1{,}540\,333\,333 \cdot 10^{-10}$

13. $R = 6{,}55\ \text{M}\Omega$

14. a)

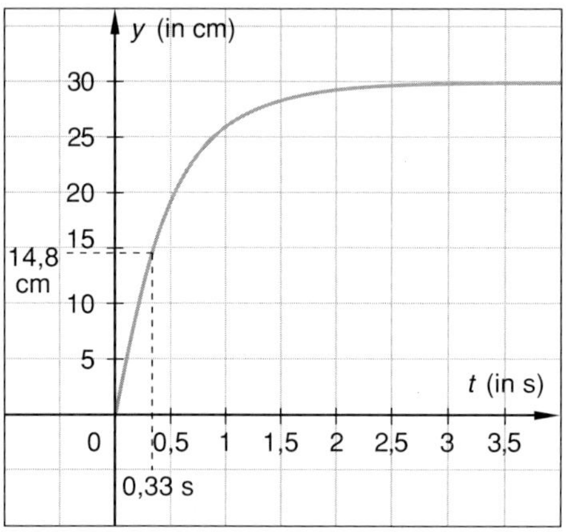

b) $t = 0{,}33$ s

15. a) $f(x) = 300 \cdot e^{\ln 0{,}92 x}$

b) 1,53,96 Lux

c) $f^{-1}(x) = \dfrac{(\ln x - \ln 300)}{\ln 0{,}92}$

d) 69

16. a) Dekodierung durch Setzen der Elemente der Zahlenfolgen für $f(x)$.

b) Funktionswerte müssen ganze Zahlen sein.

c_1) MATHE MACHT SPASS

c_2) ESSEN OHNE REUE

c_3) MACH MAL PAUSE

2.7 Winkelfunktionen

124 **1. a)** $\frac{\pi}{18}$ **b)** $\frac{\pi}{12}$ **c)** $\frac{\pi}{6}$ **d)** $\frac{\pi}{4}$

e) $\frac{\pi}{3}$ **f)** $-\frac{3}{4}\pi$ **g)** $14{,}748\,\pi$ **h)** $-12{,}6187$

124

2. a) 143,23° **b)** 572,95° **c)** −183,34° **d)** 99,23°
e) 90° **f)** 135° **g)** −450° **h)** −60°

3. a) 0,5387 **b)** −0,5519 **c)** −0,3191 **d)** −0,0087
e) 0,1165 **f)** 0,4685 **g)** 0,03 **h)** −0,506
i) 0,8090 **j)** −0,8090 **k)** 1,4883 **l)** −0,3406

4. a) 62,9°; 1,0984 **b)** 124,6°; 2,1746 **c)** 13,2°; 0,2303
d) 19,09°; 0,3333 **e)** 0,3°; 0,0053 **f)** 64,25°; 1,1213
g) −53,1°; −0,9269 **h)** −0,57°; −0,00996

5.

	$f(\pi)$	$f(0{,}5)$	$f(0{,}25)$	$f(-0{,}2)$	$f(-2\pi)$
a)	0	0,8414	0,4794	0,9093	0
b)	0	0,9588	0,4948	−0,3973	0
c)	0,909	0,1411	0,5985	0,9996	0,9093
d)	0,5403	0,9489	0,9023	0,7833	−0,8415
e)	1	0,5403	0,8776	0,9210	1
f)	−2	1,7552	1,9378	1,9601	2
g)	−0,4161	−0,99	−0,8011	−0,0292	−0,4161
h)	−0,8415	0,3153	0,4312	0,6216	−0,5403

6. a) $\sin(2x) = \sin(x+x) = \sin x \cos x + \cos x \sin x = 2 \sin x \cos x$
b) $\cos(2x) = \cos(x+x) = \cos x \cos x - \sin x \sin x = \cos^2 x - \sin^2 x$

7. $\alpha = 24°$

8. a) $\cos x$ **b)** $\dfrac{1}{\sin x}$ **c)** keine Vereinfachung möglich **d)** 1

9. Lösungen im Intervall $[0;\ 2\pi]$
a) $\frac{\pi}{6};\ \frac{5}{6}\pi;\ \frac{3}{2}\pi$ **b)** 0,6435; 3,7851 **c)** 0,3927; 1,9635; 3,5343; 5,1051
d) $0;\ \frac{\pi}{3};\ \pi;\ \frac{5}{3}\pi;\ 2\pi$ **e)** $0;\ \pi;\ 2\pi$ **f)** $0;\ \pi;\ 2\pi$

10. a) $f(x) + g(x) = 5 \sin(2x + 0{,}9272)$ **b)** $f(x) + g(x) = 2{,}48 \sin(2x - 0{,}9147)$
c) $f(x) + g(x) = 0$ **d)** $f(x) + g(x) = 0{,}52 \sin(3x - 0{,}26179)$

11. $f(x) + g(x) = \sin(2x) + \cos x$
$+ 0{,}5 \cos x - 2 \sin x$

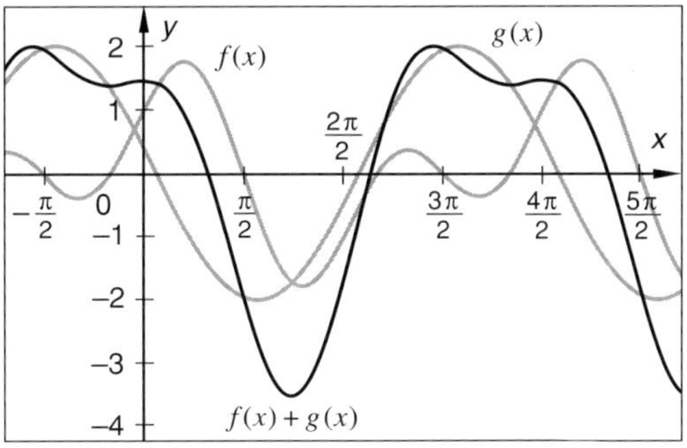

124

12. a) $t = 2{,}85$; $f = 0{,}03$ Hz

b) $t = -0{,}125$ s; $f = 31{,}8$ Hz

13. a)

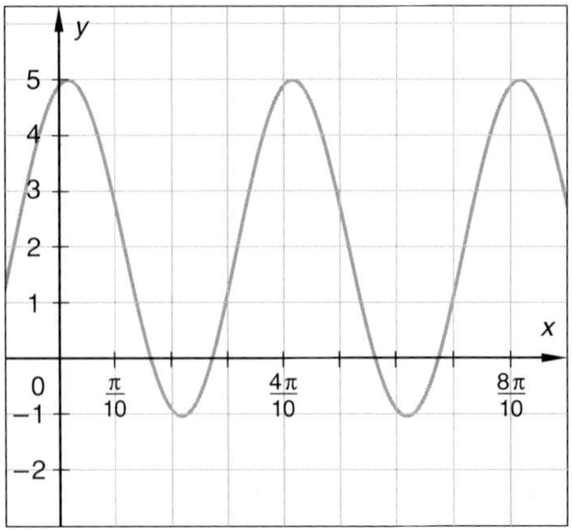

b)

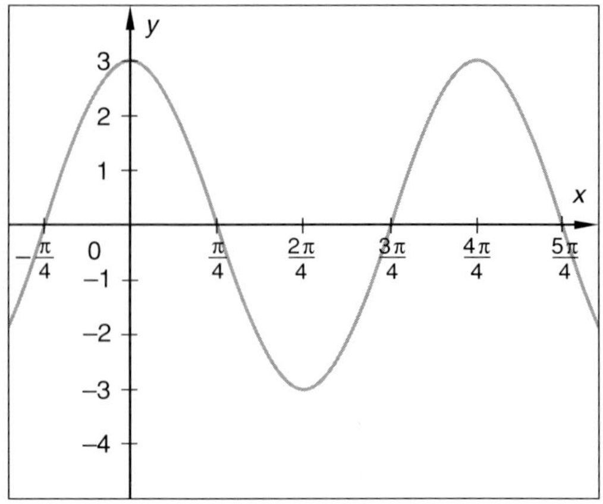

14. a)

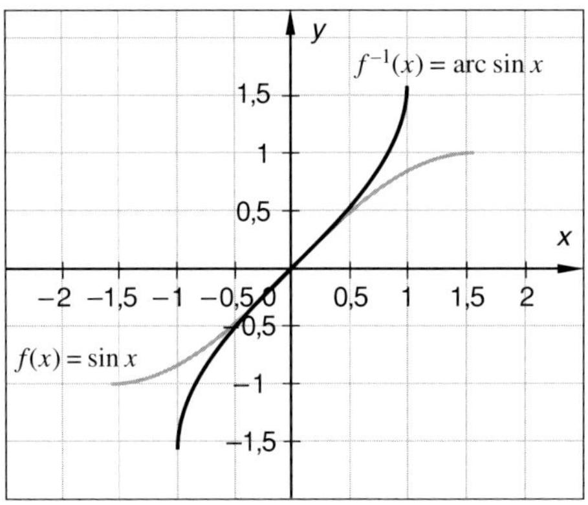

b) $x \in [-1; 1]$; $y \in \left[-\frac{\pi}{2}; \frac{\pi}{2}\right]$

c) $\frac{\pi}{3}$

15. a) $D(\cos) = [0; \pi]$; $W(\cos) = [-1; 1]$; $D(\tan) = \left(-\frac{\pi}{2}; \frac{\pi}{2}\right)$; $W(\tan) = \mathbb{R}$; $D(\cot) = (0; \pi)$; $W(\cot) = \mathbb{R}$

b) $D(\operatorname{arc}\cos) = [-1; 1]$;
$W(\operatorname{arc}\cos) = [0; \pi]$

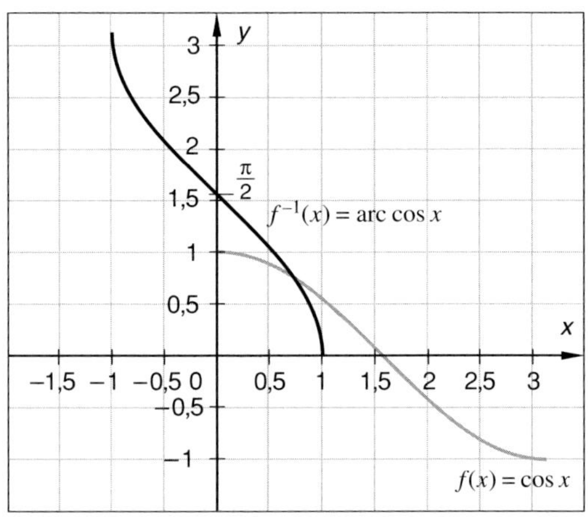

124

$D(\text{arc tan}) = \mathbb{R}$;

$W(\text{arc tan}) = \left(-\frac{\pi}{2}; \frac{\pi}{2}\right)$

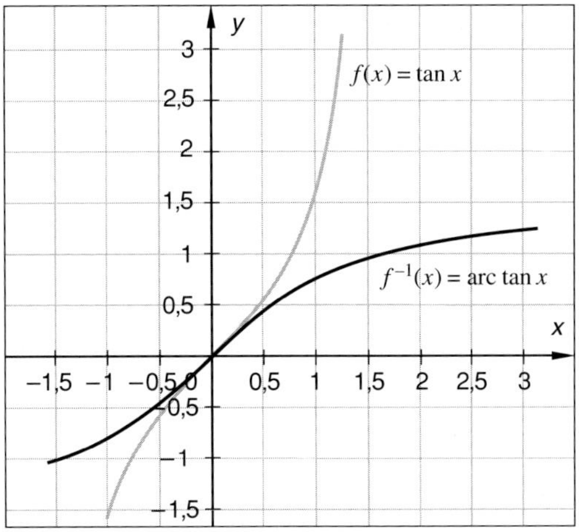

$D(\text{arc cot}) = \mathbb{R}$;

$W(\text{arc cot}) = (0; \pi)$

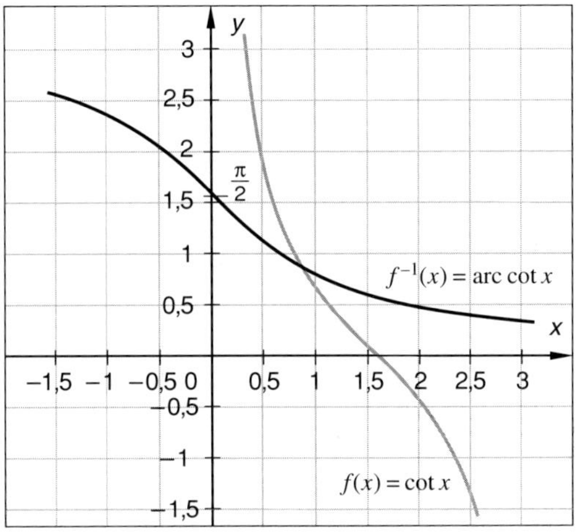

125

c) $x = 0{,}0174$

d) $\alpha = \text{arc tan } a$

16. $a = 10{,}26$ cm; $b = 5{,}0$ cm; $c = 11{,}41$ cm; $\beta = 26°$

17. $\alpha = 65{,}43°$; $\beta = 21{,}12°$; $\chi = 93{,}43°$

18. $x = \dfrac{\cos^3 \alpha a}{\sin \alpha}$

19. $l = 36{,}54$ mm; $x = 61$ mm

20. $\gamma = 135{,}74°$

21. $|\overline{AB}| = 76{,}41$ m

3 Komplexe Zahlen

3.1 Komplexe Zahlen in trigonometrischer Darstellung

132 **1. a)** $z=\sqrt{3}+j$

b) $z=\frac{3\sqrt{2}}{2}+\frac{3\sqrt{2}}{2}j$

c) $z=2+2\sqrt{3}j$

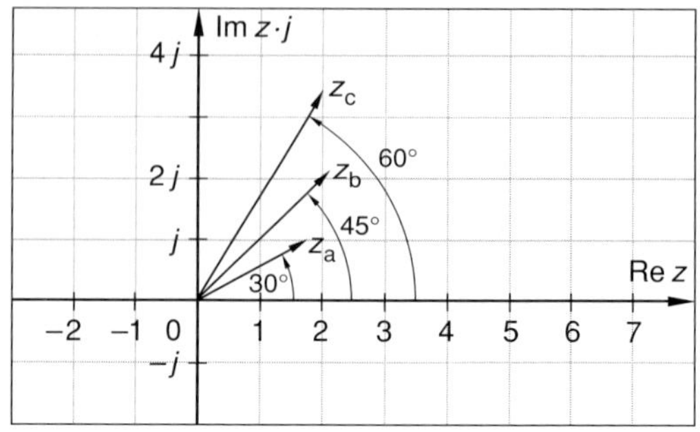

d) $z=5j$

e) $z=-3\sqrt{2}+3\sqrt{2}j$

f) $z=-7$

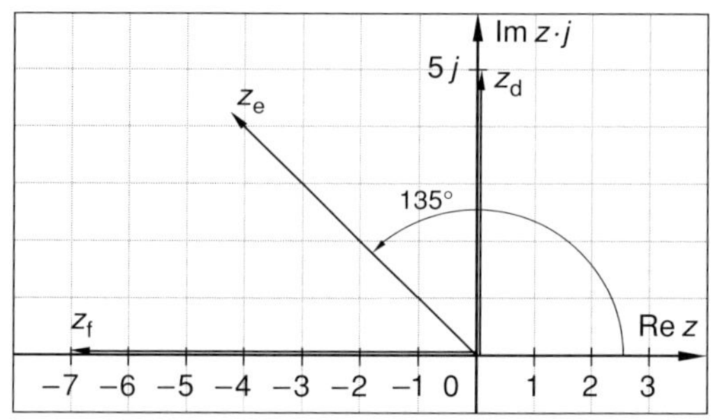

g) $z\approx-4{,}08-1{,}9j$

h) $z\approx0{,}378-4{,}317j$

i) $z\approx7{,}277-1{,}283j$

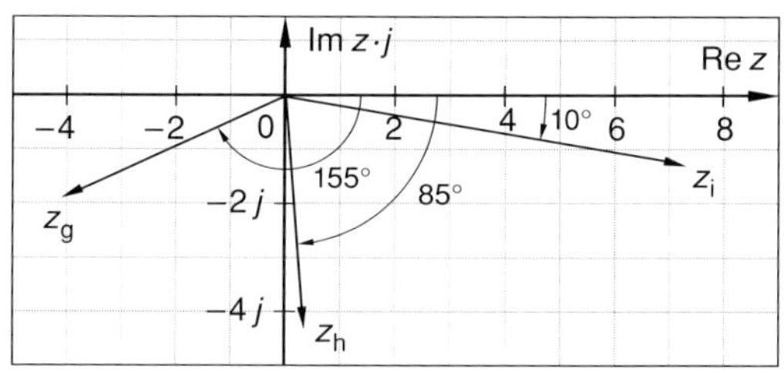

j) $z=-\frac{5}{2}+\frac{5\sqrt{3}}{2}j$

k) $z=-4j$

l) $z=\frac{3\sqrt{2}}{2}-\frac{3\sqrt{2}}{2}j$

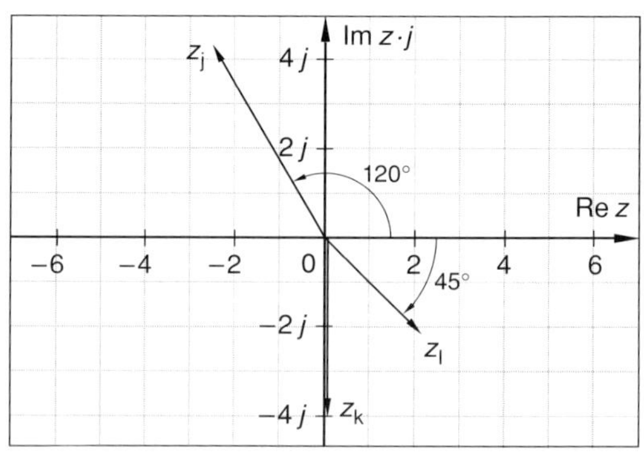

132

2. a) $z = 5\sqrt{2}\,(\cos 45° + j\,\sin 45°)$

b) $z \approx \sqrt{7}\,(\cos 319° + j\,\sin 319°)$

c) $z \approx 4{,}36\,(\cos 113{,}4° + j\,\sin 113{,}4°)$

d) $z \approx 3\sqrt{3}\,(\cos 214{,}7° + j\,\sin 214{,}7°)$

e) $z = 4\,(\cos \pi + j\,\sin \pi)$

f) $z = 5\left(\cos\frac{3}{2}\pi + j\,\sin\frac{3}{2}\pi\right)$

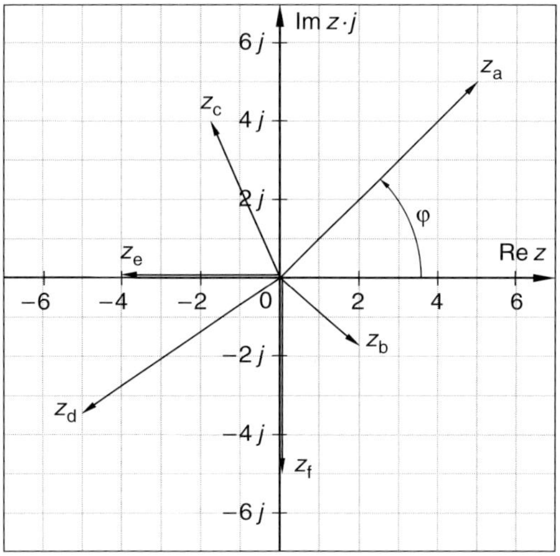

g) $z \approx 5\,(\cos 53° + j\,\sin 53°)$

h) $z \approx 7{,}62\,(\cos 156{,}8° + j\,\sin 156{,}8°)$

i) $z \approx 3{,}61\,(\cos 213{,}7° + j\,\sin 213{,}7°)$

j) $z \approx 7{,}04\,(\cos 308{,}7° + j\,\sin 308{,}7°)$

k) $z \approx \frac{15 \cdot \sqrt{2}}{7}\,(\cos 127° + j\,\sin 127°)$

l) $z \approx 4{,}2\,(\cos 49° + j\,\sin 49°)$

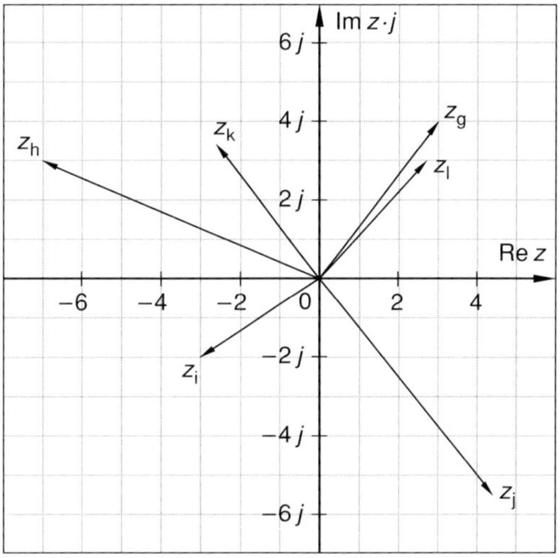

3. $\frac{z_1}{z_2} = \frac{r_1 \cdot (\cos\varphi_1 + j \cdot \sin\varphi_1)}{r_2 \cdot (\cos\varphi_2 + j \cdot \sin\varphi_2)}$

Erweiterung mit dem konjungiert Komplexen von z_2:

$$\frac{z_1}{z_2} = \frac{r_1 \cdot (\cos\varphi_1 + j \cdot \sin\varphi_1)}{r_2 \cdot (\cos\varphi_2 + j \cdot \sin\varphi_2)} \cdot \frac{r_2}{r_2} \cdot \frac{\cos\varphi_2 + j \cdot \sin\varphi_2}{\cos\varphi_2 + j \cdot \sin\varphi_2}$$

$$= \frac{r_1 \cdot (\cos\varphi_1 \cos\varphi_2 - j^2 \cdot \sin\varphi_1 \sin\varphi_2 - j \cdot \cos\varphi_1 \sin\varphi_2 + j \cdot \cos\varphi_2 \sin\varphi_1)}{r_2 \cdot (\cos^2\varphi_2 + \sin^2\varphi_2)}$$

$$= \frac{r_1 \cdot ((\cos\varphi_1 \cos\varphi_2 + \sin\varphi_1 \sin\varphi_2) + j \cdot (\sin(-\varphi_2)\cos\varphi_1 + \cos(-\varphi_2)\sin\varphi_1))}{r_2 \cdot (\cos^2\varphi_2 + \sin^2\varphi_2)}$$

$$= \frac{r_1}{r_2} \cdot (\cos(\varphi_1 - \varphi_2) + j \cdot \sin(\varphi_1 - \varphi_2))$$

132

4. nebenstehende Abbildung

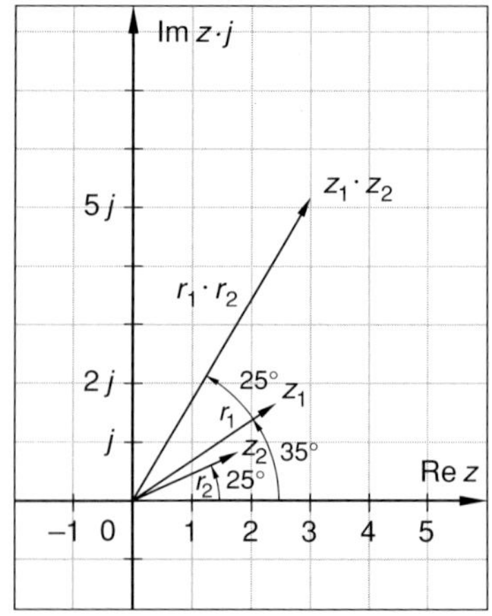

5. a) $z \approx 5\sqrt{14}\,(\cos 4° + j\,\sin 4°) \approx 18{,}66 + 1{,}3j$
b) $z \approx \sqrt{133}\,(\cos 72{,}4° + j\,\sin 72{,}4°) \approx 3{,}5 + 11j$
c) $z \approx \sqrt{703}\,(\cos 328{,}1° + j\,\sin 328{,}1°) \approx 22{,}52 - 14j$
d) $z \approx 4\sqrt{37}\,(\cos 34{,}7° + j\,\sin 34{,}7°) \approx 20 + 13{,}86j$
e) $z = 20\,(\cos 90° + j\,\sin 90°) = 20j$
f) $z \approx 25\,(\cos 323° + j\,\sin 323°) \approx 19{,}97 + 15{,}05j$
g) $z \approx 5\sqrt{58}\,(\cos 209{,}8° + j\,\sin 209{,}8°) \approx -33{,}04 - 18{,}92j$
h) $z \approx \sqrt{754}\,(\cos 10{,}5° + j\,\sin 10{,}5°) \approx 27 + 5j$
i) $z \approx 7\sqrt{13}\,(\cos 162{,}4° + j\,\sin 162{,}4°) \approx -24{,}06 + 7{,}63j$
r als Dezimalzahl siehe Lösung Übung 3. a) von S. 136

6. a) $z \approx 5\sqrt{\frac{2}{7}}(\cos 86° + j\,\sin 86°) \approx 0{,}19 + 2{,}67j$
b) $z \approx \sqrt{\frac{7}{19}}(\cos 205{,}6° + j\,\sin 205{,}6°) \approx -0{,}55 - 0{,}26j$
c) $z \approx \sqrt{\frac{19}{37}}(\cos 258{,}7° + j\,\sin 258{,}7°) \approx -0{,}14 - 0{,}70j$
d) $z \approx \frac{\sqrt{37}}{4}\,(\cos 34{,}7° + j\,\sin 34{,}7°) \approx 1{,}25 + 0{,}87j$
e) $z = \frac{4}{5}\,(\cos 270° + j\,\sin 270°) = -0{,}8j$
f) $z \approx 1\,(\cos 217° + j\,\sin 217°) \approx -0{,}8 - 0{,}6j$
g) $z \approx \frac{5\sqrt{58}}{58}\,(\cos 256{,}2° + j\,\sin 256{,}2°) \approx -0{,}16 - 0{,}64j$
h) $z \approx \sqrt{\frac{58}{13}}(\cos 303{,}1° + j\,\sin 303{,}1°) \approx 1{,}15 - 1{,}77j$
i) $z \approx \sqrt{0{,}262}\,(\cos 265° + j\,\sin 265°) \approx -0{,}045 - 0{,}51j$

r als Dezimalzahl siehe Lösung Übung 3. b) von S. 136

7. a) $z = 50\,(\cos 90° + j\,\sin 90°) = 50j$
b) $z \approx 7\sqrt{7}\,(\cos 237° + j\,\sin 237°) \approx -10{,}08 - 15{,}53j$
c) $z \approx 19^2\,(\cos 93{,}7° + j\,\sin 93{,}7°) \approx -23{,}3 - 360{,}2j$
d) $z \approx \sqrt{37}^{\,5}\,(\cos 353{,}6° + j\,\sin 353{,}6°) \approx 8\,275 - 928j$
e) $z = 4^6\,(\cos 0° + j\,\sin 0°) = 4\,096$
f) $z = 5^7\,(\cos 90° + j\,\sin 90°) = 78\,125j$
g) $z \approx \frac{1}{5}\,(\cos 307° + j\,\sin 307°) \approx 0{,}12 - 0{,}16j$
h) $z \approx \frac{1}{58}\,(\cos 46{,}4° + j\,\sin 46{,}4°) \approx 0{,}0119 + 0{,}0125j$
i) $z \approx \frac{1}{13\sqrt{3}}\,(\cos 78{,}9° + j\,\sin 78{,}9°) \approx 0{,}0041 + 0{,}0209j$

8. a) $x_0 = 2\,(\cos 90° + j\ \sin 90°) = 2j;$
$x_1 = 2\,(\cos 270° + j\ \sin 270°) = -2j$

b) $x_0 = 2\,(\cos 0° + j\ \sin 0°) = 2;$
$x_1 = 2\,(\cos 120° + j\ \sin 120°) = -1 + \sqrt{3}j;$
$x_2 = 2\,(\cos 240° + j\ \sin 240°) = -1 - \sqrt{3}j$

c) $x_0 = \sqrt[5]{125}\,(\cos 36° + j\ \sin 36°) \approx 2{,}125 + 1{,}544j;$
$x_1 \approx 2{,}627\,(\cos 108° + j\ \sin 108°) \approx -0{,}812 + 2{,}498j;$
$x_2 \approx 2{,}627\,(\cos 180° + j\ \sin 180°) \approx -2{,}627;$
$x_3 \approx 2{,}627\,(\cos 252° + j\ \sin 252°) \approx -0{,}812 - 2{,}498j;$
$x_4 \approx 2{,}627\,(\cos 324° + j\ \sin 324°) \approx 2{,}125 - 1{,}544j;$

d) $x_0 = 1\,(\cos 45° + j\ \sin 45°) = \frac{\sqrt{2}}{2} + \frac{\sqrt{2}}{2}j;$
$x_1 = 1\,(\cos 225° + j\ \sin 225°) = -\frac{\sqrt{2}}{2} - \frac{\sqrt{2}}{2}j$

e) $x_0 = \sqrt[3]{2}\,(\cos 90° + j\ \sin 90°) \approx 1{,}26j;$
$x_1 \approx 1{,}26\,(\cos 210° + j\ \sin 210°) \approx -1{,}09 - 0{,}63j;$
$x_2 \approx 1{,}26\,(\cos 330° + j\ \sin 330°) \approx 1{,}09 - 0{,}63j$

f) $x_0 = \sqrt[4]{3}\,(\cos 22{,}5° + j\ \sin 22{,}5°) \approx 1{,}216 + 0{,}504j;$
$x_1 \approx 1{,}316\,(\cos 112{,}5° + j\ \sin 112{,}5°) \approx -0{,}504 + 1{,}216j;$
$x_2 \approx 1{,}316\,(\cos 202{,}5° + j\ \sin 202{,}5°) \approx -1{,}216 - 0{,}504j;$
$x_3 \approx 1{,}316\,(\cos 292{,}5° + j\ \sin 292{,}5°) \approx 0{,}504 - 1{,}216j$

g) $x_0 \approx 1{,}85 + 0{,}497j$ 132
$x_1 \approx -1{,}36 + 1{,}36j$
$x_2 \approx -0{,}497 - 1{,}85j$

h) $x_0 \approx 0{,}536 + 1{,}09j$
$x_1 \approx -0{,}871 + 0{,}847j$
$x_2 \approx -1{,}07 - 0{,}567j$
$x_3 \approx 0{,}207 - 1{,}20j$
$x_4 \approx 1{,}20 - 0{,}173j$

i) $x_0 \approx 1{,}19 + 0{,}344j$
$x_1 \approx 0{,}470 + 1{,}14j$
$x_2 \approx -0{,}599 + 1{,}08j$
$x_3 \approx -1{,}22 + 0{,}204j$
$x_4 \approx -0{,}918 - 0{,}824j$
$x_5 \approx 0{,}0720 - 1{,}23j$
$x_6 \approx 1{,}01 - 0{,}712j$

9. Zweite Einheitswurzeln:
$\varepsilon_0 = \cos 0° + j\ \sin 0° = 1;$
$\varepsilon_1 = \cos 180° + j\ \sin 180° = -1$

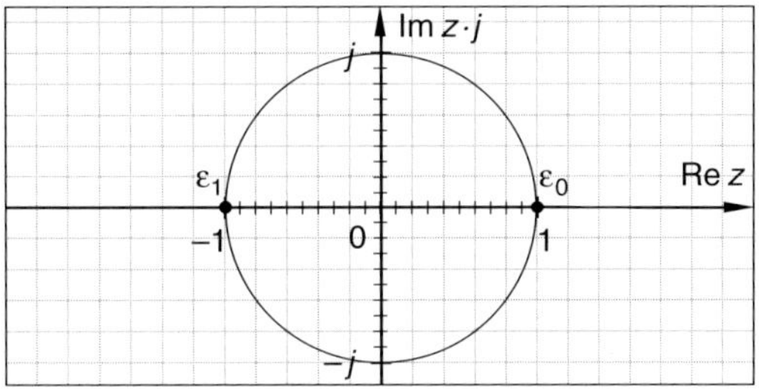

Dritte Einheitswurzeln:
$\varepsilon_0 = \cos 0° + j\ \sin 0° = 1;$
$\varepsilon_1 = \cos 120° + j\ \sin 120° = -0{,}5 + \frac{\sqrt{3}}{2}j;$
$\varepsilon_2 = \cos 240° + j\ \sin 240° = -0{,}5 - \frac{\sqrt{3}}{2}j$

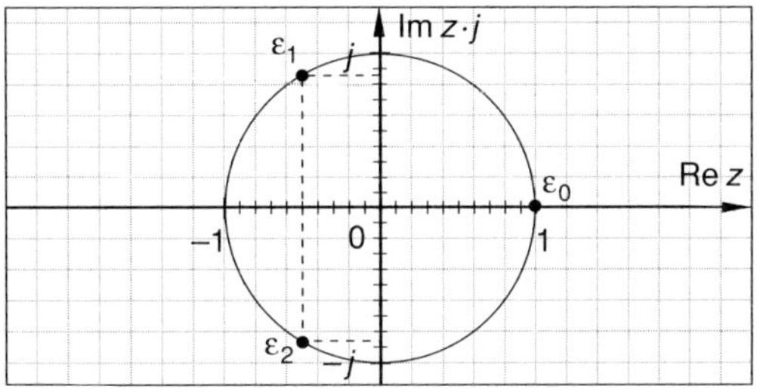

Vierte Einheitswurzeln:
$\varepsilon_0 = \cos 0° + j\ \sin 0° = 1;$
$\varepsilon_1 = \cos 90° + j\ \sin 90° = j;$
$\varepsilon_2 = \cos 180° + j\ \sin 180° = -1;$
$\varepsilon_3 = \cos 270° + j\ \sin 270° = -j$

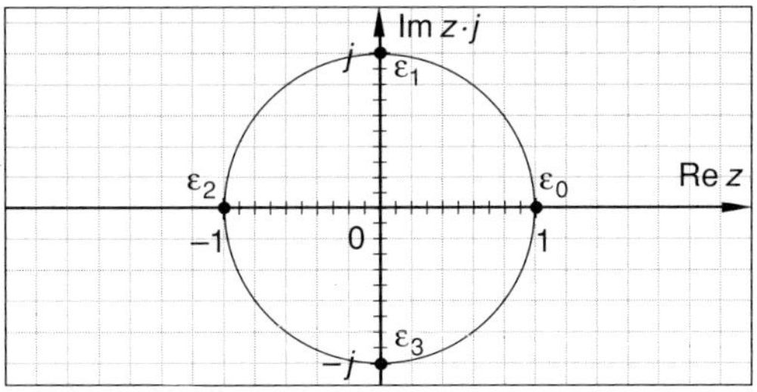

3.2 Komplexe Zahlen in der Exponentialform

136 **1. a)** $z = 2\,(\cos 45^\circ + j\,\sin 45^\circ) = \sqrt{2} + \sqrt{2}j$

b) $z = 5\,(\cos 150^\circ + j\,\sin 150^\circ) \approx -4{,}33 + 2{,}5j$

c) $z = 3\,(\cos 300^\circ + j\,\sin 300^\circ) \approx 2{,}5 - 4{,}33j$

d) $z \approx 2{,}75\,(\cos 10{,}32^\circ + j\,\sin 10{,}32^\circ) \approx 2{,}71 + 0{,}49j$

e) $z = 1{,}96\left(\cos\frac{\pi}{2} + j\,\sin\frac{\pi}{2}\right) = 0{,}00156 + 1{,}96j$

f) $z = 2{,}72\,(\cos 180^\circ + j\,\sin 180^\circ) = -2{,}72 + 0{,}00433j$

2. a) $z_1 \approx 2\sqrt{5}\cdot e^{26{,}6^\circ j}$; $z_2 = \sqrt{2}\cdot e^{\frac{\pi}{4}j}$; $z_3 \approx 3{,}16\cdot e^{71{,}6^\circ j}$; $z_4 \approx 3{,}61\cdot e^{146{,}3^\circ j}$; $z_5 \approx 3{,}16\cdot e^{161{,}5^\circ j}$;
$z_6 \approx 4{,}12\cdot e^{194^\circ j}$; $z_7 \approx 4{,}12\cdot e^{255^\circ j}$; $z_8 \approx 3{,}61\cdot e^{288{,}4^\circ j}$; $z_9 \approx 2{,}24\cdot e^{296{,}6^\circ j}$; $z_{10} \approx 3{,}61\cdot e^{326{,}3^\circ j}$

b) $z_1 = 2\cdot e^{0^\circ j}$; $z_2 \approx 3{,}64\cdot e^{74^\circ j}$; $z_3 \approx 2{,}92\cdot e^{59^\circ j}$; $z_4 = 1{,}5\cdot e^{\frac{\pi}{2}j}$; $z_5 \approx 4{,}61\cdot e^{130{,}6^\circ j}$;
$z_6 = 1{,}5\cdot e^{\pi j}$; $z_7 \approx 4{,}3\cdot e^{234{,}5^\circ j}$; $z_8 = 2{,}5\cdot e^{\frac{3\pi}{2}j}$; $z_9 \approx 2{,}92\cdot e^{329^\circ j}$; $z_{10} \approx 3{,}04\cdot e^{350{,}5^\circ j}$

3. a) Übung 5. Seite 132 in Exponentialform:

zu **a)** $z \approx 18{,}71\cdot e^{4^\circ j}$ **b)** $z \approx 11{,}53\cdot e^{113{,}4^\circ j}$ **c)** $z \approx 26{,}5\cdot e^{328{,}1^\circ j}$
d) $z \approx 4\sqrt{37}\cdot e^{34{,}7^\circ j}$ **e)** $z = 20\cdot e^{\frac{\pi}{2}j}$ **f)** $z \approx 25\cdot e^{323^\circ j}$
g) $z \approx 38{,}08\cdot e^{209{,}8^\circ j}$ **h)** $z \approx 27{,}46\cdot e^{10{,}5^\circ j}$ **i)** $z \approx 25{,}24\cdot e^{162{,}4^\circ j}$

b) Übung 6. Seite 132 in Exponentialform:

zu **a)** $z \approx 2{,}67\cdot e^{86^\circ j}$ **b)** $z \approx 0{,}607\cdot e^{205{,}6^\circ j}$ **c)** $z \approx 0{,}717\cdot e^{258{,}7^\circ j}$
d) $z \approx 1{,}52\cdot e^{34{,}7^\circ j}$ **e)** $z = 0{,}8\cdot e^{270^\circ j}$ **f)** $z \approx e^{217^\circ j}$
g) $z \approx 0{,}657\cdot e^{256{,}2^\circ j}$ **h)** $z \approx 2{,}11\cdot e^{303{,}1^\circ j}$ **i)** $z \approx 0{,}512\cdot e^{265^\circ j}$

c) Übung 7. Seite 132 in Exponentialform:

zu **a)** $z = 50\cdot e^{\frac{\pi}{2}j}$ **b)** $z \approx 15{,}25\cdot e^{237^\circ j}$ **c)** $z \approx 361\cdot e^{93{,}7^\circ j}$
d) $z \approx 8\,327\cdot e^{353{,}6^\circ j}$ **e)** $z = 4\,096\cdot e^{0^\circ j}$ **f)** $z \approx 78\,125\cdot e^{\frac{\pi}{2}j}$
g) $z \approx 0{,}2\cdot e^{307^\circ j}$ **h)** $z \approx 0{,}017\cdot e^{46{,}4^\circ j}$ **i)** $z \approx 0{,}021\cdot e^{78{,}9^\circ j}$

d) Übung 8. Seite 132 in Exponentialform:

zu **a)** $x_0 = 2\cdot e^{\frac{\pi}{2}j}$; $x_1 = 2\cdot e^{\frac{3\pi}{2}j}$

b) $x_0 = 2\cdot e^{0j}$; $x_1 = 2\cdot e^{\frac{2\pi}{3}j}$; $x_2 = 2\cdot e^{\frac{4\pi}{3}j}$

c) $x_0 = \sqrt[5]{125}\cdot e^{\frac{\pi}{5}j}$; $x_1 \approx 2{,}627\cdot e^{\frac{3\pi}{5}j}$; $x_2 \approx 2{,}627\cdot e^{\pi j}$
$x_3 \approx 2{,}627\cdot e^{\frac{7\pi}{5}j}$; $x_4 \approx 2{,}627\cdot e^{\frac{9\pi}{5}j}$

d) $x_0 = e^{\frac{\pi}{4}j}$; $x_1 = e^{\frac{5\pi}{4}j}$

e) $x_0 = \sqrt[3]{2}\cdot e^{\frac{\pi}{2}j}$; $x_1 \approx 1{,}26\cdot e^{\frac{7\pi}{6}j}$; $x_2 \approx 1{,}26\cdot e^{\frac{11\pi}{6}j}$

f) $x_0 = \sqrt[4]{3}\cdot e^{\frac{\pi}{8}j}$; $x_1 \approx 1{,}316\cdot e^{\frac{5\pi}{8}j}$; $x_2 \approx 1{,}316\cdot e^{\frac{9\pi}{8}j}$;
$x_3 \approx 1{,}316\cdot e^{\frac{13\pi}{8}j}$

4. a) $z = 2\,(\cos 12^\circ + j\,\sin 12^\circ) \approx 1{,}956 + 0{,}416j$

b) $z = 8\,(\cos 30^\circ + j\,\sin 30^\circ) \approx 4\sqrt{3} + 4j$

c) $z = 6\,(\cos 6^\circ + j\,\sin 6^\circ) \approx 5{,}967 + 0{,}627j$

d) $z = 3\,(\cos 24^\circ + j\,\sin 24^\circ) \approx 2{,}74 + 2{,}03j$

e) $z = \sqrt[10]{50}\,(\cos 9^\circ + j\,\sin 9^\circ) \approx 1{,}461 + 0{,}231j$

f) $z = 2\cdot\sqrt[4]{24}\,(\cos 165^\circ + j\,\sin 165^\circ) \approx -4{,}276 + 1{,}146j$

g) $z = 64j$

h) $z = \sqrt[3]{4}\,(\cos 90^\circ + j\,\sin 90^\circ) \approx 1{,}587j$

i) $z = \sqrt[4]{4{,}5}\,(\cos 75{,}5^\circ + j\,\sin 75{,}5^\circ) \approx 0{,}365 + 1{,}41j$

g) $x_0 \approx 1{,}92\cdot e^{j\cdot\frac{\pi}{12}}$; $x_1 \approx 1{,}92\cdot e^{j\cdot\frac{5\pi}{12}}$
$x_2 \approx 1{,}92\cdot e^{j\cdot\frac{9\pi}{12}}$

h) $x_0 \approx 1{,}21\cdot e^{j\cdot 63{,}8^\circ}$; $x_1 \approx 1{,}21\cdot e^{j\cdot 135{,}8^\circ}$
$x_2 \approx 1{,}21\cdot e^{j\cdot 207{,}8^\circ}$; $x_3 \approx 1{,}21\cdot e^{j\cdot 279{,}8^\circ}$
$x_4 \approx 1{,}21\cdot e^{j\cdot 351{,}8^\circ}$

i) $x_0 \approx 1{,}23\cdot e^{j\cdot 16{,}2^\circ}$; $x_1 \approx 1{,}23\cdot e^{j\cdot 67{,}6^\circ}$
$x_2 \approx 1{,}23\cdot e^{j\cdot 119{,}1^\circ}$; $x_3 \approx 1{,}23\cdot e^{j\cdot 170{,}5^\circ}$
$x_4 \approx 1{,}23\cdot e^{j\cdot 221{,}9^\circ}$; $x_5 \approx 1{,}23\cdot e^{j\cdot 273{,}3^\circ}$
$x_6 \approx 1{,}23\cdot e^{j\cdot 324{,}8^\circ}$

5. Wählt man beim Logarithmus den Hauptwert des Arguments, also den Argumentwert zwischen 0 und 2π, so ergibt sich:

a) $z \approx -0{,}366 + 0{,}930j$
b) $z \approx 0{,}455 - 0{,}891j$
c) $z \approx (-1{,}47 - 1{,}78j) \cdot 10^{-13}$
d) $z \approx 0{,}274 + 0{,}584j$
e) $z \approx (1{,}05 + 3{,}26j) \cdot 10^{8}$
f) $z \approx (-2{,}77 + 1{,}89j) \cdot 10^{7}$
g) $z = 3{,}5 - 0{,}5j$
h) $z = 10{,}53 + 3{,}96j$
i) $z \approx (-1{,}80 + 5{,}83j) \cdot 10^{10}$

Wählt man dagegen beim Logarithmus den Argumentwert zwischen $-\pi$ und π, so ergibt sich bei den Aufgaben c, e, f, und i:

c) $z \approx -6{,}46 - 7{,}84j$
e) $z \approx 0{,}682 + 2{,}12j$
f) $z \approx (-1{,}17 + 0{,}801j) \cdot 10^{-9}$
i) $z \approx -117 + 379j$

3.3 Komplexe Zahlen in der Technik

1. $z = 5 - 20j$; $|z| = 20{,}616$ km

142

2. $F_2 \approx 3{,}69 + 2{,}41j$;
$|\vec{F}_2| \approx 4{,}41$ kN;
$|\sphericalangle \vec{F}_1, \vec{F}_2| \approx 33{,}14°$

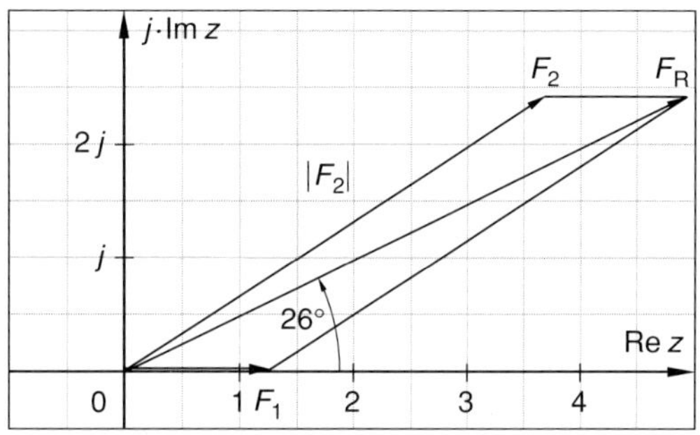

3. $\underline{u} \approx 16{,}61\text{ V} + j\,15{,}11\text{ V}$;
$|\underline{u}| \approx 22{,}45$ V

4. a) $\underline{Z} \approx 3{,}17\,\Omega + j\,15{,}49\,\Omega$
b) $\varphi \approx 78{,}43°$
c) Es muss ein induktives Bauteil vorhanden sein.

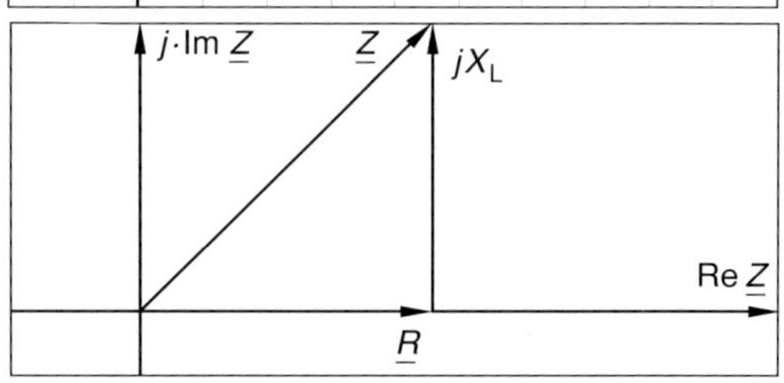

5. a) $Z \approx 705{,}75\,\Omega$
$\underline{u}_1 \approx j\,1{,}64$ V
$\underline{u}_1 \approx 1{,}64\left(\cos\frac{\pi}{2} + j\,\sin\frac{\pi}{2}\right)$ V
$\underline{u}_1 \approx 1{,}64 \cdot e^{\frac{\pi}{2}j}$

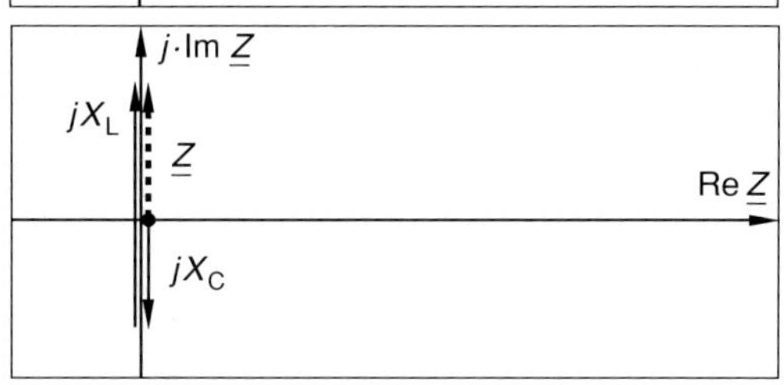

b) $Z \approx 130{,}83\,\Omega$
$\underline{i} \approx -j\,1{,}15$ mA
$\underline{i} \approx 1{,}15\,(\cos(-90°) + j\,\sin(-90°))$ mA
$\underline{i} \approx 1{,}15 \cdot e^{-\frac{\pi}{2}j}$ mA

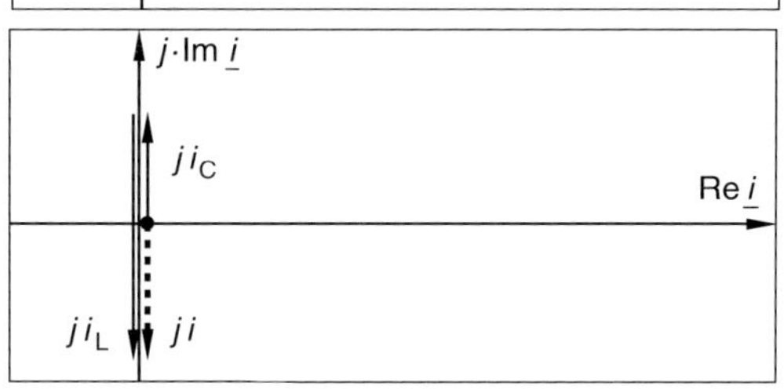

142 **c)** $Z \approx 739{,}72\,\Omega$
$\underline{u} \approx 221{,}92$ V
$\underline{u} \approx 221{,}92\,(\cos 0° + j\,\sin 0°)$ V
$\underline{u} \approx 221{,}92 \cdot e^{0j}$ V
$\varphi \approx 68{,}29°$

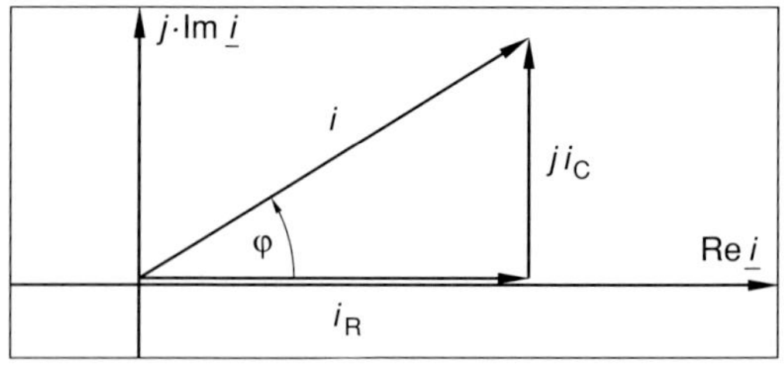

d) $Z_2 \approx 33{,}28\,\Omega$
Der Gesamtscheinwiderstand lässt sich bei gemischter Schaltung nur über die komplexe Rechnung ermitteln (siehe Lösung 6. a)).
$Z \approx 51{,}14\,\Omega$;

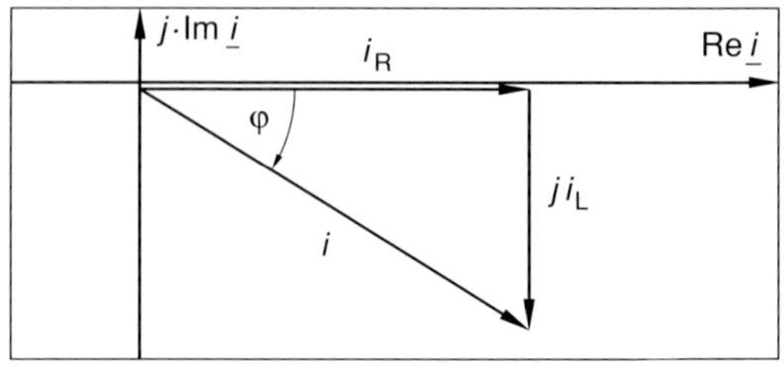

$\underline{i} = \underline{i}_{R_1} \approx 813{,}49 \text{ mA} - j\,542{,}33 \text{ mA}$;
$\underline{i} \approx 977{,}69\,(\cos(-33{,}69°) + j\,\sin(-33{,}69°))$ mA
$\underline{i} \approx 977{,}69 \cdot e^{-0{,}59j}$;
$\underline{i}_L \approx -j\,542{,}33$ mA
$\underline{i}_L \approx 542{,}33\,(\cos(-90°) + j\,\sin(-90°))$ mA
$\underline{i}_L \approx 542{,}33 \cdot e^{-1{,}57j}$;
$\underline{i}_R = \underline{i}_{R_2} \approx 813{,}49$ mA;
$\underline{i}_R \approx 813{,}49\,(\cos 0° + j\,\sin 0°)$ mA
$\underline{i}_R \approx 813{,}49 \cdot e^{0j}$ mA

143 **6. a)** $\underline{Z} = \dfrac{R_1\,(R_2^2 + X_L^2) + X_L^2 R_2}{R_2^2 + X_L^2} + j\,\dfrac{R_2^2 X_L - X_C\,(R_2^2 + X_L^2)}{R_2^2 + X_L^2}$

b) $\underline{Z} = R_1 + R_2 + j\,\dfrac{X_{C_2} X_L - X_{C_1}\,(X_L - X_{C_2})}{X_L - X_{C_2}}$

c) $\underline{Z} = \dfrac{R\,(X_{L_2} - X_{C_2})^2 + j \cdot (A + B)}{R^2 + (X_{L_1} + X_{L_2} - X_{C_1} - X_{C_2})^2}$, wobei:

$A = X_{L_2}(X_{L_1}^2 + X_{L_1} X_{L_2} - X_{L_1} X_{C_1} + X_{C_1}^2 - 2X_{L_1} X_{C_2} - X_{L_1} X_{C_2} + 2X_{C_1} X_{C_2} + R^2)$
$B = X_{C_2}(X_{C_1} X_{L_1} - X_{L_1}^2 - X_{C_1}^2 - X_{C_1} X_{C_2} + 2X_{L_1} X_{C_1} - R^2)$

7. a) $f_0 = \dfrac{1}{2\pi \cdot \sqrt{L \cdot C}}$,

$\underline{Y} = \dfrac{1}{R + j\,(X_L - X_C)}$

b) $f_0 = \dfrac{1}{2\pi \cdot \sqrt{L \cdot C}}$,

$\underline{Y} = \dfrac{1}{R} + j\left(\dfrac{1}{X_C} - \dfrac{1}{X_L}\right)$

c) $f_0 = \dfrac{1}{2\pi \cdot \sqrt{R_1 R_2 C_1 C_2}}$,

$\underline{Y} = \dfrac{R_1 R_2 + R_1^2 + X_{C_1}^2}{R_2\,(R_1^2 + X_{C_1}^2)} + j\,\dfrac{X_{C_1} X_{C_2} - R_1^2 + X_{C_1}^2}{X_{C_2}\,(R_1^2 + X_{C_1}^2)}$

4 Folgen und Reihen

4.1 Arithmetische und geometrische Folgen und Reihen

1. a) 2; 4; 8; 16; 32; geometrische Folge ($q = 2$)
b) 5; 5; 5; 5; 5; geometrische Folge ($q = 1$) 149
c) 0,5; -1; 2; -4; 8; geometrische Folge ($q = -2$)
d) $5; \frac{5}{2}; \frac{5}{4}; \frac{5}{8}; \frac{5}{16};$ geometrische Folge $\left(q = \frac{1}{2}\right)$
e) $3; -1; \frac{1}{3}; -\frac{1}{9}; \frac{1}{27};$ geometrische Folge $\left(q = -\frac{1}{3}\right)$
f) $0; \frac{1}{3}; \frac{1}{2}; \frac{1}{5}; \frac{2}{3}$ **g)** $\frac{1}{3}; \frac{4}{5}; \frac{9}{7}; \frac{16}{9}; \frac{25}{11}$ **h)** $\frac{3}{4}; \frac{1}{3}; \frac{3}{16}; \frac{3}{25}; \frac{1}{12}$ **i)** $\frac{1}{2}; \frac{2}{5}; \frac{3}{10}; \frac{3}{17}; \frac{1}{26}$

2. a) $f(n) = \left(\frac{1}{2}\right)^{n-1}$ **b)** $f(n) = 2 \cdot 0{,}3^{n-1}$ **c)** $f(n) = \frac{n}{n+1}$
d) $f(n) = \frac{2^n}{3^{n-1}}$ **e)** $f(n) = \frac{n+2}{n+3}$ **f)** $f(n) = \left(-\frac{1}{2}\right)^{n-1}$

3. $f(n) = 3 \cdot 2^{n-1}$; $f(10) = 1\,536$; $s(10) = 3\,069$

4. $n = 9$; $s(9) = 87\,381$ **5.** $n = 10$ **6. a)** $n = 11$ **b)** $n = 21$

7. $f(6) = 48$; $f(5) = 24$; $f(4) = 12$; $f(3) = 6$; $f(2) = 3$; $f(1) = 1{,}5$

8. a) $\frac{f(6)}{f(4)} = \frac{243}{27} = 9 = q^2$
a₁) $q = 3$; $f(1) = 1$; $f(2) = 3$; $f(3) = 9$; $f(4) = 27$; $f(5) = 81$; $f(6) = 243$
b₁) $s(6) = 364$
a₂) $q = -3$; $f(1) = -1$; $f(2) = 3$; $f(3) = -9$; $f(4) = 27$; $f(5) = -81$; $f(6) = 243$
b₂) $s(6) = 182$

9. a) $f(n) = 2 \cdot \left(\frac{2}{3}\right)^{n-1}$; $f(6) = \frac{64}{243}$ **b)** $s(12) = \frac{1\,054\,690}{177\,147} \approx 5{,}95$

10. 1 310 720 Bakterien **11.** $f(1) = 5$; $q = -3$; $f(n) = 5 \cdot (-3)^{n-1}$

12. a) $A = h_a \cdot \frac{a}{2} = \frac{\sqrt{3}}{4} \cdot a^2$; $A(n) = \frac{\sqrt{3}}{4} \cdot a^2 \cdot \left(\frac{1}{4}\right)^{n-1} = 36 \cdot \sqrt{3} \cdot \left(\frac{1}{4}\right)^{n-1}$; 150
$A(1) = 62{,}35$; $A(2) = 15{,}59$; $A(3) = 3{,}9$
b) $s(n) = \frac{\sqrt{3}}{4} \cdot a^2 \cdot \frac{1 - 0{,}25^n}{1 - 0{,}25} = \frac{\sqrt{3}}{3} \cdot a^2 \cdot (1 - 0{,}25^n) = 48 \cdot \sqrt{3} \cdot (1 - 0{,}25^n)$; $s(5) = 83{,}06$
c) $s(16) = 83{,}14$

150 **13. a)** $A_Q(n) = a^2 \cdot \left(\frac{1}{2}\right)^{n-1} = 400 \cdot \left(\frac{1}{2}\right)^{n-1}$; $A_Q(1) = 400$; $A_Q(2) = 200$; $A_Q(3) = 100$

b) $A_K(n) = \frac{\pi}{4} \cdot a^2 \cdot \left(\frac{1}{2}\right)^{n-1} = 100\,\pi \cdot \left(\frac{1}{2}\right)^{n-1}$; $A_K(1) = 314{,}16$; $A_K(2) = 157{,}08$; $A_K(3) = 78{,}54$

c) $S_Q(n) = a^2 \cdot \frac{1 - 0{,}5^n}{1 - 0{,}5} = 800 \cdot (1 - 0{,}5^n)$; $S_Q(10) = 799{,}22$

d) $S_K(n) = \frac{\pi}{4} \cdot a^2 \cdot \frac{1 - 0{,}5^n}{1 - 0{,}5} = 200\,\pi \cdot (1 - 0{,}5^n)$; $S_K(10) = 627{,}70$

14. a) $I(n+1) = I(1) \cdot 0{,}88\,n$ **b)** 27,85% **c)** 8

15. a) $I(1) = 5$ A; $I(3) = 3{,}8$ A; $I(4) = 3{,}3$ A; $I(5) = 2{,}9$ A
b) ja **c)** nein

4.2 Zinseszinsrechnung

153 **1. a)** 2932,01 € **b)** 15431,05 € **c)** 31632,98 €

2. 1733,99 €

3. a) 25616,52 € **b)** 30419,32 € **c)** 40290,72 €

4. 8916,57 € **5.** 25161,90 € **6.** 1360,38 € **7.** 13437,99 €

8. $K_0 = 1{,}05^5 \cdot 1{,}04^6 = 9876 \Leftrightarrow K_0 = 6115{,}54$

154 **9.** $K_0 = 1{,}035^8 + 4000 \cdot (1{,}035^8 + 1{,}035^4 + 1{,}035^3) = 17584{,}22 \Leftrightarrow K_0 = 2500$

10. 22500,– € in 10 Jahren (Barwerte: 12000,– €; *12563,88 €*; 11224,97 €).

11. Das 3. Angebot (Barwerte: 400000,– €; 398903,27 €; *402043,61 €*).

12. $K \cdot 1{,}075^8 + K \cdot 1{,}075^3 = 302577{,}47 \Leftrightarrow K = 100000$ (je 100000,– €)

13. 5,95 **14.** 5,5%

15. Verdopplung nach 17,7 Jahren bei 4% und nach 14,2 Jahren bei 5%
Verdreifachung nach 28 Jahren bei 4% und nach 22,5 Jahren bei 5%

16. 8 Jahre **17.** $15000 \cdot 1{,}06^n = 20073{,}38 \Leftrightarrow n = 5$

18. $198000 \cdot 1{,}05^n \cdot 0{,}05 = 16000 \Leftrightarrow n = 9{,}8$ (10 Jahre)

4.3 Grundlegende Eigenschaften unendlicher Zahlenfolgen

Monotonie und Beschränktheit von Zahlenfolgen

158

1. a) $f(n+1) < f(n)$
$\Leftrightarrow 0{,}2^{n+1} < 0{,}2^{n}$
$\Leftrightarrow 0{,}2 < 1 \; (L = \mathbb{N})$
$g(n+1) < g(n)$
$\Leftrightarrow 10 \cdot 0{,}5^{n+1} < 10 \cdot 0{,}5^{n}$
$\Leftrightarrow 0{,}5 < 1 \; (L = \mathbb{N})$

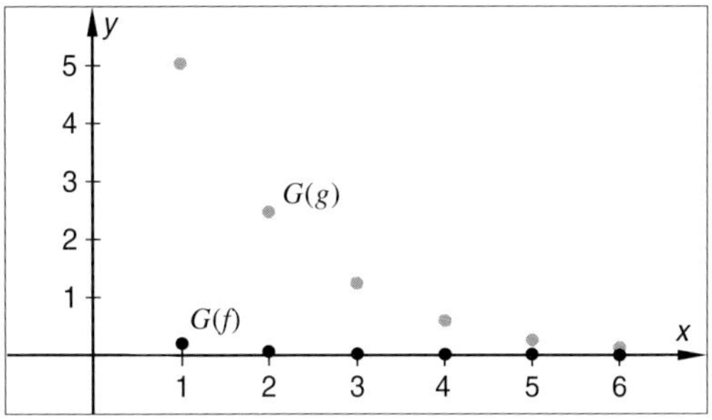

b) $0{,}2^{n} \leq 10$
$\Leftrightarrow n \geq -1{,}43 \; (L = \mathbb{N});$
$0{,}2^{n} \geq 0$
$\Leftrightarrow 0{,}2 \geq 0 \; (L = \mathbb{N})$
$10 \cdot 0{,}5^{n} \leq 10$
$\Leftrightarrow n \geq 0 \; (L = \mathbb{N});$
$10 \cdot 0{,}5^{n} \geq 0$
$\Leftrightarrow 0{,}5 \geq 0 \; (L = \mathbb{N})$

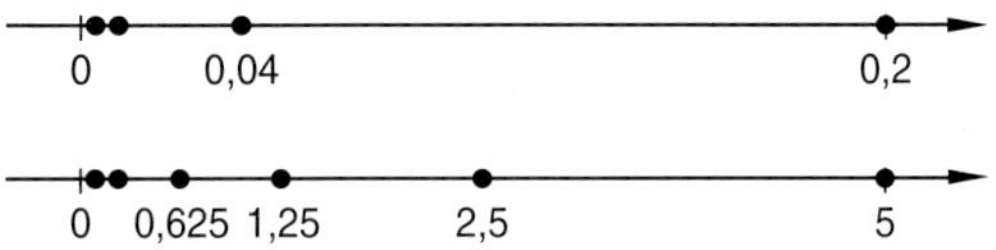

2. a) $f(n) = 0{,}5^{n-1}$

b) $f(5) = \frac{1}{16}; \; f(8) = \frac{1}{128}; \; f(11) = \frac{1}{1\,024}$

c) $0{,}5^{n-1} \leq 1$
$\Leftrightarrow n - 1 \geq 0 \Leftrightarrow n \geq 1 \; (L = \mathbb{N});$
$0{,}5^{n-1} \geq 0$
$\Leftrightarrow 0{,}5 \geq 0 \; (L = \mathbb{N})$

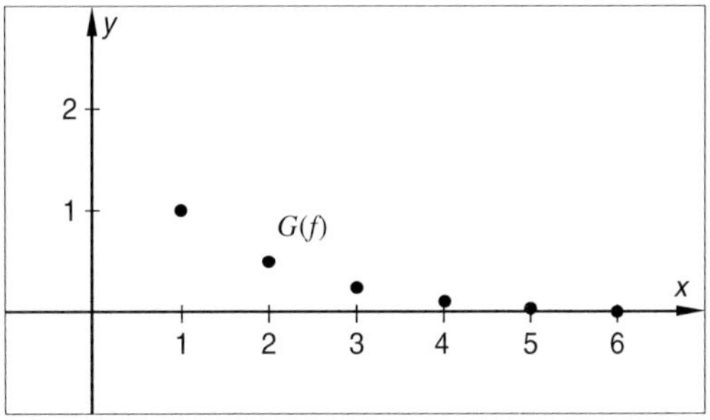

d) $0{,}5^{n-1} > 0{,}5^{n}$
$\Leftrightarrow 1 > 0{,}5 \; (L = \mathbb{N})$

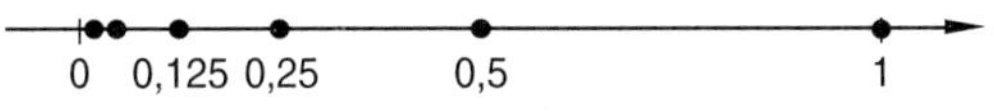

3. a) Nicht monoton; nach oben beschränkt durch $\frac{1}{9}$; nach unten beschränkt durch $-\frac{1}{3}$.

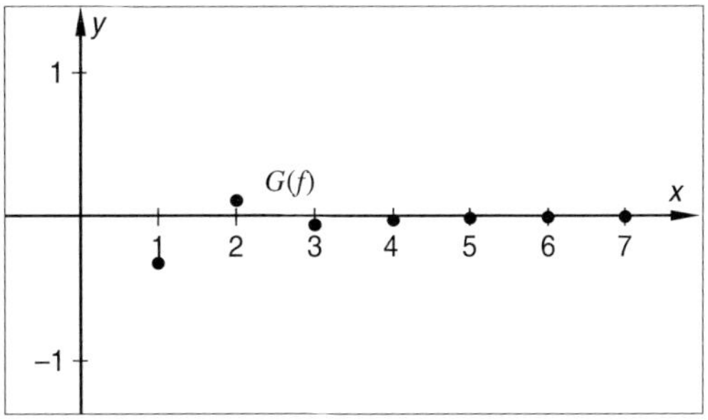

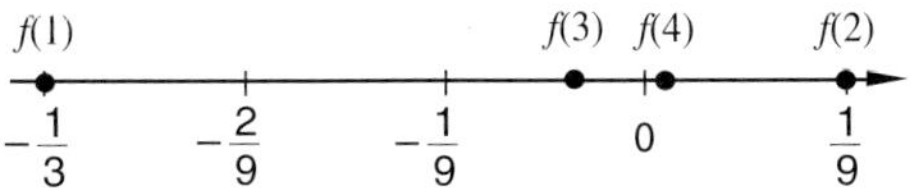

158 **b)** Streng monoton steigend; nach oben beschränkt durch 5; nach unten beschränkt durch 4.

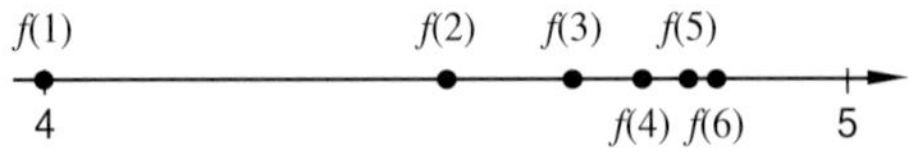

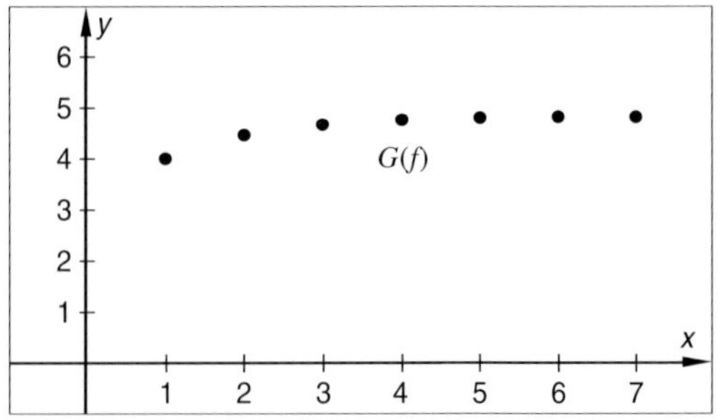

c) Streng monoton fallend; nach oben beschränkt durch 1; nach unten beschränkt durch 0.

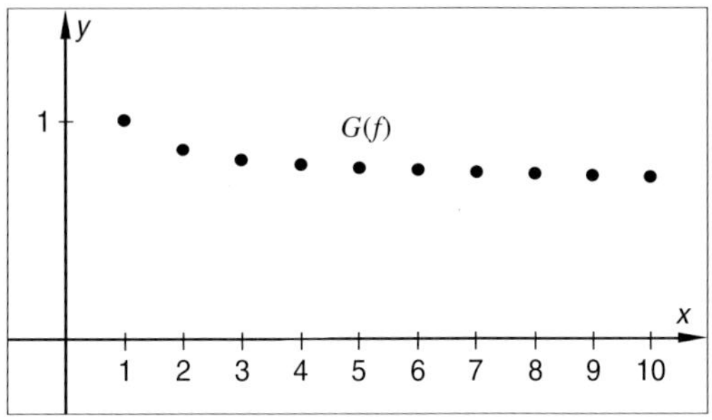

d) Streng monoton steigend; nach oben nicht beschränkt; nach unten beschränkt durch 2.

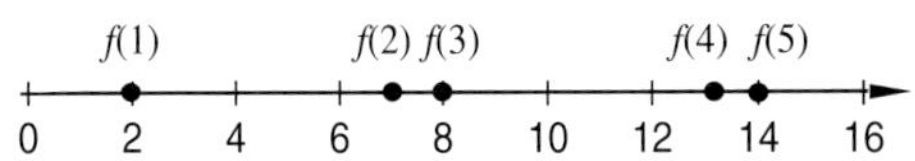

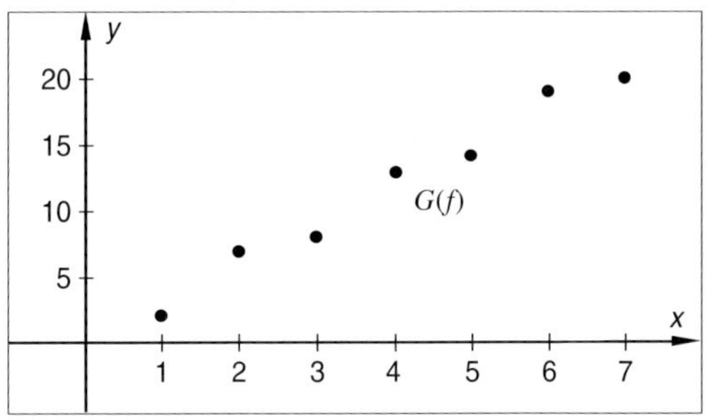

e) Nicht monoton; weder nach oben noch nach unten beschränkt.

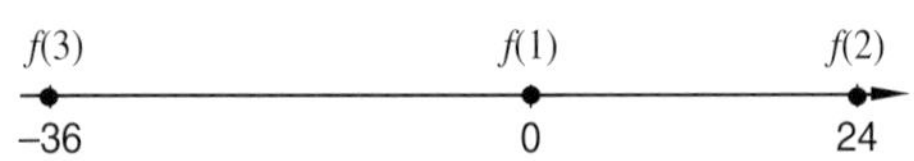

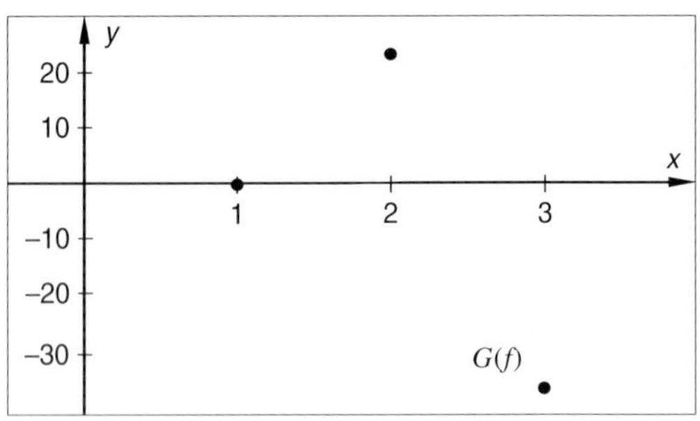

158

f) Streng monoton steigend; nach oben beschränkt durch 1; nach unten beschränkt durch 0.

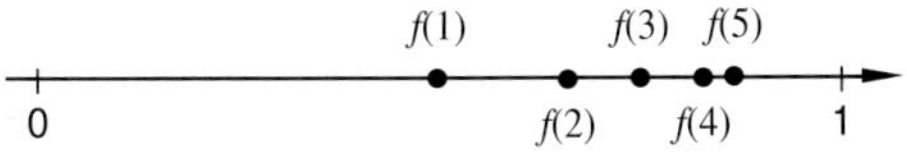

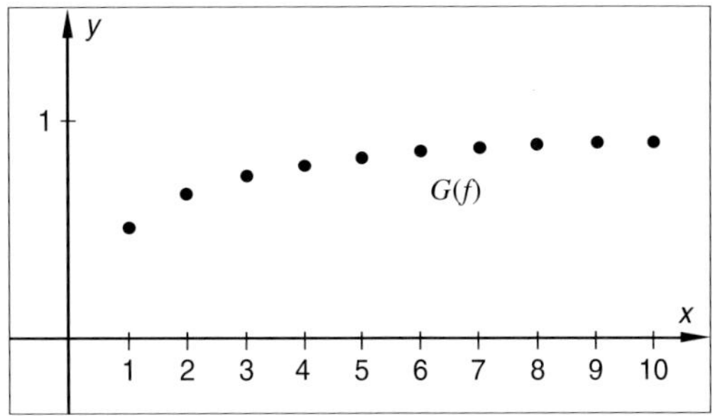

4. $f(n) = 2 \cdot (-1)^n$

5. a) $f(n+1) > f(n)$

$\Leftrightarrow 2n^2 + 6n + 4 > 0 \; (L = \mathbb{N})$

Streng monoton steigend

b) $f(n) \leq 1 \quad \Leftrightarrow -2 \leq 2n \; (L = \mathbb{N})$

$f(n) \geq -1 \Leftrightarrow 2n^2 + 2n \geq 0 \; (L = \mathbb{N})$

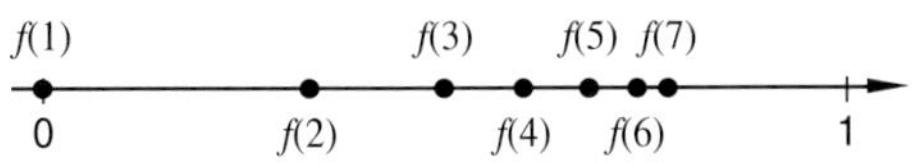

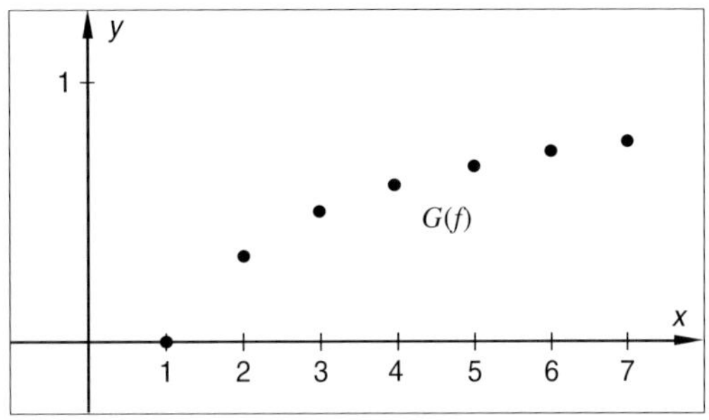

6. a) $f(n+1) < f(n)$

$\Leftrightarrow 0 < 1 \; (L = \mathbb{N})$

Streng monoton fallend

b) $f(n) \leq 3 \Leftrightarrow 0{,}5 \leq n^2 \; (L = \mathbb{N})$

$f(n) \geq 1 \Leftrightarrow n^2 + 1^2 \geq n^2 \; (L = \mathbb{N})$

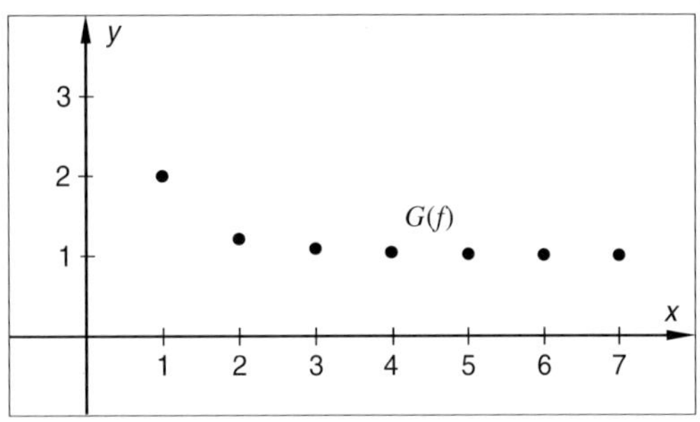

7. a) $f(n+1) < f(n)$

$\Leftrightarrow \frac{2}{3} < 1 \; (L = \mathbb{N})$

Streng monoton fallend

b) $f(n) \geq -1 \Leftrightarrow \left(\frac{2}{3}\right)^n \geq -1 \; (L = \mathbb{N})$

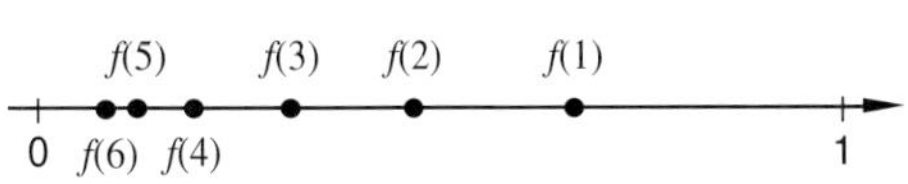

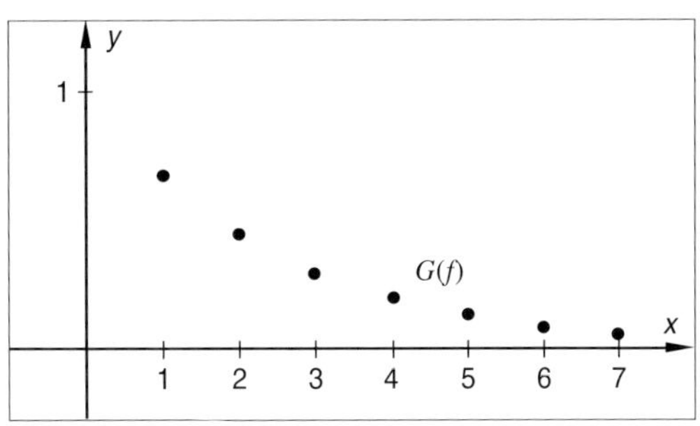

159

8. a) $f(n+1) > f(n)$
$\Leftrightarrow 0 > -2 \; (L = \mathbb{N})$
Streng monoton steigend

b) $f(n) \leq 1 \quad \Leftrightarrow -1 \leq 1 \; (L = \mathbb{N})$
$f(n) \geq -1 \Leftrightarrow 2n \geq 0 \; (L = \mathbb{N})$

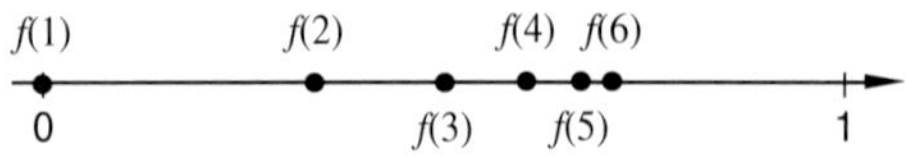

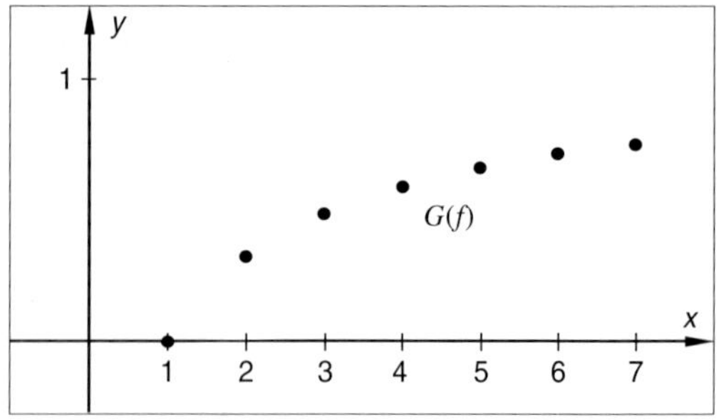

9. a) $f(n+1) < f(n)$
$\Leftrightarrow 0 < 1 \; (L = \mathbb{N})$
Streng monoton fallend

b) $f(n) \leq 1 \Leftrightarrow 1 \leq n \; (L = \mathbb{N})$
$f(n) \geq 0 \Leftrightarrow 1 \geq 0 \; (L = \mathbb{N})$

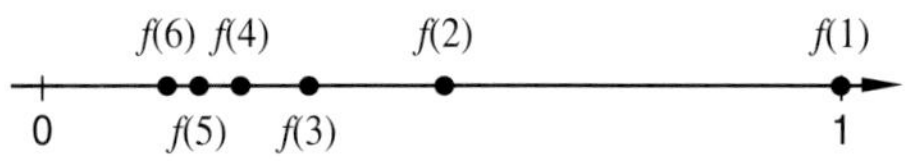

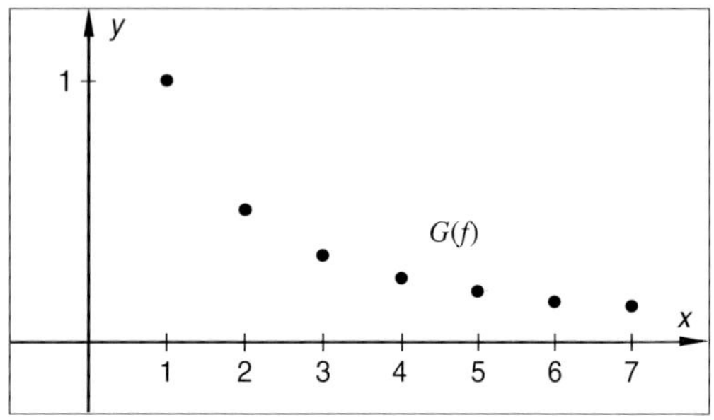

10. Streng monoton steigend; nach oben beschränkt durch 1; nach unten beschränkt durch 0,9.

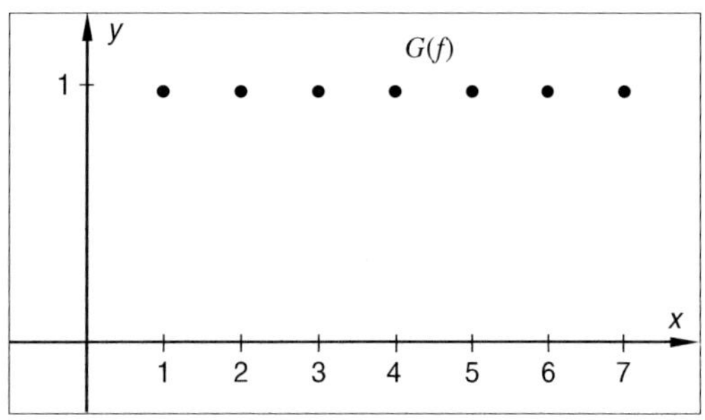

11. a) $1 < 2 < 3 < 4 < 5 < 6 < 7$
$\Rightarrow$ Streng monoton steigend; nach oben beschränkt durch 7; nach unten beschränkt durch 1.

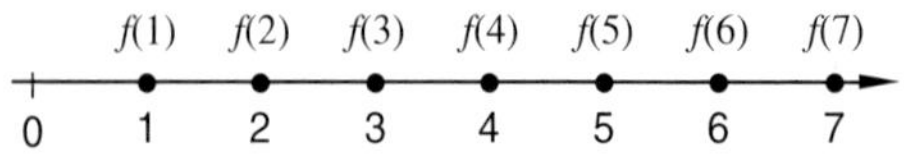

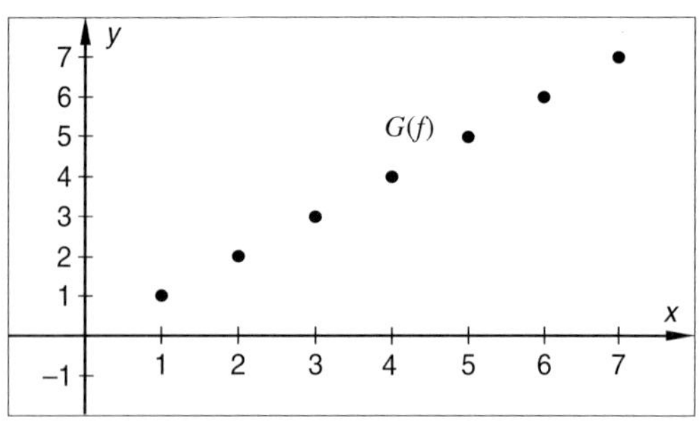

b) Streng monoton fallend; nach oben beschränkt durch 1; nach unten beschränkt durch 0,01. **159**

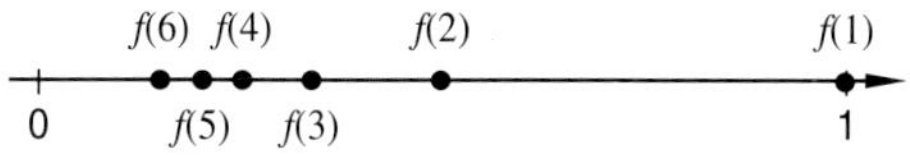

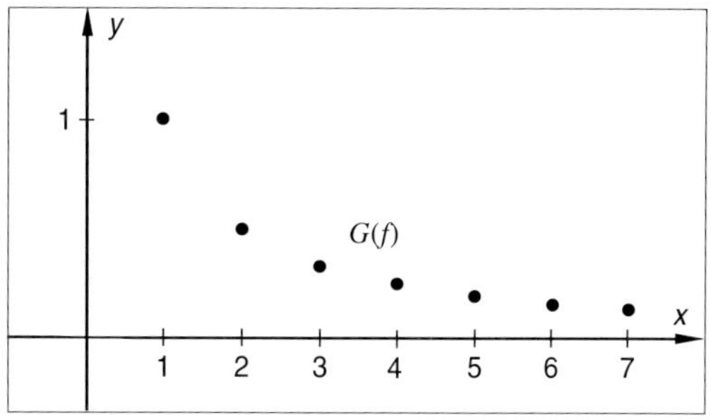

c) Streng monoton steigend; nach oben beschränkt durch $-2{,}16$; nach unten beschränkt durch -10.

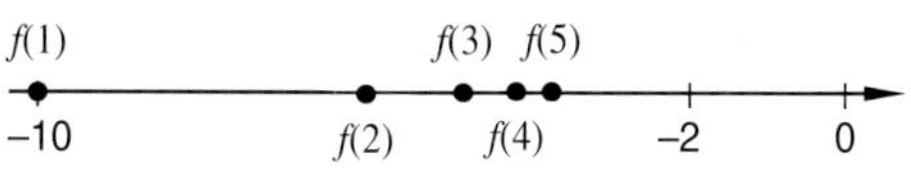

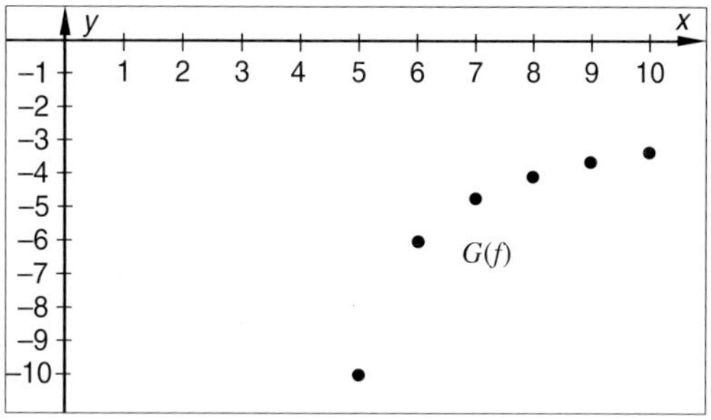

Konvergenz von Zahlenfolgen

1. a) $\lim\limits_{n\to\infty} 0{,}2^n = 0;\ n > 4$ **b)** $\lim\limits_{n\to\infty} 3\cdot 0{,}5^n = 0;\ n > 11$ **c)** $\lim\limits_{n\to\infty} \dfrac{n-1}{n+1} = 1;\ n > 1999$ **170**

2. $5\cdot 2^n > 10^6 \Leftrightarrow n > 17$ **3.** $\left(\dfrac{1}{3}\right)^{n-1} < 10^{-5} \Leftrightarrow n > 11$

4. a) $\lim\limits_{n\to\infty} \dfrac{n^2-1}{(n+1)^2} = 1$ **b)** $n > 199 \Rightarrow n(0{,}01) = 200$

5. a) $\lim\limits_{n\to\infty} \dfrac{2-\sqrt{n}}{1+\sqrt{n}} = -1$ **b)** $n > \left(\dfrac{3}{\varepsilon}-1\right)^2 \Rightarrow n(\varepsilon) = \left(\dfrac{3}{\varepsilon}-1\right)^2 + 1$

6. a) $\lim\limits_{n\to\infty} \dfrac{n^2+2n+1}{n^2} = 1$ **b)** $n > 200{,}5 \Rightarrow n(0{,}01) = 201$

7. a) $\lim\limits_{n\to\infty} 2\cdot 0{,}3^n = 0$ **b)** $n > 12 \Rightarrow n(10^{-6}) = 13$ **171**

8. a) $\lim\limits_{n\to\infty} \left(-\dfrac{2}{3}\right)^n = 0$ **b)** $n > 17 \Rightarrow n(0{,}001) = 18$

9. a) $f(1) = -1;\ f(2) = \dfrac{5}{3};\ f(3) = -2;\ f(4) = \dfrac{11}{5};\ f(5) = -\dfrac{7}{3};\ f(6) = \dfrac{17}{7}$

b) $g(n) = -\dfrac{3n-2}{n};\ h(n) = \dfrac{6n-1}{2n+1}$

c) $\lim\limits_{n\to\infty} g(n) = -3;\ n > 2000 \Rightarrow n(0{,}001) - 2001$

$\lim\limits_{n\to\infty} h(n) = 3;\quad n > 1999{,}5 \Rightarrow n(0{,}001) = 2000$

171

10. a) $f\colon f(n)=(-1)^n\cdot\dfrac{2n+1}{n+1}$; $D(f)=\mathbb{N}^*$

b) $g(n)=\dfrac{4n+1}{2n+1}$; $h(n)=\dfrac{-4n+1}{2n}$

c) $\lim\limits_{n\to\infty} g(n)=2$; $\quad n>49\,999{,}5 \Rightarrow n(10^{-5})=50\,000$

$\lim\limits_{n\to\infty} h(n)=-2$; $n>50\,000 \quad \Rightarrow n(10^{-5})=50\,001$

d) f besitzt keinen Grenzwert, da wegen der verschiedenen Grenzwerte der Teilfolgen außerhalb der 1-Umgebung um jede beliebige reelle Zahl unendlich viele Folgenglieder liegen.

11.–14. Nicht konvergent

15. a) $f\colon f(n)=\dfrac{2n+1}{n+1}$; $D(f)=\mathbb{N}^*$; $\quad g\colon g(n)=\dfrac{4n^2+3n+1}{2n^2-n}$; $D(g)=\mathbb{N}^*$

b) $f\colon f(n)=-3$; $D(f)=\mathbb{N}^*$; $\quad g\colon g(n)=\dfrac{5-3n}{n+1}$; $D(g)=\mathbb{N}^*$

c) $f\colon f(n)=\dfrac{n+1}{2n}$; $D(f)=\mathbb{N}^*$; $\quad g\colon g(n)=\dfrac{3n^2+5}{6n^2+n}$; $D(g)=\mathbb{N}^*$

d) $f\colon f(n)=-\dfrac{1}{3}\cdot\left(1+\dfrac{1}{n}\right)$; $D(f)=\mathbb{N}^*$ $\quad g\colon g(n)=-0{,}3\cdot\dfrac{1-0{,}1^n}{1-0{,}1}$; $D(g)=\mathbb{N}^*$

e) $f\colon f(n)=\dfrac{4n^2+1}{4n^2+n}$; $D(f)=\mathbb{N}^*$ $\quad g\colon g(n)=0{,}9\cdot\dfrac{1-0{,}1^n}{1-0{,}1}$; $D(g)=\mathbb{N}^*$

16. a) falsch: $f\colon f(n)=\left(-\dfrac{1}{n}\right)^n$; $D(f)=\mathbb{N}^*$ $\quad$ **b)** falsch: $f\colon f(n)=n$; $D(f)=\mathbb{N}^*$

c) falsch: $f\colon f(n)=\dfrac{(-1)^n}{n}$; $D(f)=\mathbb{N}^*$ $\quad$ **d)** wahr

e) f) falsch: $f\colon f(n)=(-1)^n$; $D(f)=\mathbb{N}^*$ $\quad$ **g)** wahr

17. $\lim\limits_{n\to\infty} s(n)=\lim\limits_{n\to\infty}\left[f(1)\cdot\dfrac{1-q^n}{1-q}\right]=\dfrac{f(1)}{1-q}$

18. $f(1)=0{,}9$; $q=0{,}1 \Rightarrow \lim\limits_{n\to\infty} s(n)=\lim\limits_{n\to\infty}\left(0{,}9\cdot\dfrac{1-0{,}1^n}{1-0{,}1}\right)=0{,}9\cdot\dfrac{1}{0{,}9}=1$

5 Grenzwerte von reellen Funktionen

5.1 Grenzwerte von Funktionen für $|\,x\,| \to \infty$

1. a) $f(n) = \dfrac{(1+n^2)^2+1}{2\,(1+n^2)^2 - 2\,(1+n^2)} = \dfrac{2+2n^2+n^4}{2n^2+2n^4}$ 183

$$\Rightarrow \lim_{n\to\infty} f(n) = \lim_{n\to\infty} \frac{2+2n^2+n^4}{2n^2+2n^4} = \lim_{n\to\infty} \frac{\frac{2}{n^4}+\frac{2}{n^2}+1}{\frac{2}{n^2}+2} = \frac{1}{2}$$

b) $f(n) = \dfrac{(n-1{,}5)^2+1}{2\,(n-1{,}5)^2 - 2\,(n-1{,}5)} = \dfrac{n^2-3n+3{,}25}{2n^2-8n+7{,}5}$

$$\Rightarrow \lim_{n\to\infty} f(n) = \lim_{n\to\infty} \frac{1-\frac{3}{n}+\frac{3{,}25}{n^2}}{2-\frac{8}{n}+\frac{7{,}5}{n^2}} = \frac{1}{2}$$

$$\Rightarrow \lim_{x_n\to\infty} f(x_n) = \lim_{x_n\to\infty} \frac{x_n^2+1}{2x_n^2-2x_n} = \lim_{x_n\to\infty} \frac{1+\frac{1}{x_n^2}}{2-+\frac{2}{x_n}} = \frac{1}{2}$$

2. a) $D(f) = \mathbb{R}\backslash\{-1;\,1\}$; $\quad \lim\limits_{|x|\to\infty} f(x) = 0$;

Annäherung von oben an die Gerade mit der Gleichung $y_A(x) = 0$ für $|\,x\,| \to \infty$.

b) $D(f) = \mathbb{R}\backslash\{1\}$; $\quad \lim\limits_{|x|\to\infty} f(x) = 0$;

Annäherung von unten an die Gerade mit der Gleichung $y_A(x) = 0$ für $x \to -\infty$ und von oben für $x \to \infty$.

c) $D(f) = \mathbb{R}\backslash\{-2;\,2\}$; $\quad \lim\limits_{|x|\to\infty} f(x) = 0$;

Annäherung von unten an die Gerade mit der Gleichung $y_A(x) = 0$ für $x \to -\infty$ und von oben für $x \to \infty$.

d) $D(f) = \mathbb{R}\backslash\{3\}$; $\quad \lim\limits_{|x|\to\infty} f(x) = 1$;

Annäherung von unten an die Gerade mit der Gleichung $y_A(x) = 1$ für $x \to -\infty$ und von oben für $x \to \infty$.

e) $D(f) = \mathbb{R}$; $\quad \lim\limits_{|x|\to\infty} f(x) = 0{,}5$;

Annäherung von oben an die Gerade mit der Gleichung $y_A(x) = 0{,}5$ für $x \to -\infty$ und von unten für $x \to \infty$.

f) $D(f) = \mathbb{R}\backslash\{5\}$; $\quad \lim\limits_{x\to-\infty} f(x) = -\infty$; $\lim\limits_{x\to\infty} f(x) = \infty$;

Annäherung von unten an die Gerade mit der Gleichung $y_A(x) = x+5$ für $x \to -\infty$ und von oben für $x \to \infty$.

183 **g)** $D(f) = \mathbb{R} \setminus \left\{-1; 0; \frac{1}{3}\right\}$; $\lim\limits_{|x| \to \infty} f(x) = 1$;

Annäherung von oben an die Gerade mit der Gleichung $y_A(x) = 1$ für $x \to -\infty$ und von unten für $x \to \infty$.

h) $D(f) = \mathbb{R} \setminus \{-1; 1\}$; $\lim\limits_{|x| \to \infty} f(x) = 2$;

Annäherung von oben an die Gerade mit der Gleichung $y_A(x) = 2$ für $x \to -\infty$ und von unten für $x \to \infty$.

3. a) $\left|\frac{1}{x^2 - 1} - 0\right| < \varepsilon$ ▶ $x \to \infty$

$\Leftrightarrow \frac{1}{x^2 - 1} < \varepsilon$ ▶ $x > 1$

$\Leftrightarrow \frac{1}{\varepsilon} < x^2 - 1$

$\Leftrightarrow 1 + \frac{1}{\varepsilon} < x^2$

$\Leftrightarrow \sqrt{1 + \frac{1}{\varepsilon}} < x$ ▶ $\varepsilon = 0{,}001$

$\Rightarrow x > 31{,}64 \Rightarrow x(0{,}001) = 31{,}64$

b) $x > 5\,001$ ▶ $x \to \infty$

$\Rightarrow x(0{,}001) = 5\,001$

c) $x > 3\,000{,}1$ ▶ $x \to \infty$

$\Rightarrow x(0{,}001) = 3\,000{,}1$

d) $x > 3\,003$ ▶ $x \to \infty$

$\Rightarrow x(0{,}001) = 3\,003$

e) $x > 1\,001$ ▶ $x \to \infty$

$\Rightarrow x(0{,}001) = 1\,001$

4. a) $\left|\frac{1}{x^2 - 1} - 0\right| < \varepsilon$ ▶ $x \to -\infty$

$\Leftrightarrow \frac{1}{x^2 - 1} < \varepsilon$ ▶ $x < -1$

$\Leftrightarrow \frac{1}{\varepsilon} < x^2 - 1$

$\Leftrightarrow 1 + \frac{1}{\varepsilon} < x^2$

$\Leftrightarrow -\sqrt{1 + \frac{1}{\varepsilon}} > x$ ▶ $\varepsilon = 0{,}001$

$\Rightarrow x < -31{,}64 \Rightarrow x(0{,}001) = -31{,}64$

b) $x < -4\,999$ ▶ $x \to -\infty$

$\Rightarrow x(0{,}001) = -4\,999$

c) $x < -3\,000{,}1$ ▶ $x \to -\infty$

$\Rightarrow x(0{,}001) = -3\,000{,}1$

d) $x < -2\,997$ ▶ $x \to -\infty$

$\Rightarrow x(0{,}001) = -2\,997$

e) $x < -1\,000$ ▶ $x \to -\infty$

$\Rightarrow x(0{,}001) = -1\,000$

5. a) $\lim\limits_{|x| \to \infty} f(x) = \lim\limits_{|x| \to \infty} (x^2 + 2x + 1) = \infty$

b) $\lim\limits_{x \to -\infty} f(x) = \lim\limits_{x \to -\infty} (-x^3 + x^2 + 3) = \infty$; $\lim\limits_{x \to \infty} f(x) = \lim\limits_{x \to \infty} (-x^3 + x^2 + 3) = -\infty$

c) $\lim\limits_{|x| \to \infty} f(x) = \lim\limits_{|x| \to \infty} (0{,}25x^4 + 2x - 1) = \infty$

d) $\lim\limits_{x \to -\infty} f(x) = \lim\limits_{x \to -\infty} (x - 1) = -\infty$; $\lim\limits_{x \to \infty} f(x) = \lim\limits_{x \to \infty} (x - 1) = \infty$

6. a) $\lim\limits_{x \to -\infty} 2^x = 0$; $\lim\limits_{x \to \infty} 2^x = \infty$ **b)** $\lim\limits_{x \to -\infty} 2^{-x} = \infty$; $\lim\limits_{x \to \infty} 2^{-x} = 0$

7. $\lim\limits_{x \to \infty} K(x) = \lim\limits_{x \to \infty} (0{,}04x^3 - 0{,}6x^2 + 3x + 2) = \infty$;

$\lim\limits_{x \to \infty} k(x) = \lim\limits_{x \to \infty} \left(0{,}04x^2 - 0{,}6x + 3 + \frac{2}{x}\right) = \infty$

5.2 Grenzwerte von Funktionen an einer Stelle x_0

192 **1. a)** Definitionslücke bei -1; $\text{l-}\lim\limits_{x \to -1} f(x) = \infty$; $\text{r-}\lim\limits_{x \to -1} f(x) = -\infty$ $\Rightarrow$ Pol mit VZW bei -1.

b) Definitionslücke bei -1; $\text{l-}\lim\limits_{x \to -1} f(x) = \text{r-}\lim\limits_{x \to -1} f(x) = -\infty$ $\Rightarrow$ Pol ohne VZW bei -1.

c) Definitionslücke bei -1; $\text{l-}\lim\limits_{x \to -1} f(x) = -\infty$; $\text{r-}\lim\limits_{x \to -1} f(x) = \infty$ $\Rightarrow$ Pol mit VZW bei -1.

Definitionslücke bei 0; $\text{l-}\lim\limits_{x \to 0} f(x) = \text{r-}\lim\limits_{x \to 0} f(x) = 0$ $\Rightarrow$ behebbare Lücke bei 0.

192

d) Definitionslücke bei 0; $\text{l-}\lim\limits_{x\to 0} f(x) = -\infty$; $\text{r-}\lim\limits_{x\to 0} f(x) = \infty$ $\Rightarrow$ Pol mit VZW bei 0.

Definitionslücke bei 1; $\text{l-}\lim\limits_{x\to 1} f(x) = \text{r-}\lim\limits_{x\to 1} f(x) = 1{,}5$ $\Rightarrow$ behebbare Lücke bei 1.

e) Definitionslücke bei -3; $\text{l-}\lim\limits_{x\to -3} f(x) = \text{r-}\lim\limits_{x\to -3} f(x) = -5$ $\Rightarrow$ behebbare Lücke bei -3.

Definitionslücke bei -2; $\text{l-}\lim\limits_{x\to -2} f(x) = -\infty$; $\text{r-}\lim\limits_{x\to -2} f(x) = \infty$ $\Rightarrow$ Pol mit VZW bei -2.

f) Definitionslücke bei 0; $\text{l-}\lim\limits_{x\to 0} f(x) = \text{r-}\lim\limits_{x\to 0} f(x) = 0{,}75$ $\Rightarrow$ behebbare Lücke bei 0.

Definitionslücke bei 2; $\text{l-}\lim\limits_{x\to 2} f(x) = \text{r-}\lim\limits_{x\to 2} f(x) = \infty$ $\Rightarrow$ Pol ohne VZW bei 2.

2. a) $\lim\limits_{x_n\to x_0} f(x_n) = \lim\limits_{x_n\to x_0} (1+x_n^2) = \lim\limits_{x_n\to x_0} 1 + \lim\limits_{x_n\to x_0} x_n^2 = 1 + x_0^2$

b) $\lim\limits_{x_n\to x_0} f(x_n) = \lim\limits_{x_n\to x_0} \dfrac{x_n - 1}{(x_n+1)^2} = \dfrac{\lim\limits_{x_n\to x_0}(x_n-1)}{\lim\limits_{x_n\to x_0}(x_n+1)^2} = \dfrac{x_0-1}{(x_0+1)^2}$

c) $\lim\limits_{x_n\to x_0} f(x_n) = \lim\limits_{x_n\to x_0} (x_n^3 - x_n^2) = \lim\limits_{x_n\to x_0} x_n^3 + \lim\limits_{x_n\to x_0} x_n^2 = x_n^3 - x_0^2$

3. b) $\text{l-}\lim\limits_{x\to 0} \operatorname{sgn}(x) = -1$;

$\text{r-}\lim\limits_{x\to 0} \operatorname{sgn}(x) = 1$

c) Die Signumfunktion besitzt an der Stelle 0 keinen Grenzwert

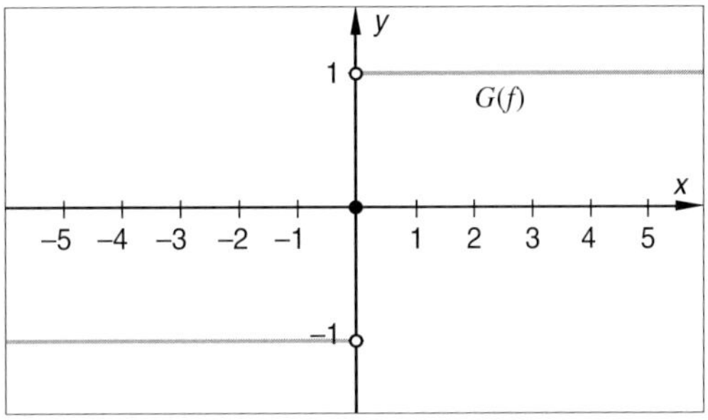

193

4. a) $\lim\limits_{x\to 0} f(x) = \lim\limits_{x\to 0} (x^2+1) = 1$ **b)** $\lim\limits_{x\to 0} f(x) = \lim\limits_{x\to 0} \dfrac{x^3+x}{x} = \lim\limits_{x\to 0} (x^2+1) = 1$

c) $\text{l-}\lim\limits_{x\to 2} f(x) = \lim\limits_{x\to 2} 0{,}5x = 1$; $\text{r-}\lim\limits_{x\to 2} f(x) = \lim\limits_{x\to 2} (0{,}5x+1) = 2$

d) $\text{l-}\lim\limits_{x\to 0} f(x) = \lim\limits_{x\to 0} \dfrac{4}{x} = -\infty$; $\text{r-}\lim\limits_{x\to 0} f(x) = \lim\limits_{x\to 0} \dfrac{4}{x} = \infty$

e) $\lim\limits_{x\to 4} f(x) = \lim\limits_{x\to 4} \dfrac{x^2-16}{x-4} = \lim\limits_{x\to 4} (x+4) = 8$ **f)** $\lim\limits_{x\to 0} f(x) = \lim\limits_{x\to 0} \dfrac{x^2}{x^2+2} = 0$

g) $\lim\limits_{x\to 0} f(x) = \lim\limits_{x\to 0} \dfrac{5}{x^2} = \infty$ **h)** $\lim\limits_{x\to 1} f(x) = \lim\limits_{x\to 1} \dfrac{2x-1}{(x-1)^2} = \infty$

i) $\text{l-}\lim\limits_{x\to 1} f(x) = \lim\limits_{x\to 1} \dfrac{2x+3}{x^3-1} = -\infty$; $\text{r-}\lim\limits_{x\to 1} f(x) = \lim\limits_{x\to 1} \dfrac{2x+3}{x^3-1} = \infty$

j) $\lim\limits_{x\to 1} f(x) = \lim\limits_{x\to 1} \dfrac{(2x-2)^2}{x-1} = \lim\limits_{x\to 1} 4(x-1) = 0$

5. $\lim\limits_{x\to x_0} \dfrac{p_m(x)}{q_n(x)} = \dfrac{\lim\limits_{x\to x_0} p_m(x_0)}{\lim\limits_{x\to x_0} q_n(x_0)} = \dfrac{p_m(x_0)}{q_n(x_0)} = f(x_0)$ ► $x_0 \in D(f)$; $p_m(x)$, $q_n(x)$ ganzrationale Funktionen

5.3 Stetigkeit von reellen Funktionen

198 **1.** $f(x_0) = |\,x_0\,| = \begin{cases} -x_0 & \text{für } x < 0 \\ x_0 & \text{für } x \geq 0 \end{cases}$; $D(f) = \mathbb{R}$

$$\lim_{x \to x_0} f(x) = \begin{cases} -x_0 & \text{für } x < 0 \\ x_0 & \text{für } x \geq 0 \end{cases} \text{ für alle } x_0 \in \mathbb{R}$$

$\Rightarrow \lim\limits_{x \to x_0} f(x) = f(x_0)$ für alle $x_0 \in \mathbb{R} \Rightarrow f$ ist stetig.

2. $\text{l-}\lim\limits_{x \to 2} f(x) = 1$; $\text{r-}\lim\limits_{x \to 2} f(x) = 2$

$\Rightarrow f$ hat keinen Grenzwert an der Stelle 2.

$\Rightarrow f$ ist nicht stetig an der Stelle 2.

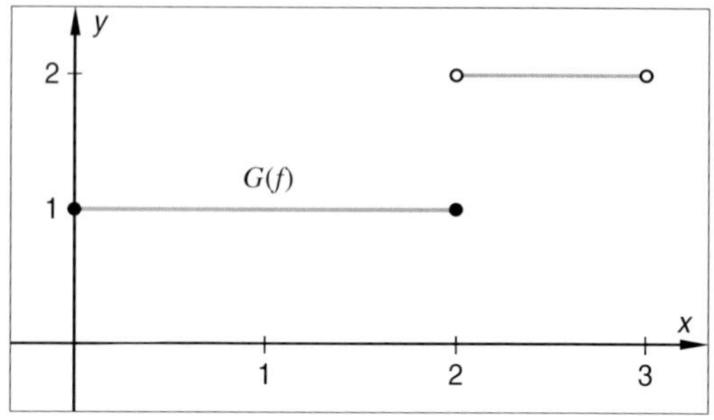

3. b) $\lim\limits_{x \to -3} f(x) = 0$; $f(-3) = 0$

$\lim\limits_{x \to 3} f(x) = 0$; $f(3) = 0$

$\Rightarrow f$ ist an den Stellen -3 und 3 stetig.

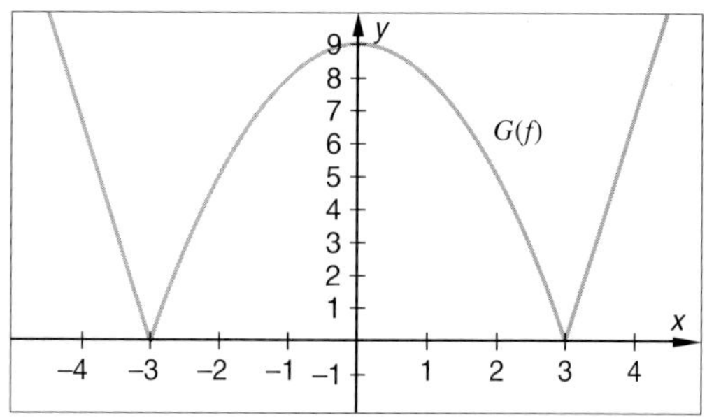

4. b) $\lim\limits_{x \to 1} f(x) = 1$; $f(1) = 2$

$\Rightarrow f$ ist nicht stetig an der Stelle 1.

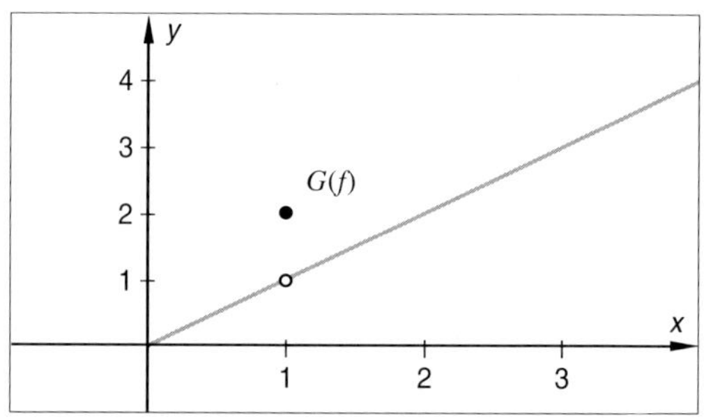

5. $\lim\limits_{x \to 1} f(x) = -1$; $f(1) = -1$

$\Rightarrow f$ ist stetig an der Stelle 1.

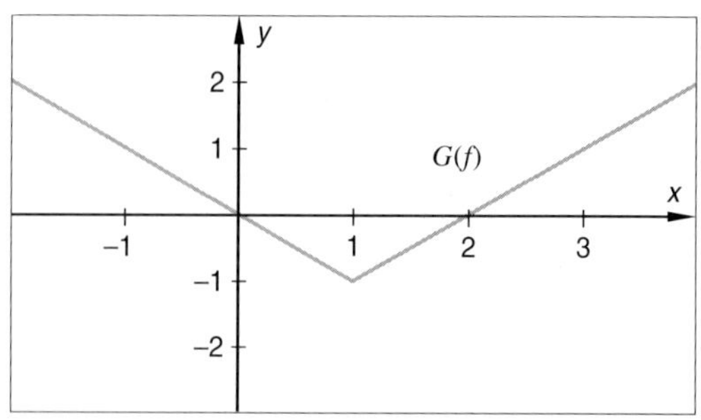

198

6. b) An den Stellen −1, 0 und 1 besitzen die Funktionen Sprungstellen, sind also dort nicht stetig.

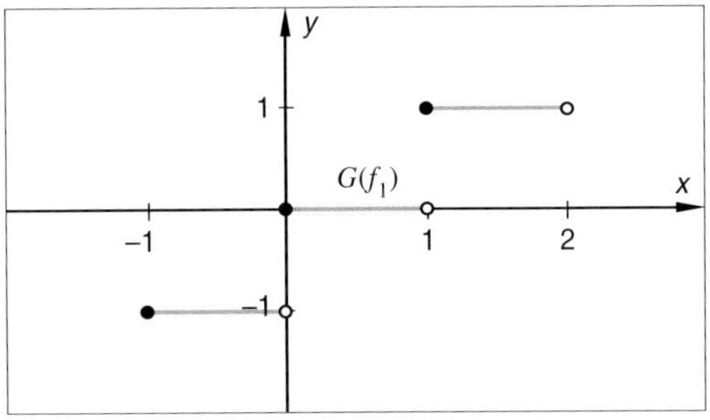

c) In den Intervallen (−1; 0), (0; 1) und (1; 2) sind die Funktionen stetig.

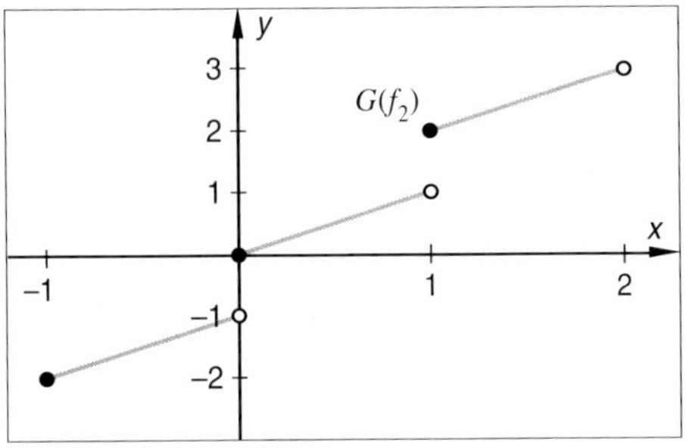

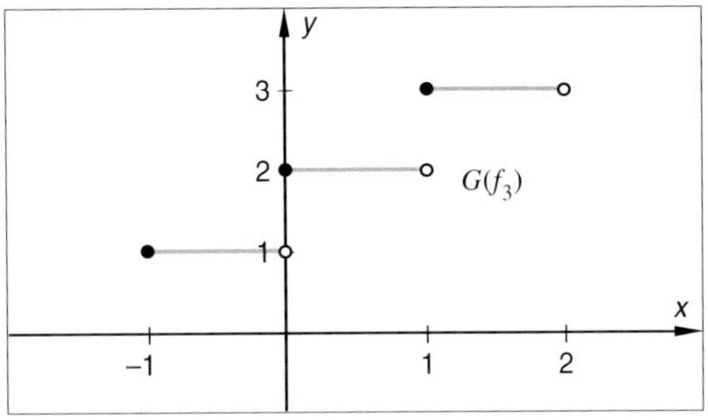

199

7. a) $D(f_1) = \mathbb{R}\backslash\{2\}$; $D(f_2) = \mathbb{R}\backslash\{1; 2\}$; $D(f_3) = \mathbb{R}\backslash\{-1; 1\}$

c) $f_1^*: f_1^*(x) = \begin{cases} \dfrac{2x^2 - 4x}{x - 2} & \text{für } x \in \mathbb{R}\backslash\{2\} \\ 4 & \text{für } x = 2 \end{cases}$

b)

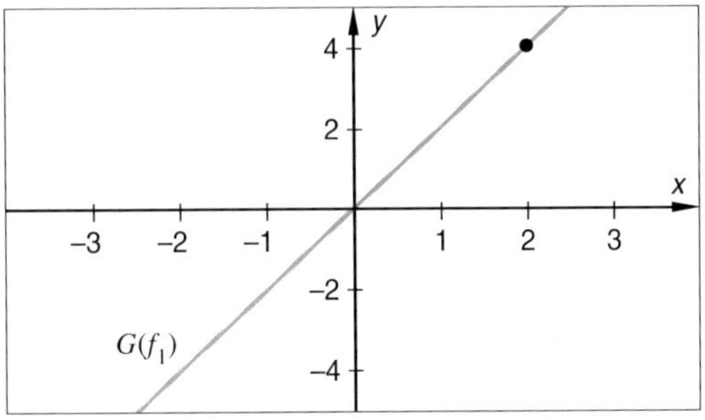

$f_2^*: f_2^*(x) = \begin{cases} \dfrac{x^2 + x - 2}{(x-1)(x-2)} & \text{für } x \in \mathbb{R}\backslash\{1; 2\} \\ -3 & \text{für } x = 1 \end{cases}$

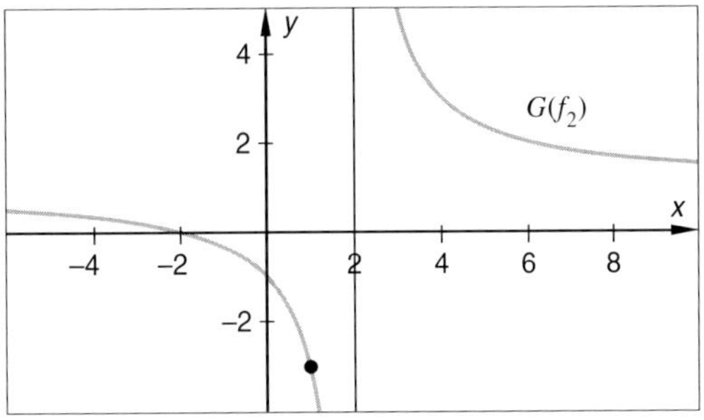

Funktion f_3 siehe Seite 58

199 $f_3^*\colon f_3^*(x) = \begin{cases} \dfrac{x^3+3x^2-x-3}{x^2-1} & \text{für } x \in \mathbb{R}\setminus\{-1;1\} \\ 2 & \text{für } x = -1 \\ 4 & \text{für } x = 1 \end{cases}$

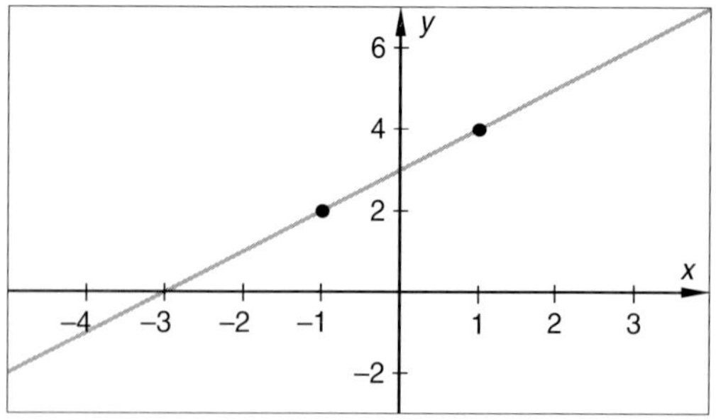

8. Ist $x_0 \in \mathbb{R}^*$ und $\langle x_n \rangle$ eine beliebige Stellenwertfolge mit $x_n \to x_0$ und $x_n \neq 0$ für alle $n \in \mathbb{N}$, so gilt aufgrund der Stetigkeit von f_1 und f_2:
$\lim\limits_{n\to\infty} f_1(x_n) = f_1(x_0)$ und $\lim\limits_{n\to\infty} f_2(x_n) = f_2(x_0)$.

a) b) $\lim\limits_{n\to\infty} f(x_n) = \lim\limits_{n\to\infty} [f_1(x_n) \pm f_2(x_n)] = \lim\limits_{n\to\infty} \left(x_n^2 \pm \dfrac{1}{x_n}\right) = x_0^2 \pm \dfrac{1}{x_0} = f_1(x_0) \pm f_2(x_0) = f(x_0)$

c) $\lim\limits_{n\to\infty} f(x_n) = \lim\limits_{n\to\infty} [f_1(x_n) \cdot f_2(x_n)] = \lim\limits_{n\to\infty} (x_n) = x_0 = f(x_0)$

d) $\lim\limits_{n\to\infty} f(x_n) = \lim\limits_{n\to\infty} \dfrac{f_1(x_n)}{f_2(x_n)} = \lim\limits_{n\to\infty} (x_n^3) = x_0^3 = f(x_0)$

9. Die Funktion f_1 ist als ganzrationale Funktion in $\mathbb{R}$ stetig. Die Funktion f_2 ist als gebrochen-rationale Funktion in $\mathbb{R}^*$ stetig. Der gemeinsame Definitionsbereich beider Funktionen ist $\mathbb{R}^*$. Da die Funktionen f an jeder Stelle $x_0 \in \mathbb{R}^*$ stetig ist (Aufgabe 8), ist f stetig in $\mathbb{R}^*$.

10. Durch den Grenzwertbegriff enthält der Stetigkeitsbegriff die Bedingung, dass es zu einer Stelle $n_0 \in \mathbb{N}$ eine volle Umgebung $U(n_0)$ geben muss, in der f definiert ist:
$U(n_0) \subset D(f)$. Bei einer Folge f liegen aber in jeder Umgebung einer Stelle $n_0 \in \mathbb{N}$ Zahlen, für die f nicht definiert ist.
Also ist eine Folge an keiner Stelle ihres Definitionsbereichs stetig.

11. Sowohl der Stetigkeitsbegriff als auch der Unstetigkeitsbegriff einer Funktion an einer Stelle x_0 setzen voraus, dass die Funktion an der Stelle x_0 selbst definiert sein muss.

Das ist an der Stelle $x_0 = 0$ für die Funktion $f\colon f(x) = \dfrac{1}{x}$; $D(f) = \mathbb{R}^*$ aber nicht der Fall.

6 Die Ableitung einer Funktion

6.1 Steigung einer Funktion an einer Stelle

1. $s'(0{,}5) = 2{,}5$; $s'(2) = 10$; $s'(2{,}5) = 12{,}5$; $s'(4) = 20$. 204

2. a) $s'(3) = 20$; $s'(10) = 20$. Momentangeschwindigkeit: 20 m/s
b) Es handelt sich um eine gleichförmige Bewegung.

3. a) $s'(2) = 20$; $s'(5) = 50$; $s'(10) = 100$; $s'(20) = 200$
b) $v(5) = 10$; $v(20) = 20$; $v(45) = 30$; $v(80) = 40$; $v(125) = 50$ (bezogen auf m/s).

4. Mädchen, Größe: $d(0{,}1) = 25{,}6$; $d(1{,}2) = 12{,}2$; $d(2{,}3) = 8{,}7$; $d(3{,}4) = 7{,}7$; $d(4{,}5) = 6{,}7$; 205
$d(5{,}6) = 6{,}4$; $d(6{,}7) = 6$; $d(7{,}8) = 5{,}7$; $d(8{,}9) = 5{,}2$; $d(9{,}10) = 4{,}9$; $d(10{,}11) = 5$; $d(11{,}12) = 6{,}9$; $d(12{,}13) = 6{,}2$; $d(13{,}14) = 4$; $d(14{,}15) = 2{,}7$; $d(15{,}16) = 1{,}5$; $d(16{,}17) = 0{,}6$; $d(17{,}18) = 0{,}3$; $d(0{,}18) = 6{,}46$.

Mädchen, Gewicht: $d(0{,}1) = 6{,}7$; $d(1{,}2) = 2{,}8$; $d(2{,}3) = 2{,}1$; $d(3{,}4) = 2$; $d(4{,}5) = 2$; $d(5{,}6) = 1{,}9$; $d(6{,}7) = 2{,}4$; $d(7{,}8) = 2{,}6$; $d(8{,}9) = 2{,}7$; $d(9{,}10) = 2{,}8$; $d(10{,}11) = 3{,}5$; $d(11{,}12) = 4{,}9$; $d(12{,}13) = 5{,}3$; $d(13{,}14) = 4{,}8$; $d(14{,}15) = 3{,}6$; $d(15{,}16) = 2{,}4$; $d(16{,}17) = 1{,}4$; $d(17{,}18) = 1$; $d(0{,}18) = 3{,}05$.

Jungen, Größe: $d(0{,}1) = 26$; $d(1{,}2) = 11{,}9$; $d(2{,}3) = 9$; $d(3{,}4) = 7{,}1$; $d(4{,}5) = 6{,}4$; $d(5{,}6) = 6{,}4$; $d(6{,}7) = 6$; $d(7{,}8) = 5{,}8$; $d(8{,}9) = 5{,}2$; $d(9{,}10) = 5$; $d(10{,}11) = 4{,}8$; $d(11{,}12) = 5$; $d(12{,}13) = 5{,}5$; $d(13{,}14) = 6{,}2$; $d(14{,}15) = 7{,}3$; $d(15{,}16) = 4{,}5$; $d(16{,}17) = 3$; $d(17{,}18) = 1{,}5$; $d(0{,}18) = 7{,}03$.

Jungen, Gewicht: $d(0{,}1) = 7$; $d(1{,}2) = 2{,}8$; $d(2{,}3) = 2{,}3$; $d(3{,}4) = 2$; $d(4{,}5) = 1{,}8$; $d(5{,}6) = 1{,}8$; $d(6{,}7) = 2{,}4$; $d(7{,}8) = 2{,}6$; $d(8{,}9) = 2{,}6$; $d(9{,}10) = 2{,}6$; $d(10{,}11) = 3{,}1$; $d(11{,}12) = 3{,}4$; $d(12{,}13) = 4{,}3$; $d(13{,}14) = 5{,}6$; $d(14{,}15) = 6{,}8$; $d(15{,}16) = 5{,}1$; $d(16{,}17) = 3{,}8$; $d(17{,}18) = 2{,}7$; $d(0{,}18) = 3{,}48$.

5. $v_0(\text{K} - \text{KD}) = 30$; $v_0(\text{KD} - \text{KM}) = 75$; $v_0(\text{KM} - \text{L}) = 90$; $v_0(\text{L} - \text{DB}) = 113{,}33$; $v_0(\text{DB} - \text{D}) = 100$; $v_0(\text{D} - \text{DU}) = 110{,}77$; $v_0(\text{DU} - \text{MH}) = 120$; $v_0(\text{MH} - \text{E}) = 100$; $v_0(\text{E} - \text{W}) = 100$; $v_0(\text{W} - \text{B}) = 90$; $v_0(\text{B} - \text{DO}) = 95$; $v_0(\text{K} - \text{DO}) = 83{,}45$ (bezogen auf km/h).

6. a) $f'(-1{,}4) = -16; f'(-1) = -12; f'(0) = -2; f'(0{,}5) = 3; f'(3) = 28.$
b) $f'(-1{,}4) = 14{,}04; f'(-1) = 3; f'(0) = -12; f'(0{,}5) = -12{,}75; f'(3) = 51.$
c) $f'(-1{,}4) = -6{,}76; f'(-1) = -1; f'(0) = 5; f'(0{,}5) = 3{,}5; f'(3) = -49.$
d) $f'(-1{,}4) = 13{,}024; f'(-1) = 16; f'(0) = 10; f'(0{,}5) = 5{,}5; f'(3) = 88.$
Tangentenfunktion t: $t(x) = f(x_0) + f'(x_0)\,(x - x_0)$

7. a) 1) $\bar{v} = D(2;6) = \dfrac{s(6) - s(2)}{6-2} = \dfrac{27{,}6 - 25{,}2}{4} = 0{,}6$

2) $\bar{v} = D(2;6) = \dfrac{s(6) - s(2)}{6-2} = \dfrac{9-1}{4} = 2$

3) $\bar{v} = D(1;5) = \dfrac{s(5) - s(1)}{5-1} = \dfrac{6{,}25 - 0{,}25}{4} = 1{,}5$

205

4) $\overline{v} = D(0;3) = \frac{s(3)-s(0)}{3-0} = \frac{10{,}5-0}{3} = 3{,}5$

b) 1) t_1: $v = \lim\limits_{h\to 0} d(h) = \lim\limits_{h\to 0} \frac{s(t_1+h)-s(t_1)}{h}$

$$= \lim_{h\to 0} \frac{\frac{3}{5}(2+h)+24-\left[\frac{3}{5}\cdot 2+24\right]}{h} = \lim_{h\to 0} \frac{\frac{3}{5}h}{h} = \frac{3}{5} = 0{,}6$$

t_2: $v = \lim\limits_{h\to 0} d(h) = \lim\limits_{h\to 0} \frac{s(t_2+h)-s(t_2)}{h}$

$$= \lim_{h\to 0} \frac{\frac{3}{5}(6+h)+24-\left[\frac{3}{5}\cdot 6+24\right]}{h} = \lim_{h\to 0} \frac{\frac{3}{5}h}{h} = \frac{3}{5} = 0{,}6$$

2) t_1: $v = \lim\limits_{h\to 0} d(h) = \lim\limits_{h\to 0} \frac{s(t_1+h)-s(t_1)}{h}$

$$= \lim_{h\to 0} \frac{\frac{(2+h)^2}{4}-\frac{2^2}{4}}{h} = \lim_{h\to 0} \frac{h\left(1+\frac{1}{4}h\right)}{h} = 1$$

t_2: $v = \lim\limits_{h\to 0} d(h) = \lim\limits_{h\to 0} \frac{s(t_2+h)-s(t_2)}{h}$

$$= \lim_{h\to 0} \frac{\frac{(6+h)^2}{4}-\frac{6^2}{4}}{h} = \lim_{h\to 0} \frac{h\left(3+\frac{1}{4}h\right)}{h} = 3$$

3) t_1: $v = \lim\limits_{h\to 0} d(h) = \lim\limits_{h\to 0} \frac{s(t_1+h)-s(t_1)}{h}$

$$= \lim_{h\to 0} \frac{\frac{(1+h)^2}{4}-\frac{1^2}{4}}{h} = \lim_{h\to 0} \frac{h\left(\frac{1}{2}+\frac{1}{4}h\right)}{h} = \frac{1}{2}$$

t_2: $v = \lim\limits_{h\to 0} d(h) = \lim\limits_{h\to 0} \frac{s(t_2+h)-s(t_2)}{h}$

$$= \lim_{h\to 0} \frac{\frac{(5+h)^2}{4}-\frac{5^2}{4}}{h} = \lim_{h\to 0} \frac{h\left(\frac{5}{2}+\frac{1}{4}h\right)}{h} = \frac{5}{2} = 2{,}5$$

4) t_1: $v = \lim\limits_{h\to 0} d(h) = \lim\limits_{h\to 0} \frac{s(t_1+h)-s(t_1)}{h}$

$$= \lim_{h\to 0} \frac{(0+h)^2+0{,}5\,(0+h)-0}{h} = \lim_{h\to 0} \frac{h\,(h+0{,}5)}{h} = 0{,}5$$

t_2: $v = \lim\limits_{h\to 0} d(h) = \lim\limits_{h\to 0} \frac{s(t_2+h)-s(t_2)}{h}$

$$= \lim_{h\to 0} \frac{(3+h)^2+0{,}5\,(3+h)-3^2-0{,}5\cdot 3}{h} = \lim_{h\to 0} \frac{h\,(h+6{,}5)}{h} = 6{,}5$$

c) 1) $v = \overline{v}\ \ \forall\, t \in \mathbb{D}(s)$

2) suche $t = T$, so dass $v(T) = \overline{v} = 2$

$$\Rightarrow\ 2 = \lim_{h\to 0} \frac{s(T+h)-s(T)}{h} = \lim_{h\to 0} \frac{\frac{(T+h)^2}{4}-\frac{T^2}{4}}{h}$$

$$= \lim_{h\to 0} \frac{h\left(\frac{T}{2}+h\right)}{h} = \frac{T}{2} \quad \Leftrightarrow \quad T = 4$$

3) suche $t = T$, so dass $v(T) = \bar{v} = 1{,}5$ 205

$$\Rightarrow 1{,}5 = \lim_{h\to 0}\frac{s(T+h)-s(T)}{h} = \lim_{h\to 0}\frac{\frac{(T+h)^2}{4}-\frac{T^2}{4}}{h} = \lim_{h\to 0}\frac{h\left(\frac{T}{2}+h\right)}{h} = \frac{T}{2} \quad\Leftrightarrow\quad T = 3$$

4) suche $t = T$, so dass $v(T) = \bar{v} = 3{,}5$

$$\Rightarrow 3{,}5 = \lim_{h\to 0}\frac{s(T+h)-s(T)}{h} = \lim_{h\to 0}\frac{(T+h)^2+0{,}5\,(T+h)-T^2-0{,}5\,T}{h}$$

$$= \lim_{h\to 0}\frac{h\,(2{,}5\,T+h)}{h} = 2{,}5\,T \quad\Rightarrow\quad T = \frac{7}{5} = 1{,}4$$

8. a) $s(1) = \frac{9{,}81}{2}\,\frac{\text{m}}{\text{s}_2}\cdot(1\,\text{s})^2 = 4{,}905\ \text{m};$

analog: $s(2) = 19{,}62\ \text{m}$ $\quad s(3) = 44{,}145\ \text{m}$

$s(4) = 78{,}48\ \text{m}$ $\quad s(5) = 122{,}625\ \text{m}$

b) $\bar{v}_{[1;\,2]} = D(1;\,2) = \frac{s(2)-s(1)}{1} = 14{,}715\,\frac{\text{m}}{\text{s}};$

analog: $\bar{v}_{[2;\,3]} = 24{,}525\,\frac{\text{m}}{\text{s}};\quad v_{[3;\,4]} = 34{,}335\,\frac{\text{m}}{\text{s}};$

$v_{[4;\,5]} = 44{,}145\,\frac{\text{m}}{\text{s}}$

c) $$v(1) = \lim_{h\to 0}\frac{s(1+h)-s(1)}{h} = \lim_{h\to 0}\frac{\frac{9{,}81\ \text{m}}{2\ \text{s}^2}(1\,s+h)^2-\frac{9{,}81}{2}\,\frac{\text{m}}{\text{s}}}{h}$$

$$= \lim_{h\to 0}\frac{h\,(9{,}81+h)}{h} = 9{,}81\,\frac{\text{m}}{\text{s}};$$

analog: $v(2) = 19{,}62\,\frac{\text{m}}{\text{s}};\quad v(3) = 29{,}43\,\frac{\text{m}}{\text{s}};$

$v(4) = 39{,}24\,\frac{\text{m}}{\text{s}};\quad v(5) = 49{,}05\,\frac{\text{m}}{\text{s}}$

6.2 Ableitungsfunktion und Differenzierbarkeit von Funktionen

1. a) $s'(5) = 25;\ s'(7) = 30.$ 213

b) $$\text{l-}\lim_{h\to 0} d(-h) = \lim_{h\to 0}\frac{2{,}5\,(6-h)^2-90}{-h}$$

► $h > 0$ $$= \lim_{h\to 0}\frac{-30\,h+2{,}5\,h^2}{-h} = 30$$

$$\text{r-}\lim_{h\to 0} d(h) = \lim_{h\to 0}\frac{30\,(6+h)-90-90}{h}$$

► $h > 0$ $$= \lim_{h\to 0}\frac{30\,h}{h} = 30$$

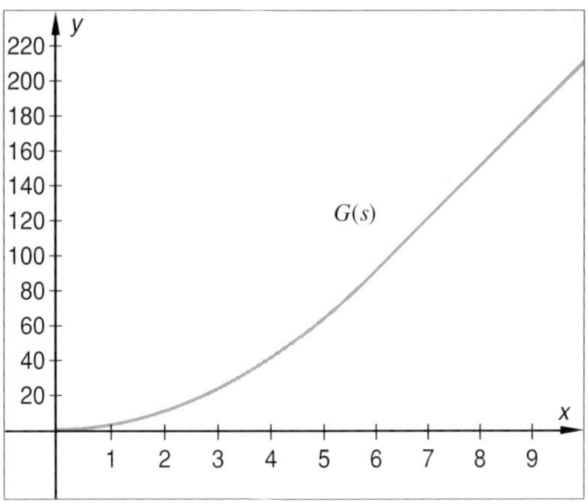

213 **2. a)** $\lim\limits_{h\to 0} d(h) = \lim\limits_{h\to 0} \dfrac{5(x_0+h)^2 - 2(x_0+h) + 3 - (5x_0^2 - 2x_0 + 3)}{h}$ ► $h \neq 0$

$= \lim\limits_{h\to 0} \dfrac{10x_0 h + 5h^2 - 2h}{h} = 10x_0 - 2;\ 10x_0 - 2 = 8 \Rightarrow x_0 = 1$

b) $\lim\limits_{h\to 0} d(h) = \lim\limits_{h\to 0} \dfrac{-3(x_0+h)^2 - 12(x_0+h) + 12 - (-3x_0^2 - 12x_0 + 12)}{h}$ ► $h \neq 0$

$= \lim\limits_{h\to 0} \dfrac{-6x_0 h - 3h^2 - 12h}{h} = -6x_0 - 12;\ -6x_0 - 12 = -6 \Rightarrow x_0 = -1$

c) $\lim\limits_{h\to 0} d(h) = \lim\limits_{h\to 0} \dfrac{-2(x_0+h)^3 + 5(x_0+h) - (-2x_0^3 + 5x_0)}{h}$ ► $h \neq 0$

$= \lim\limits_{h\to 0} \dfrac{-6x_0^2 h - 6x_0 h^2 - 2h^3 + 5h}{h} = -6x_0^2 + 5;\ -6x_0^2 + 5 = -1 \Rightarrow x_{01} = -1$ und $x_{02} = 1$

d) $\lim\limits_{h\to 0} d(h) = \lim\limits_{h\to 0} \dfrac{-5(x_0+h)^2 + 10(x_0+h) - (-5x_0^2 + 10x_0)}{h}$ ► $h \neq 0$

$= \lim\limits_{h\to 0} \dfrac{-10x_0 h - 5h^2 + 10h}{h} = -10x_0 + 10;\ -10x_0 + 10 = 30 \Rightarrow x_0 = -2$

3. a) $x^2 = 1 \Leftrightarrow x = -1$ oder $x = 1$

$Q\langle 1 \mid 1 \rangle$

b) $f_a'(x) = 2ax$

$\Rightarrow 2a = 4 \Leftrightarrow a = 2$

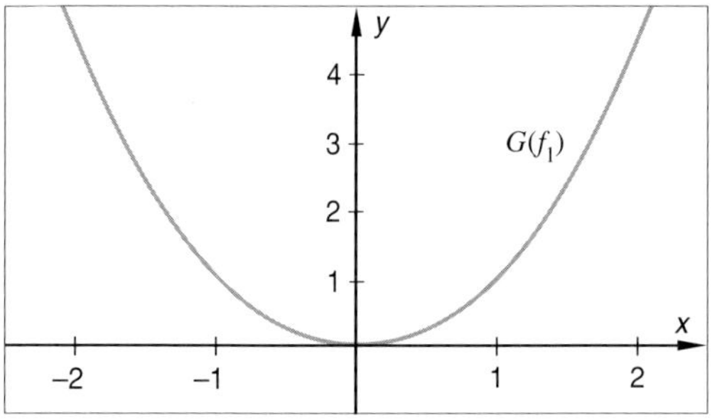

4. a) $\text{l-}\lim\limits_{x\to -2} f(x) = \lim\limits_{x\to -2} (x^2 - 4x + 1) = 13 = f(-2)$

$\text{r-}\lim\limits_{x\to -2} f(x) = \lim\limits_{x\to -2} (-8x - 3) = 13 = f(-2)$

f ist stetig bei -2.

b) $\text{l-}\lim\limits_{h\to 0} d(-h) = \lim\limits_{h\to 0} \dfrac{(-2-h)^2 - 4(-2-h) + 1 - 13}{-h}$

► $h > 0$ $\quad = \lim\limits_{h\to 0} \dfrac{4h + h^2 + 4h}{-h} = -8$

$\text{r-}\lim\limits_{h\to 0} d(h) = \lim\limits_{h\to 0} \dfrac{-8(-2+h) - 3 - 13}{h}$ ► $h > 0$

$= \lim\limits_{h\to 0} \dfrac{-8h}{h} = -8$; f ist differenzierbar bei -2.

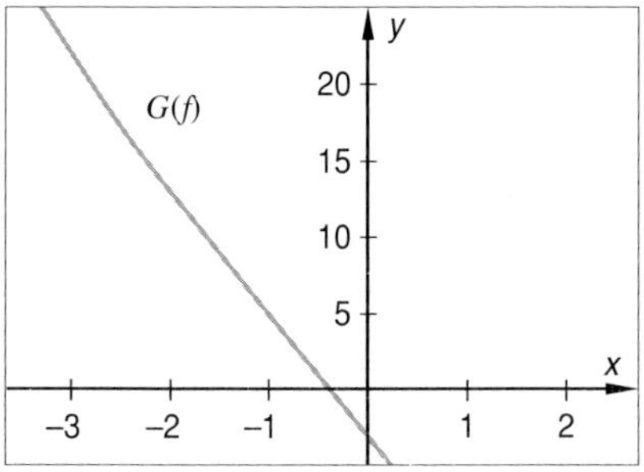

5. a) $\text{l-}\lim\limits_{x\to -2} f(x) = \lim\limits_{x\to -2} (x^2 - 4x + 1) = 13 = f(-2)$

$\text{r-}\lim\limits_{x\to -2} f(x) = \lim\limits_{x\to -2} (3x + 19) = 13 = f(-2)$

f ist stetig bei -2.

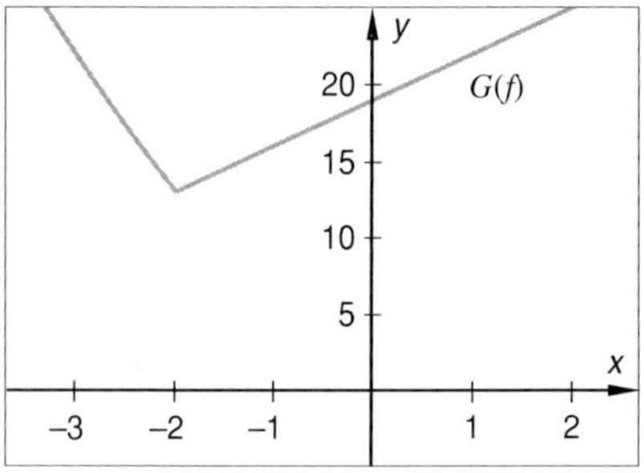

b) $\text{l-}\lim\limits_{h\to 0} d(-h) = \lim\limits_{h\to 0} \frac{(-2-h)^2 - 4(-2-h) + 1 - 13}{-h}$ ▶ $h>0$ $= \lim\limits_{h\to 0} \frac{4h + h^2 + 4h}{-h} = -8$

$\text{r-}\lim\limits_{h\to 0} d(h) = \lim\limits_{h\to 0} \frac{3(-2+h) + 19 - 13}{h}$ ▶ $h>0$ $= \lim\limits_{h\to 0} \frac{3h}{h} = 3$

f ist nicht differenzierbar bei -2.

6. a) $\text{l-}\lim\limits_{x\to -2} f(x) = \lim\limits_{x\to -2} (x^2 - 4x + 1) = 13 = f(-2)$

$\text{r-}\lim\limits_{x\to -2} f(x) = \lim\limits_{x\to -2} (3x+6) = 0$

$\Rightarrow f$ ist nicht stetig bei -2

b) f ist nicht differenzierbar bei -2, weil f dort nicht stetig ist.

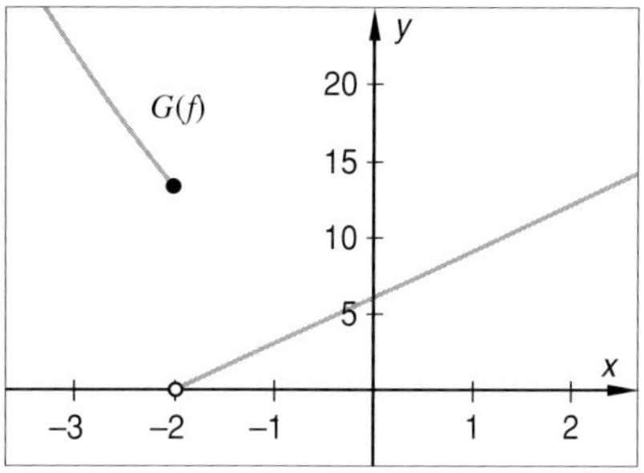

7. a) $\text{l-}\lim\limits_{x\to -3} f(x) = \lim\limits_{x\to -3} (-0{,}1x^3 - 4{,}7) = -2$

$\text{r-}\lim\limits_{x\to -3} f(x) = \lim\limits_{x\to -3} (0{,}1x^3 + 0{,}7) = -2$

und $f(-3) = -2 \Rightarrow f$ ist stetig bei -3.

b) $\text{l-}\lim\limits_{h\to 0} d(-h) = \lim\limits_{h\to 0} \frac{-0{,}1(-3-h)^3 - 4{,}7 + 2}{-h}$

▶ $h>0 = \lim\limits_{h\to 0} \frac{0{,}9h^2 + 2{,}7h + 0{,}1h^3}{-h} = -2{,}7$

$\text{r-}\lim\limits_{h\to 0} d(h) = \lim\limits_{h\to 0} \frac{0{,}1(-3+h)^3 + 0{,}7 + 2}{h}$

▶ $h>0 = \lim\limits_{h\to 0} \frac{-0{,}9h^2 + 2{,}7h + 0{,}1h^3}{h} = 2{,}7$

$\Rightarrow f$ ist nicht differenzierbar bei -3.

c)

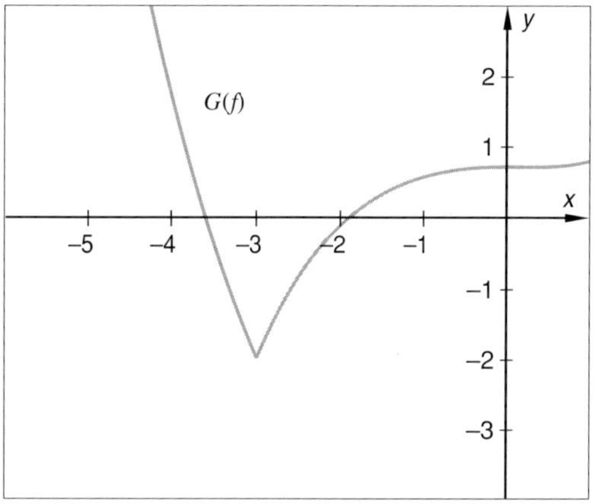

8. a) $\lim\limits_{x\to 3} f(x) = 1 = f(3)$; f ist stetig bei 3.

▶ $h>0$ $\text{l-}\lim\limits_{h\to 0} d(-h)$

$= \lim\limits_{h\to 0} \frac{-(3-h) + 4 - 1}{-h} = -1$

▶ $h>0$ $\text{r-}\lim\limits_{h\to 0} d(h)$

$= \lim\limits_{h\to 0} \frac{(3+h) - 2 - 1}{h} = 1$

$\Rightarrow f$ ist nicht differenzierbar bei 3.

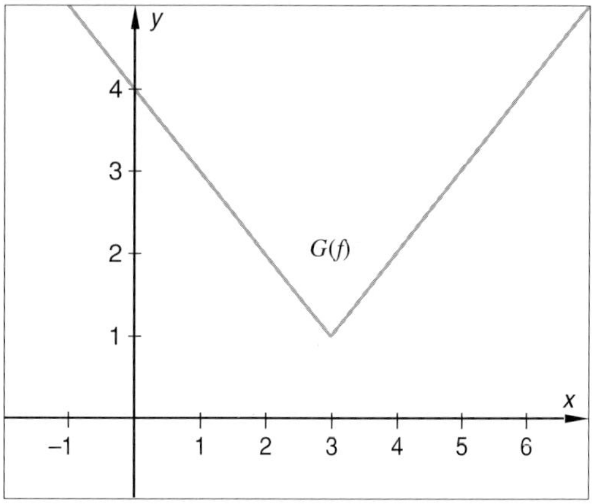

213

b) $\lim\limits_{x\to -0{,}5} f(x) = -2 = f(-0{,}5)$;
f ist stetig bei $-0{,}5$.
► $h > 0$ $\text{l-}\lim\limits_{h\to 0} d(-h)$

$$= \lim_{h\to 0} \frac{-2\,(-0{,}5-h)-3+2}{-h} = -2$$

► $h > 0$ $\text{r-}\lim\limits_{h\to 0} d(h)$

$$= \lim_{h\to 0} \frac{2\,(-0{,}5+h)-1+2}{h} = 2$$

$\Rightarrow f$ ist nicht differenzierbar bei $-0{,}5$.
$\lim\limits_{x\to 1} f(x) = 1 = f(1)$; f ist stetig bei 1.
► $h \neq 0$

$$\lim_{h\to 0} d(h) = \lim_{h\to 0} \frac{2\,(1+h)-1-1}{h} = 2$$

$\Rightarrow f$ ist differenzierbar bei 1.

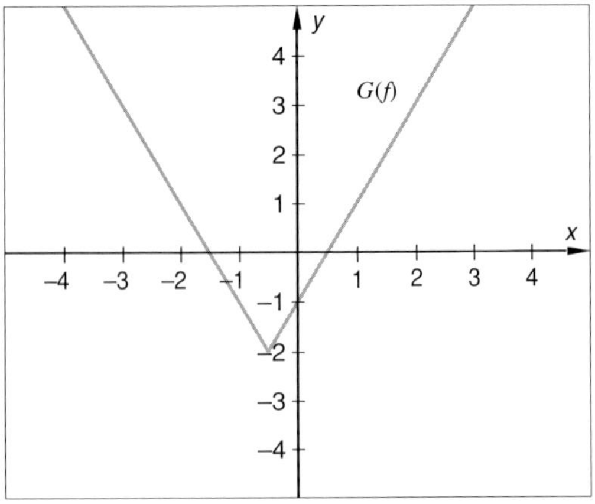

c) $\lim\limits_{x\to 0} f(x) = 0 = f(0)$; f ist stetig bei 0.
► $h > 0$ $\text{l-}\lim\limits_{h\to 0} d(-h)$

$$= \lim_{h\to 0} \frac{0-h+(0-h)}{-h} = 2$$

► $h > 0$ $\text{r-}\lim\limits_{h\to 0} d(h)$

$$= \lim_{h\to 0} \frac{0+h-(0+h)}{h} = 0$$

$\Rightarrow f$ ist nicht differenzierbar bei 0.

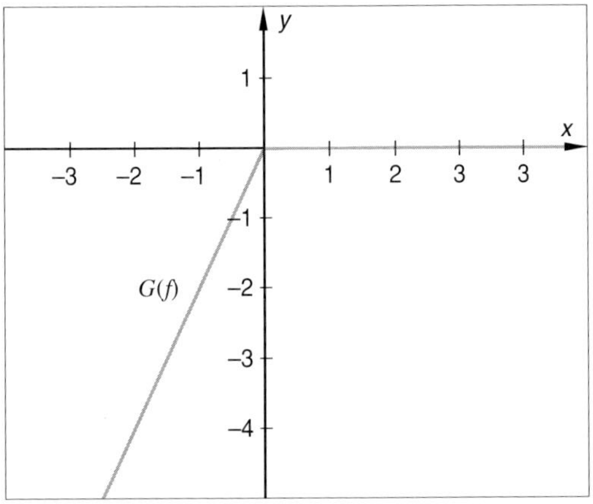

d) $x_0 = -1$ $\lim\limits_{x\to -1} f(x) = 0 = f(-1)$;
f ist stetig bei -1.
$\text{l-}\lim\limits_{h\to 0} d(-h)$ ► $h > 0$

$$= \lim_{h\to 0} \frac{(-1-h)^2-(-1-h)-2}{-h} = -3$$

$\text{r-}\lim\limits_{h\to 0} d(h)$ ► $h > 0$

$$= \lim_{h\to 0} \frac{-(-1+h)^2+(-1+h)+2}{h} = 3$$

$\Rightarrow f$ ist nicht differenzierbar bei -1.
$x_0 = 2$ $\lim\limits_{x\to 2} f(x) = 0 = f(2)$;
f ist stetig bei 2.
$\text{l-}\lim\limits_{h\to 0} d(-h)$ ► $h > 0$

$$= \lim_{h\to 0} \frac{-(2-h)^2+(2-h)+2}{-h} = -3$$

$\text{r-}\lim\limits_{h\to 0} d(h)$ ► $h > 0$

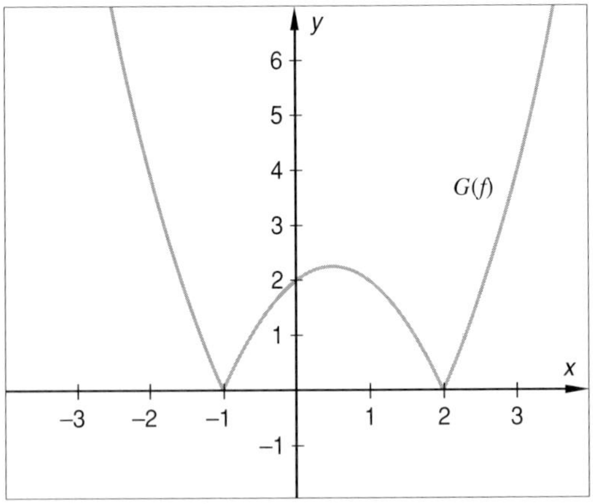

$$\lim_{h\to 0} \frac{(2+h)^2-(2+h)-2}{h} = 3$$

$\Rightarrow f$ ist nicht differenzierbar bei 2.

213

$x_0 = 3 \quad \lim\limits_{x \to 3} f(x) = 4 = f(x); f$ ist stetig bei 3.

$\lim\limits_{h \to 0} d(h) \quad \blacktriangleright\, h \neq 0 \quad = \lim\limits_{h \to 0} \frac{(3+h)^2 - (3+h) - 2 - 4}{h} = 5 \quad \Rightarrow f$ ist differenzierbar bei 3.

e) $x_0 = 1 \quad \lim\limits_{x \to 1} f(x) = 4 = f(1);$

f ist stetig bei 1.

$\lim\limits_{h \to 0} d(h) \quad \blacktriangleright\, h \neq 0$

$= \lim\limits_{h \to 0} \frac{2(1+h)^2 - 12(1+h) + 16 - 4}{h} = -8$

$\Rightarrow f$ ist differenzierbar bei 1.

$x_0 = 2 \quad \lim\limits_{x \to 2} f(x) = -2 = f(2);$

f ist stetig bei 2.

$\text{l-}\lim\limits_{h \to 0} d(-h) \quad \blacktriangleright\, h > 0$

$= \lim\limits_{h \to 0} \frac{2(2-h)^2 - 12(2-h) + 14 + 2}{-h} = -4$

$\text{r-}\lim\limits_{h \to 0} d(h) \quad \blacktriangleright\, h > 0$

$= \lim\limits_{h \to 0} \frac{-2(2+h)^2 + 12(2+h) - 18 + 2}{h} = 4$

$\Rightarrow f$ ist nicht differenzierbar bei 2.

$x_0 = 4 \quad \lim\limits_{x \to 4} f(x) = -2 = f(x);$

f ist stetig bei 4.

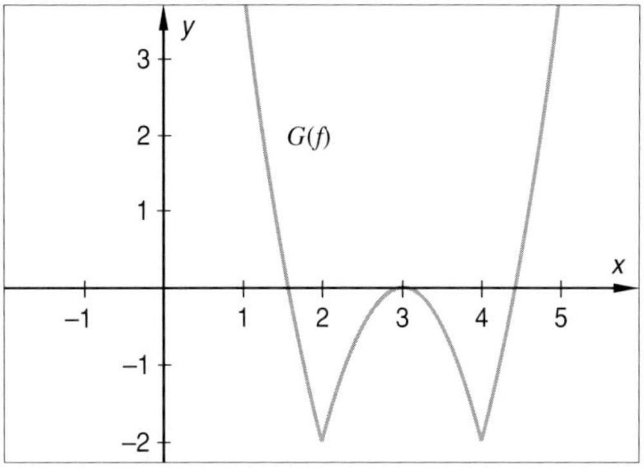

$\lim\limits_{h \to 0} d(-h) \quad \blacktriangleright\, h > 0$

$= \lim\limits_{h \to 0} \frac{-2(4-h)^2 + 12(4-h) - 18 + 2}{-h} = -4$

$\text{r-}\lim\limits_{h \to 0} d(h) \quad \blacktriangleright\, h > 0$

$= \lim\limits_{h \to 0} \frac{2(4+h)^2 - 12(4+h) + 14 + 2}{h} = 4$

$\Rightarrow f$ ist nicht differenzierbar bei 4.

9. a) f_a ist stetig für $a = \frac{1}{3}$ und differenzierbar für $a = \frac{1}{2}$.

b) f_a ist stetig für $a = -1$ und differenzierbar für $a = 2$.

c) f_a ist stetig und differenzierbar für $a = 4$. **d)** f_a ist stetig und differenzierbar für $a = 1$.

214

10. (Druckfehler im 1. Druck des Schülerbuches: in der vierten Teilfunktion fehlt ein Minuszeichen vor der Zahl 0,48. Dadurch wäre die Funktion nicht stetig.)

a)

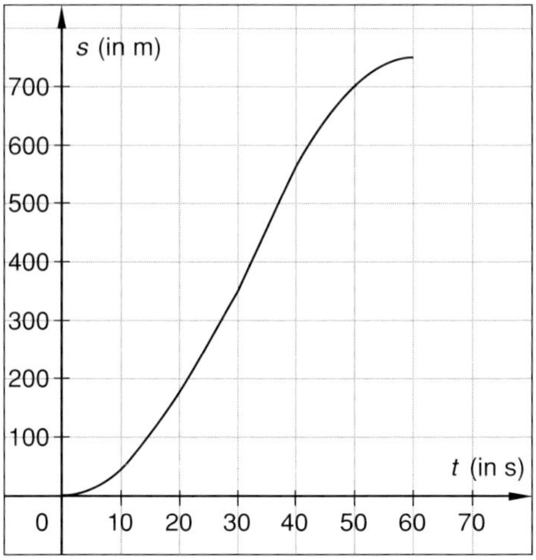

b) Im Innern der jeweiligen Definitonsbereiche sind die Teilfunktionen stetig. Die „Nahtstellen" müssen untersucht werden.

$t = 12: \text{l-}\lim\limits_{h \to 0} d(-h)$

$= \lim\limits_{h \to 0} \frac{0{,}5 \cdot (12-h)^2 - 0{,}5 \cdot 12^2}{h}$

$= \lim\limits_{h \to 0} \frac{h(12 - 0{,}5\,h)}{h} = 12;$

214

$$\text{r-}\lim_{h\to 0} d(+h) = \lim_{h\to 0} \frac{0{,}2\,(12+h+18)^2 - 108 - 0{,}2\,(12+18)^2 + 108}{h}$$
$$= \lim_{h\to 0} \frac{h\,(12+0{,}2\,h)}{h} = 12;$$

analog:
$t = 35 : \text{l-}\lim_{h\to 0} d(-h) = \text{r-}\lim_{h\to 0} d(+h) = 21{,}2;$

$t = 38 : \text{l-}\lim_{h\to 0} d(-h) = \text{r-}\lim_{h\to 0} d(+h) = 21{,}2.$

Da die Funktion an den „Nahtstellen“ differenzierbar ist, ist sie dort auch stetig.

11. a) $T(R) = \frac{T_0 - 39\text{ K}}{R_0} \cdot R + 39\text{ K}$

mit $T_0 = 288$ K gilt $T(R) = \frac{249\text{ K}}{R_0} R + 39\text{ K}$

b) mit $R_0 = 18\,\Omega$ gilt $T(R) = \frac{83\text{ K}}{6\Omega} R + 39\text{ K}$

$T(23{,}5\,\Omega) = 364{,}03$ K
$T(29\,\Omega) \quad = 440{,}17$ K

c) Sekantensteigung: $D\,(23{,}5\,\Omega;\ 23{,}7\,\Omega) = \frac{T(23{,}7\,\Omega) - T(23{,}5\,\Omega)}{0{,}2\,\Omega} = 13{,}83 \frac{\text{K}}{\Omega};$

analog: $D\,(28;\ 28{,}2) = 13{,}83 \frac{\text{K}}{\Omega}$

d) Da die Funktion linear ist, ist die Steigung konstant $m = \frac{83}{6} \frac{\text{K}}{\Omega}$.

12. a)

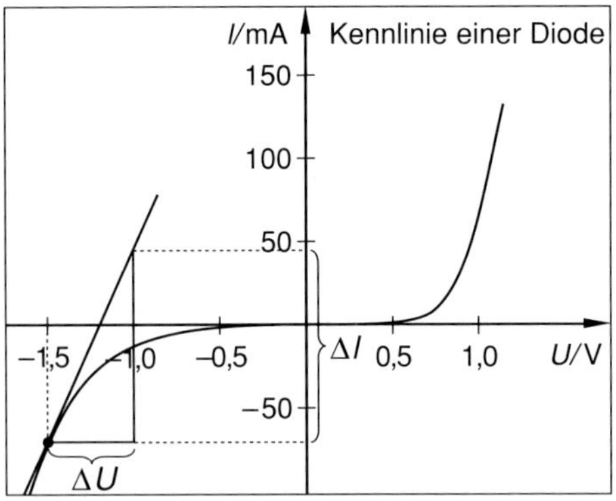

abgelesen: $\Delta U = 0{,}5$ V
$\Delta I \approx 113{,}\overline{3}$ mA
Dadurch ergibt sich die Tangentensteigung an der Stelle $U_0 = -1{,}5$ V:

$$f'(-1{,}5) = m = \frac{\Delta I}{\Delta U} \approx 226{,}\overline{6}\,\frac{\text{mA}}{\text{V}}$$

b)

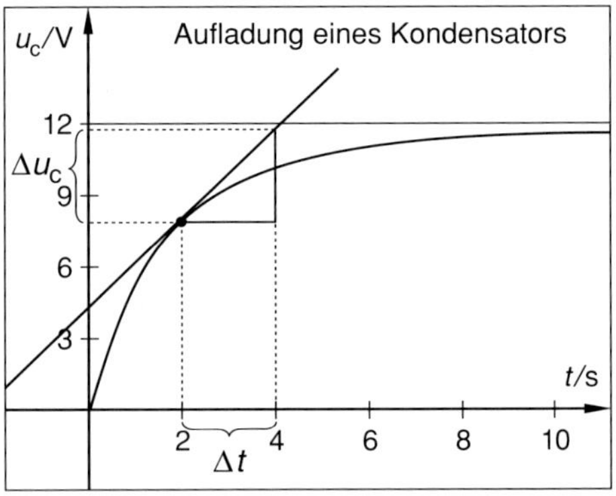

abgelesen: $\Delta t = 2$ s
$\Delta u_c \approx 3{,}69$ V
Dadurch ergibt sich die Tangentensteigung an der Stelle $t_0 = 2$ s:

$$f'(2) = m = \frac{\Delta u_c}{\Delta t} \approx 1{,}845\,\frac{\text{V}}{\text{s}}$$

Analog verfährt man an zwei weiteren Stellen.

7 Differentialrechnung

7.1 Ableitungsregeln und höhere Ableitungen

225

1. a) $f'''(x) = 3$
b) $f'''(x) = 36x$
c) $f'''(x) = 3$
d) $f'''(x) = m(m-1)(m-2)x^{m-3}$
e) $f'''(x) = -30x^2$
f) $f'''(x) = 3$
g) $f'''(x) = 18$
h) $f'''(x) = -12x^{-6}$
i) $f'''(x) = 105x^{-8}$
j) $f'''(x) = 30x^{-6}$
k) $f'''(x) = -630x^4$
l) $f'''(x) = 0$
m) $f'''(x) = am(m-1)(m-2)x^{m-3}$
n) $f'''(x) = 0{,}5\,bn(-n-1)(-n-2)x^{-n-3}$
o) $f'''(x) = -2 - 420x^{-8}$
p) $f'''(x) = -\frac{1}{3}cn(n-1)(n-2)x^{n-3}$

2. a) $f'(x) = 21x^6 - 1{,}5x^2$; $f''(x) = 126x^5 - 3x$; $f'''(x) = 630x^4 - 3$; $f^{(4)}(x) = 2520x^3$; $f^{(5)}(x) = 7560x^2$; $f^{(6)}(x) = 15120x$; $f^{(7)}(x) = 15120$.

b) $f'(x) = 2x^7 + 5x^9$; $f''(x) = 14x^6 + 45x^8$; $f'''(x) = 84x^5 + 360x^7$; $f^{(4)}(x) = 420x^4 + 2520x^6$; $f^{(5)}(x) = 1680x^3 + 15120x^5$; $f^{(6)}(x) = 5040x^2 + 75600x^4$; $f^{(7)}(x) = 10080x + 302400x^3$; $f^{(8)}(x) = 10080 + 907200x^2$; $f^{(9)}(x) = 1814400x$; $f^{(10)}(x) = 1814400$.

c) $f'(x) = x^7 - 120x^3$; $f''(x) = 7x^6 - 360x^2$; $f'''(x) = 42x^5 - 720x$; $f^{(4)}(x) = 210x^4 - 720$; $f^{(5)}(x) = 840x^3$; $f^{(6)}(x) = 2520x^2$; $f^{(7)}(x) = 5040x$; $f^{(8)}(x) = 5040$.

d) $f'(x) = 0{,}18x^5 + 0{,}02x^3 - 3$; $f''(x) = 0{,}9x^4 + 0{,}06x^2$; $f'''(x) = 3{,}6x^3 + 0{,}12x$; $f^{(4)}(x) = 10{,}8x + 0{,}12$; $f^{(5)}(x) = 21{,}6x$; $f^{(6)}(x) = 21{,}6$.

e) $f'(x) = 0{,}12ax^{11} - 4bx^7$; $f''(x) = 1{,}32ax^{10} - 28bx^6$; $f'''(x) = 13{,}2ax^9 - 168bx^5$; $f^{(4)}(x) = 118{,}8ax^8 - 840bx^4$; $f^{(5)}(x) = 950{,}4ax^7 - 3360bx^3$; $f^{(6)}(x) = 6652{,}8ax^6 - 10080bx^2$; $f^{(7)}(x) = 39916{,}8ax^5 - 20160bx$; $f^{(8)}(x) = 199584ax^4 - 20160b$; $f^{(9)}(x) = 798336ax^3$; $f^{(10)}(x) = 2395008ax^2$; $f^{(11)}(x) = 4790016ax$; $f^{(12)}(x) = 4790016a$.

f) $f'(x) = ax^3 + 2{,}5bx^4$; $f''(x) = 3ax^2 + 10bx^3$; $f'''(x) = 6ax + 30bx^2$; $f^{(4)}(x) = 6a + 60bx$; $f^{(5)}(x) = 60b$.

g) $f'(x) = 15ax^4 - 2bx^3$; $f''(x) = 60ax^3 - 6bx^2$; $f'''(x) = 180ax^2 - 12bx$; $f^{(4)}(x) = 360ax - 12b$; $f^{(5)}(x) = 360a$.

h) $f'(x) = ax^4 + 3bx^5$; $f''(x) = 4ax^3 + 15bx^4$; $f'''(x) = 12ax^2 + 60bx^3$; $f^{(4)}(x) = 24ax + 180bx^2$; $f^{(5)}(x) = 24a + 360bx$; $f^{(6)}(x) = 360b$.

i) $f'(x) = x^7 + 1{,}5x^5 - x^4 - 12x^2 - 6x + 12$; $f''(x) = 7x^6 + 7{,}5x^4 - 4x^3 - 24x - 6$; $f'''(x) = 42x^5 + 30x^3 - 12x^2 - 24$; $f^{(4)}(x) = 210x^4 + 90x^2 - 24x$; $f^{(5)}(x) = 840x^3 + 180x - 24$; $f^{(6)}(x) = 2520x^2 + 180$; $f^{(7)}(x) = 5040x$; $f^{(8)}(x) = 5040$.

3. a) $f'(2) = 6$
b) $f'(-1) = -2{,}5$
c) $f'(2) = 6$
d) $f'(3) = 31{,}5$
e) $f'(-2) = -11{,}90625$
f) $f'(2) = -328123$

4. a) $x_1 = -1$; $x_2 = 1$
b) $x_1 = -1$
c) $x_1 = 2$
d) $x_1 = -1$; $x_2 = 2$

225 **5. a)–d)** $f_1'(2) = f_2'(2) = f_3'(2) = f_4'(2) = 6$

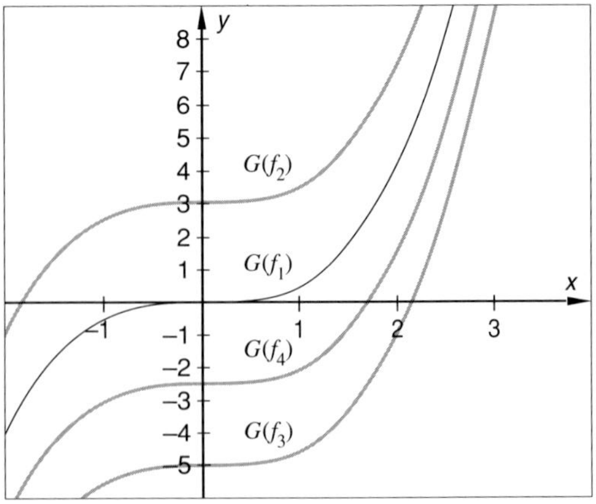

6. a) $f\colon f(x) = 2x;\ D(f) = \mathbb{R}.$

b) $f\colon f(x) = 0{,}5x;\ D(f) = \mathbb{R}.$

c) $f\colon f(x) = x^3;\ D(f) = \mathbb{R}.$

d) $f\colon f(x) = x^2 + x;\ D(f) = \mathbb{R}.$

e) $f\colon f(x) = \frac{1}{3}x^3 - \frac{1}{2}x^2;\ D(f) = \mathbb{R}.$

f) $f\colon f(x) = \frac{1}{16}x^4;\ D(f) = \mathbb{R}.$

7. $d(x_0) = \dfrac{x^5 - x_0^5}{x - x_0}$ Polynomdivision: $(x^5 - x_0^5) : (x - x_0) = x^4 + x^3 x_0 + x^2 x_0^2 + x x_0^3 + x_0^4$

$\Rightarrow \lim\limits_{x \to x_0} (x^4 + x^3 x_0 + x^2 x_0^2 + x x_0^3 + x_0^4) = 5x_0^4.$

8. a) $v(t) = 3\,\frac{\text{m}}{\text{s}};\ a(t) = 0\,\frac{\text{m}}{\text{s}^2}$

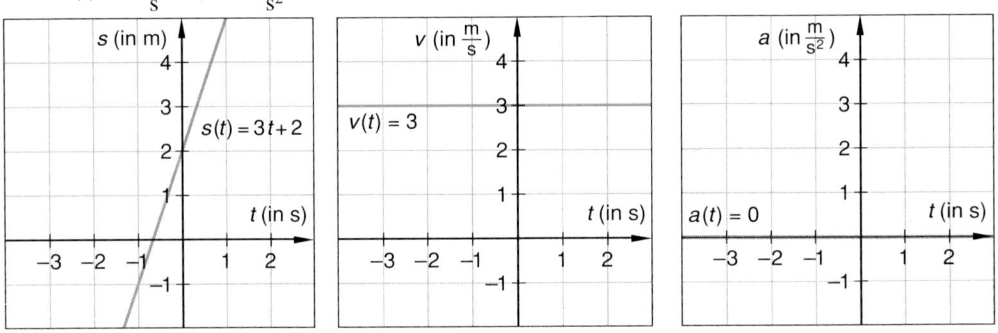

b) $v(t) = 8\,\frac{\text{m}}{\text{s}^2} \cdot t + 10\,\frac{\text{m}}{\text{s}};\ a(t) = 8\,\frac{\text{m}}{\text{s}^2}$

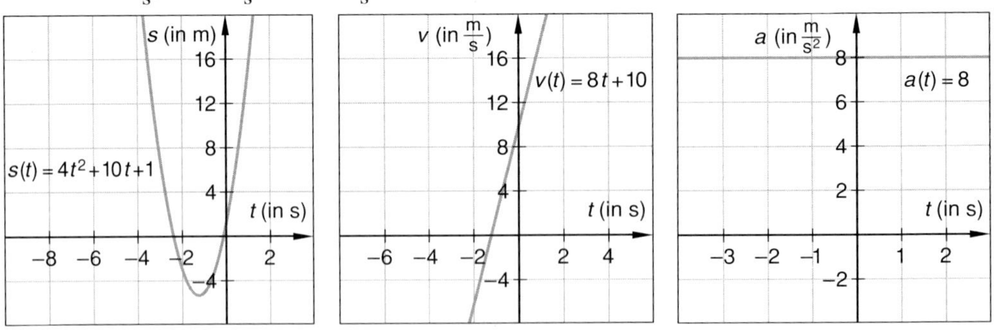

c) $v(t) = v_0 - g \cdot t$; $a(t) = -g$

9. a) 40 m; 40 m; 0 m **b)** $10\,\frac{\text{m}}{\text{sec}}$; $10\,\frac{\text{m}}{\text{sec}}$; $-30\,\frac{\text{m}}{\text{sec}}$

c) $0\,\frac{\text{m}}{\text{sec}}$; 45 m

226

10. $i\,(t=5) = 8$ V;
zeitliche Änderung der Stromstärke $\dot{i}\,(t) = \ddot{q}\,(t) = 2$

11. a) Für $s\,(t) = 20$ m ist $t \approx 2{,}02$ s $\Rightarrow v\,(t) = \dot{s}\,(t) = g \cdot t \approx 19{,}81\,\frac{\text{m}}{\text{s}}$;

für $s\,(t) = 40$ m ist $t \approx 2{,}86$ s $\Rightarrow v\,(t) = \dot{s}\,(t) = g \cdot t \approx 28{,}06\,\frac{\text{m}}{\text{s}}$

b) Für $v\,(t) = 50\,\frac{\text{km}}{\text{h}} \approx 13{,}89\,\frac{\text{m}}{\text{s}}$ ist $t \approx 1{,}42$ s $\Rightarrow s\,(t) = 19{,}66$ m

12. $v\,(t_1) = \dot{s}\,(t_1) = g \cdot t_1 + v_0$

13. $v\,(t=4) = \dot{s}\,(4) = 21\,\frac{\text{m}}{\text{s}}$; $a\,(t=4) = \dot{v}\,(4) = 12\,\frac{\text{m}}{\text{s}^2}$

14. a) Die Geschwindigkeit $v\,(t) = 0$ bei $t_1 = 1$ s und $t_2 = 3$ s
$\Rightarrow s\,(t_1) = 16$ m; $s\,(t_2) = 8$ m; $a\,(t_1) = -12\,\frac{\text{m}}{\text{s}^2}$; $a\,(t_2) = 12\,\frac{\text{m}}{\text{s}^2}$

b) Die Beschleunigung $a\,(t) = 0$ bei $t = 2$ s $\Rightarrow s\,(2) = 12$ m; $v\,(2) = -6\,\frac{\text{m}}{\text{s}}$

c) s wächst für $t < 1$ s und $t > 3$ s, da dort $\dot{s}\,(t) = v\,(t) > 0$

d) v wächst für $t > 2$ s, da dort $\dot{v}\,(t) = a\,(t) > 0$, mit linearem $a\,(t)$ und $a\,(2) = 0$

e) bei $t = 1$ s und $t = 3$ s, da dort $v\,(t) = 0$.

15. a) Bestimmung der Nullstellen der nach oben geöffneten Parabel von $v\,(t)$:
$v\,(t) = 0$ für $t_1 = 2$ s und $t_2 = 4$ s.
$\Rightarrow s$ wächst für $t < 2$ s und $t > 4$ s, da dort $\dot{s}\,(t) = v\,(t) > 0$;
s fällt für $2\text{ s} < t < 4$ s, da dort $\dot{s}\,(t) = v\,(t) < 0$.

b) Bestimmung der Nullstellen der linearen Beschleunigung $a\,(t)$:
$a\,(t) = 0$ für $t = 3\,s$.
$\Rightarrow v$ wächst für $t > 3$ s, da dort $\dot{v}\,(t) = a\,(t) > 0$;
v fällt für $t < 3$ s, da dort $\dot{v}\,(t) = a\,(t) < 0$.

c) Vom Startpunkt ist er nach 5 s nur 10 m entfernt, hat aber auf Grund des zwischenzeitlichen Rückwärtsfahrens bereits 14 m zurückgelegt. Da $s\,(t)$ einen Hochpunkt bei $t = 2$ s hat, mit $s\,(t) = 10$ m, muss die Streckendifferenz bis zum Tiefpunkt von $s\,(t)$, bei $t = 4$ s mit $s\,(t) = 8$ m 2-fach dazuaddiert werden.

16. Nach $t = 10$ s: $\varphi\,(t) = -8$ m; $\omega\,(t) = \dot{\varphi}\,(t) = 0{,}6\,\frac{\text{m}}{\text{s}}$; $\alpha\,(t) = \dot{\omega}\,(t) = 0{,}04\,\frac{\text{m}}{\text{s}^2}$

226

17. $y' = -k\left(1 - \frac{9x^2}{64} + \frac{x^3}{64}\right)$ für $a = 8$ m

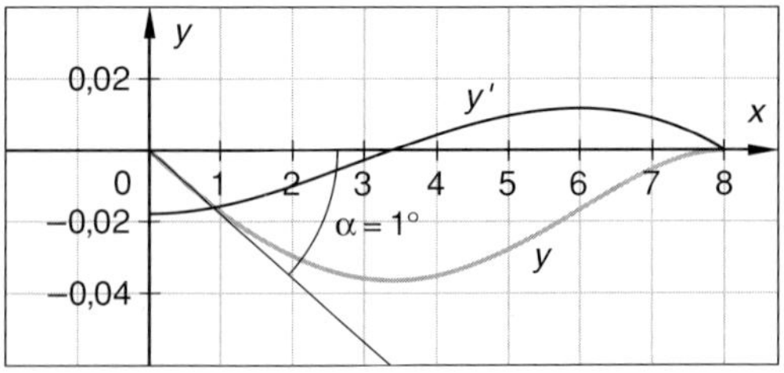

a) Der Träger hängt am weitesten durch, wenn die Steigung der Kurve $y'(x_T) = 0$ ist, also $x_T^3 - 9x_T^2 + 64 = 0$. Die Stelle $x = 8$ m (feste Einspannung) ist eine Lösung der Gleichung. Durch Polynomdivision erhält man weitere Lösungen:
$(x^3 - 9x^2 + 64) : (x - 8) = x^2 - x - 8$, also $(x_T - 8)(x_T^2 - x_T - 8) = 0$.
Durch Bestimmung der Nullstellen des Restpolynoms ergibt sich $x_{T_1} = \frac{\sqrt{33}}{2} + \frac{1}{2}$ und $x_{T_2} = -\frac{\sqrt{33}}{2} + \frac{1}{2}$, wobei $x_{T_2} \notin D$. Also ist $x_{T_1} \approx 3{,}372$ m der gesuchte Tiefpunkt.

b) $k = -y'(0) = \tan(1°) \approx 0{,}017455$.

7.2 Eigenschaften von ganzrationalen Funktionen

247

1. a) $f'(x) = 3$; $G(f)$ besitzt keinen Punkt mit waagerechter Tangente.
$M_1 = (-\infty; \infty)$: $f'(0) = 3$
$\Rightarrow f$ ist in M_1 streng monoton steigend.

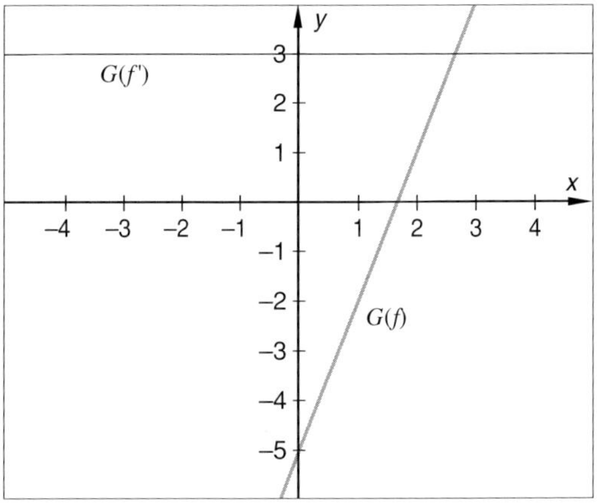

b) $f'(x) = -0{,}5$; $G(f)$ besitzt keinen Punkt mit waagrechter Tangente.
$M_1 = (-\infty; \infty)$: $f'(0) = -0{,}5$
$\Rightarrow f$ ist in M_1 streng monoton fallend.

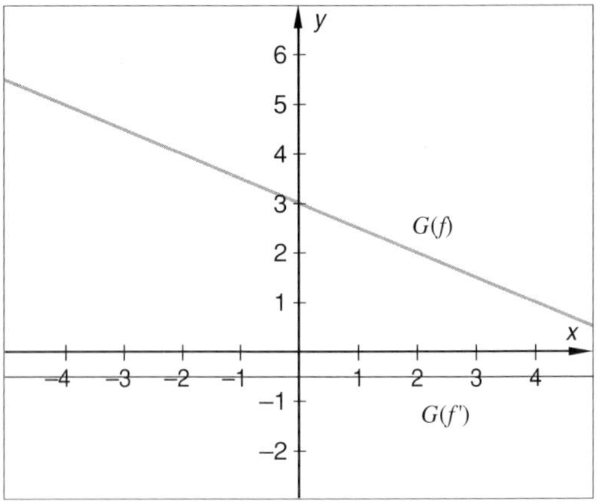

c) $f'(x) = x;\ x_E = 0;$
$M_1 = (-\infty;\ 0){:}\ f'(-1) = -1$
$\Rightarrow f$ ist in M_1 streng monoton fallend.
$M_2 = (0;\ \infty){:}\ f'(1) = 1$
$\Rightarrow f$ ist in M_2 streng monoton steigend.

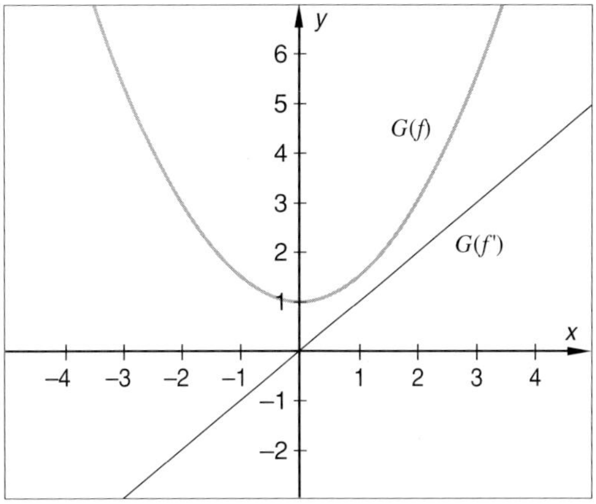

d) $f'(x) = x + 1;\ x_E = -1;$
$M_1 = (-\infty;\ -1){:}\ f'(-2) = -1$
$\Rightarrow f$ ist in M_1 streng monoton fallend.
$M_2 = (-1;\ \infty){:}\ f'(0) = 1$
$\Rightarrow f$ ist in M_2 streng monoton steigend.

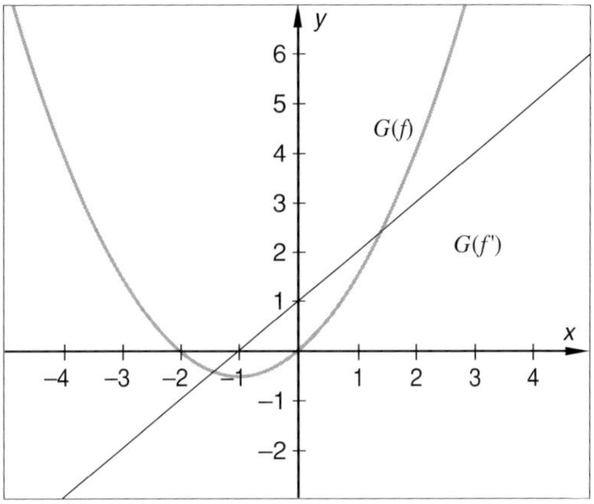

e) $f'(x) = -x;\ x_E = 0;$
$M_1 = (-\infty;\ 0){:}\ f'(-1) = 1$
$\Rightarrow f$ ist in M_1 streng monoton steigend.
$M_2 = (0;\ \infty){:}\ f'(1) = -1$
$\Rightarrow f$ ist in M_2 streng monoton fallend.

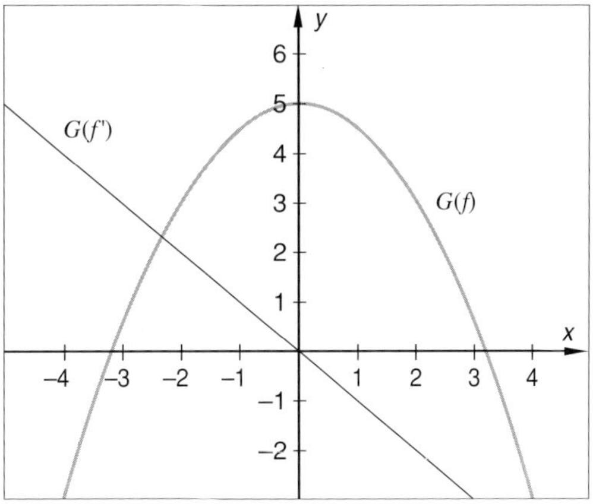

247

f) $f'(x) = 8x - 10$; $x_E = 1{,}25$;
$M_1 = (-\infty;\ 1{,}25)$: $f'(0) = -10$
$\Rightarrow f$ ist in M_1 streng monoton fallend.
$M_2 = (1{,}25;\ \infty)$: $f'(2) = 6$
$\Rightarrow f$ ist in M_2 streng monoton steigend.

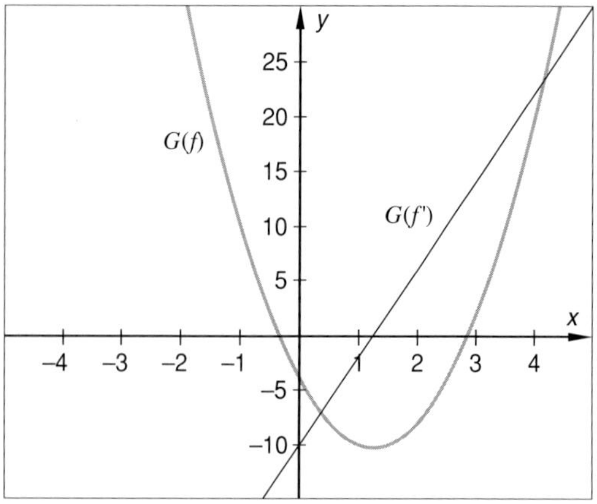

g) $f'(x) = 0{,}25x^2 + 2$; $G(f)$ besitzt keinen Punkt mit waagrechter Tangente.
$M_1 = (-\infty;\ \infty)$: $f'(0) = 2$
$\Rightarrow f$ ist in M_1 streng monoton steigend.

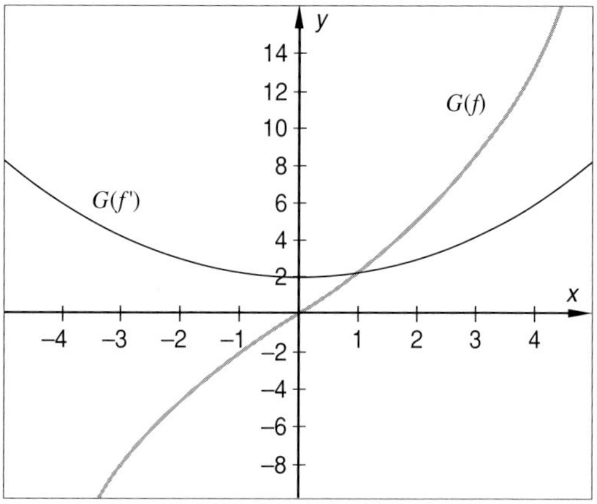

h) $f'(x) = 3x^2 - 3x - 6$;
$x_{E_1} = -1$; $x_{E_2} = 2$;
$M_1 = (-\infty;\ -1)$: $f'(-2) = 12$
$\Rightarrow f$ ist in M_1 streng monoton steigend.
$M_2 = (-1;\ 2)$: $f'(0) = -6$
$\Rightarrow f$ ist in M_2 streng monoton fallend.
$M_3 = (2;\ \infty)$: $f'(3) = 12$
$\Rightarrow f$ ist in M_3 streng monoton steigend.

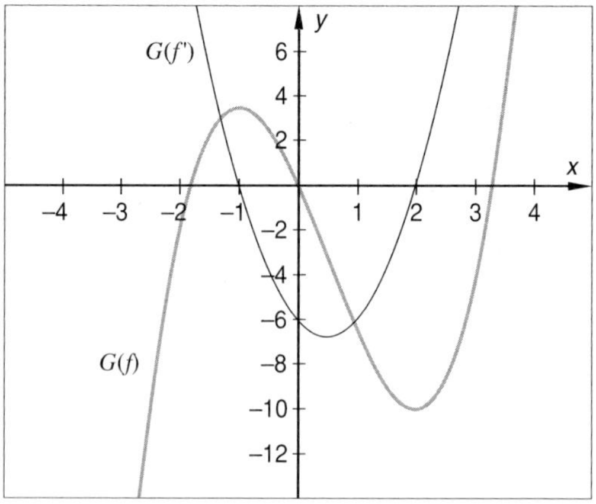

i) $f'(x) = x^3 + x^2 - 4x - 4$; 247
$x_{E_1} = -2$; $x_{E_2} = -1$; $x_{E_3} = 2$;
$M_1 = (-\infty; -2)$: $f'(-3) = -10$
$\Rightarrow f$ ist in M_1 streng monoton fallend.
$M_2 = (-2; -1)$: $f'(-1{,}5) = 0{,}875$
$\Rightarrow f$ ist in M_2 streng monoton steigend.
$M_3 = (-1; 2)$: $f'(0) = -4$
$\Rightarrow f$ ist in M_3 streng monoton fallend.
$M_4 = (2; \infty)$: $f'(3) = 20$
$\Rightarrow f$ ist in M_4 streng monoton steigend.

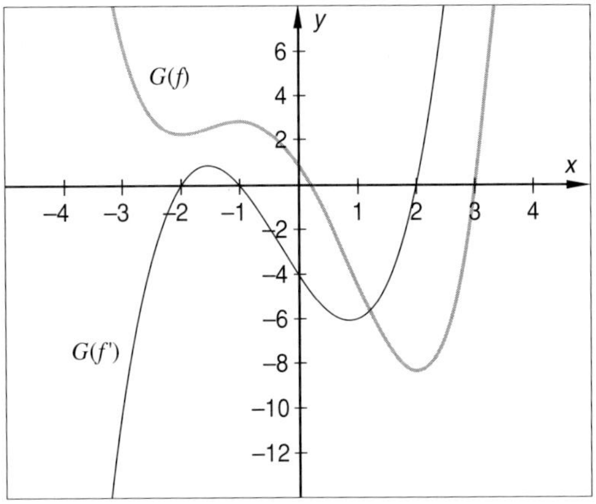

2. a) $E_1\langle 1 \mid 8\rangle$; $E_2\langle 3 \mid 0\rangle$
b) $E_1\langle -1 \mid 2{,}8\rangle$; $E_2\langle 1 \mid -2{,}8\rangle$
c) $E_1\langle 2 \mid 0{,}67\rangle$; $E_2\langle 0 \mid 1\rangle$
d) $E_1\langle 0 \mid -6\rangle$; $E_2\langle -4{,}24 \mid -35{,}82\rangle$; $E_3\langle 0{,}24 \mid -6{,}02\rangle$

3. a) $f'(x) = 2x$; $x_E = 0$; $M_1 = (-\infty; 0)$: $f'(-1) = -2$ $\Rightarrow f$ ist in M_1 streng monoton fallend.
$M_2 = (0; \infty)$: $f'(1) = 2$ $\Rightarrow f$ ist in M_2 streng monoton steigend.

b) $f'(x) = 3x^2$; $x_E = 0$; $M_1 = (-\infty; 0)$: $f'(-1) = 3$ $\Rightarrow f$ ist in M_1 streng monoton steigend.
$M_2 = (0; \infty)$: $f'(1) = 3$ $\Rightarrow f$ ist in M_2 streng monoton steigend.

c) $f'(x) = 3x^2 - 12$; $x_{E_1} = -2$; $x_{E_2} = 2$;
$M_1 = (-\infty; -2)$: $f'(-3) = 15$ $\Rightarrow f$ ist in M_1 streng monoton steigend.
$M_2 = (-2; 2)$: $f'(0) = -12$ $\Rightarrow f$ ist in M_2 streng monoton fallend.
$M_3 = (2; \infty)$: $f'(3) = 15$ $\Rightarrow f$ ist in M_3 streng monoton steigend.

d) $f'(x) = -3x^2 + 6x$; $x_{E_1} = 0$; $x_{E_2} = 2$;
$M_1 = (-\infty; 0)$: $f'(-1) = -9$ $\Rightarrow f$ ist in M_1 streng monoton fallend.
$M_2 = (0; 2)$: $f'(1) = 3$ $\Rightarrow f$ ist in M_2 streng monoton steigend.
$M_3 = (2; \infty)$: $f'(3) = -9$ $\Rightarrow f$ ist in M_3 streng monoton fallend.

e) $f'(x) = x^2 - 4x - 5$; $x_{E_1} = -1$; $x_{E_2} = 5$;
$M_1 = (-\infty; -1)$: $f'(-2) = 7$ $\Rightarrow f$ ist in M_1 streng monoton steigend.
$M_2 = (-1; 5)$: $f'(0) = -5$ $\Rightarrow f$ ist in M_2 streng monoton fallend.
$M_3 = (5; \infty)$: $f'(6) = 7$ $\Rightarrow f$ ist in M_3 streng monoton steigend.

f) $f'(x) = x^3 - x^2$; $x_{E_1} = 0$; $x_{E_2} = 1$;
$M_1 = (-\infty; 0)$: $f'(-1) = -2$ $\Rightarrow f$ ist in M_1 streng monoton fallend.
$M_2 = (0; 1)$: $f'(0{,}5) = -0{,}125$ $\Rightarrow f$ ist in M_2 streng monoton fallend.
$M_3 = (1; \infty)$: $f'(2) = 4$ $\Rightarrow f$ ist in M_3 streng monoton steigend.

4. a) $T\langle 0 \mid -1\rangle$; $t(x) = -1$
b) $H\langle 1 \mid 0{,}5\rangle$; $t(x) = 0{,}5$
c) $T\langle -1{,}5 \mid -2{,}25\rangle$; $t(x) = -2{,}25$
d) $T\langle 2 \mid 1\rangle$; $t(x) = 1$
e) $T_1\langle -2 \mid -16\rangle$; $t_1(x) = -16$; $H\langle 0 \mid 0\rangle$; $t_2(x) = 0$; $T_2\langle 2 \mid -16\rangle$; $t_3(x) = -16$
f) $H\langle -3 \mid 6{,}75\rangle$; $t(x) = 6{,}75$
g) $H\langle -2 \mid 7{,}33\rangle$; $t_1(x) = 7{,}33$; $H\langle 3 \mid -13{,}5\rangle$; $t_2(x) = -13{,}5$
h) $T\langle -2 \mid -5{,}33\rangle$; $t_1(x) = -5{,}33$; $H\langle 2 \mid 5{,}33\rangle$; $t_2(x) = 5{,}33$
i) keine Extrempunkte

247 **5. a)** $f''(x) = -2$; f besitzt keine Wendestelle.

$K_1 = (-\infty; \infty)$: $f''(0) = -2$ $\Rightarrow f$ ist in K_1 rechtsgekrümmt.

b) $f''(x) = 4$; f besitzt keine Wendestelle.

$K_1 = (-\infty; \infty)$: $f''(0) = 4$ $\Rightarrow f$ ist in K_1 linksgekrümmt.

c) $f''(x) = -6x$; $x_W = 0$

$K_1 = (-\infty; 0)$: $f''(-1) = 6$ $\Rightarrow f$ ist in K_1 linksgekrümmt.

$K_2 = (0; \infty)$: $f''(1) = -6$ $\Rightarrow f$ ist in K_2 rechtsgekrümmt.

d) $f''(x) = 0{,}5x^2 - 3x$; $x_{W_1} = 0$; $x_{W_2} = 6$

$K_1 = (-\infty; 0)$: $f''(-1) = 3{,}5$ $\Rightarrow f$ ist in K_1 linksgekrümmt.

$K_2 = (0; 6)$: $f''(1) = -2{,}5$ $\Rightarrow f$ ist in K_2 rechtsgekrümmt.

$K_3 = (6; \infty)$: $f''(7) = 3{,}5$ $\Rightarrow f$ ist in K_3 linksgekrümmt.

e) $f''(x) = -x^2 + 4$; $x_{W_1} = -2$; $x_{W_2} = 2$

$K_1 = (-\infty; -2)$: $f''(-3) = -5 \Rightarrow f$ ist in K_1 rechtsgekrümmt.

$K_2 = (-2; 2)$: $f''(0) = 4$ $\Rightarrow f$ ist in K_2 linksgekrümmt.

$K_3 = (2; \infty)$: $f''(3) = -5$ $\Rightarrow f$ ist in K_3 rechtsgekrümmt.

f) $f''(x) = 3x$; $x_W = 0$

$K_1 = (-\infty; 0)$: $f''(-1) = -3$ $\Rightarrow f$ ist in K_1 rechtsgekrümmt.

$K_2 = (0; \infty)$: $f''(1) = 3$ $\Rightarrow f$ ist in K_2 linksgekrümmt.

g) $f''(x) = x - 1$; $x_W = 1$

$K_1 = (-\infty; 1)$: $f''(0) = -1$ $\Rightarrow f$ ist in K_1 rechtsgekrümmt.

$K_2 = (1; \infty)$: $f''(2) = 1$ $\Rightarrow f$ ist in K_2 linksgekrümmt.

h) $f''(x) = x^2 + 3x - 4$; $x_{W_1} = -4$; $x_{W_2} = 1$

$K_1 = (-\infty; -4)$: $f''(-5) = 6$ $\Rightarrow f$ ist in K_1 linksgekrümmt.

$K_2 = (-4; 1)$: $f''(0) = -4$ $\Rightarrow f$ ist in K_2 rechtsgekrümmt.

$K_3 = (1; \infty)$: $f''(2) = 6$ $\Rightarrow f$ ist in K_3 linksgekrümmt.

i) $f''(x) = x^3$; $f^{(5)}(x) = 6$; $x_W = 0$

$K_1 = (-\infty; 0)$: $f''(-1) = -1$ $\Rightarrow f$ ist in K_1 rechtsgekrümmt.

$K_2 = (0; \infty)$: $f''(1) = 1$ $\Rightarrow f$ ist in K_2 linksgekrümmt.

6. a) $f''(x) = 2x$; $W\langle 0 \mid -1 \rangle$; $t(x) = -1$

b) $f''(x) = 2x - 2$; $W\langle 1 \mid -0{,}67 \rangle$; $t(x) = -x + \frac{1}{3}$

c) $f''(x) = 2x^2 - 2x$; $W_S\langle 0 \mid 0 \rangle$; $t_1(x) = 0$; $W\langle 1 \mid -0{,}17 \rangle$; $t_2(x) = -\frac{1}{3}x + \frac{1}{6}$

d) $f''(x) = x^2 - 1$; $W_1\langle -1 \mid -0{,}42 \rangle$; $t_1(x) = \frac{2}{3}x + \frac{1}{4}$; $W_2\langle 1 \mid -0{,}42 \rangle$; $t_2(x) = -\frac{2}{3}x + \frac{1}{4}$

e) $f''(x) = -x^3 + 1$; $W\langle 1 \mid 0{,}45 \rangle$; $t(x) = 0{,}75x - 0{,}3$

f) $f''(x) = x^3 - x$; $W_1\langle -1 \mid 0{,}12 \rangle$; $t_1(x) = -0{,}25x - 0{,}13$; $W_S\langle 0 \mid 0 \rangle$; $t_2(x) = 0$;
$W_2\langle 1 \mid -0{,}12 \rangle$; $t_3(x) = -0{,}25x + 0{,}13$

g) $f''(x) = 6x - 12$; $W\langle 2 \mid 46 \rangle$; $t(x) = 3x + 40$

h) $f''(x) = 3x - 8$; $W\langle 2{,}67 \mid 2{,}37 \rangle$; $t(x) = -\frac{8}{3}x + \frac{256}{27}$

i) $f''(x) = x^2 - x - 6$; $W_1\langle -2 \mid -11{,}33 \rangle$; $t_1(x) = \frac{25}{3}x + \frac{16}{3}$; $W_2\langle 3 \mid -21{,}75 \rangle$;
$t_2(x) = -12{,}5x + 15{,}75$

j) $f''(x) = x^3 + x$; $W\langle 0 \mid 0 \rangle$; $t(x) = 2x$

7. a) $H\langle 1{,}33 \mid 2{,}37 \rangle$; $T\langle 4 \mid 0 \rangle$; $W\langle 2{,}67 \mid 1{,}19 \rangle$

b) $H\langle 1 \mid 4 \rangle$; $T\langle 3 \mid 0 \rangle$; $W\langle 2 \mid 2 \rangle$ **c)** $W_S\langle 1 \mid 0 \rangle$

d) $T_1\langle -0{,}85 \mid -48{,}58 \rangle$; $H\langle 2{,}35 \mid 0{,}64 \rangle$; $T_2\langle 3 \mid 0 \rangle$; $W_1\langle 0{,}31 \mid -28{,}25 \rangle$; $W_2\langle 2{,}69 \mid 0{,}31 \rangle$

e) $T_1\langle -2 \mid 1{,}33\rangle$; $H\langle -1 \mid 1{,}92\rangle$; $T_2\langle 2 \mid -9{,}33\rangle$; $W_1\langle -1{,}54 \mid 1{,}61\rangle$; $W_2\langle 0{,}87 \mid -4{,}62\rangle$ 247

f) $H_1\langle -1 \mid 0\rangle$; $T\langle 0{,}5 \mid -5{,}06\rangle$; $H_2\langle 2 \mid 0\rangle$; $W_1\langle -0{,}37 \mid -2{,}25\rangle$; $W_2\langle 1{,}37 \mid -2{,}25\rangle$

g) $H\langle 4{,}5 \mid 9{,}09\rangle$; $W_S\langle 0 \mid 1{,}5\rangle$; $W\langle 3 \mid 6\rangle$

h) $T\langle -2 \mid -3\rangle$; $T\langle 2 \mid 3\rangle$; $W\langle 0 \mid 0\rangle$

i) $T_1\langle 0 \mid 0\rangle$; $H\langle 2 \mid 1\rangle$; $T_2\langle 4 \mid 0\rangle$; $W_1\langle 0{,}85 \mid 0{,}44\rangle$; $W_2\langle 3{,}15 \mid 0{,}44\rangle$

j) $H_1\langle -2{,}45 \mid 13{,}5\rangle$; $T\langle 0 \mid 0\rangle$; $H_2\langle 2{,}45 \mid 13{,}5\rangle$; $W_1\langle -1{,}41 \mid 7{,}5\rangle$; $W_2\langle 1{,}41 \mid 7{,}5\rangle$

k) $T\langle 0{,}75 \mid -0{,}11\rangle$; $W_S\langle 0 \mid 0\rangle$; $W\langle 0{,}5 \mid -0{,}06\rangle$

l) $H\langle -1{,}2 \mid 1{,}24\rangle$; $T\langle 0 \mid 0\rangle$; $W\langle -0{,}9 \mid 0{,}79\rangle$

m) $H\langle -3 \mid 33{,}4\rangle$; $T\langle 3 \mid -31{,}4\rangle$; $W_1\langle -2{,}12 \mid 21{,}05\rangle$; $W_S\langle 0 \mid 1\rangle$; $W_2\langle 2{,}12 \mid -19{,}05\rangle$

n) $H\langle 2{,}71 \mid 13{,}08\rangle$; $W_S\langle 0 \mid 0\rangle$; $W\langle 1{,}76 \mid 7{,}58\rangle$

o) $H\langle 0 \mid 0\rangle$ **p)** $T\langle 0 \mid 0\rangle$ **q)** $W_S\langle 0 \mid 0\rangle$

8. $f(x) = x^3 - 4x^2 + 4x = x(x-2)^2$; $x_0 = 2$; $f'(x) = 3x^2 - 8x + 4 = (3x-2)(x-2)$; $x_E = 2$ 248

9. a) $H\langle 0 \mid -1\rangle$; $T\langle 2 \mid -3{,}67\rangle$ **b)** $P\left\langle 1 \,\middle|\, -\frac{7}{3}\right\rangle$ **c)** $P_1\left\langle -1 \,\middle|\, -\frac{11}{3}\right\rangle$; $P_2\langle 3 \mid -1\rangle$

10. $W_1\langle -1 \mid 0{,}75\rangle$; $t_1(x) = -\frac{7}{6}x + \frac{5}{12}$; $W_2\langle 2 \mid 4\rangle$; $t_2(x) = \frac{10}{3}x - \frac{8}{3}$; $S\langle 0{,}5 \mid -1\rangle$

11. $f_a'(x) = 3x^2 - 24a$; $f_a'(-2) = f_a'(2) = 12 - 24a \Rightarrow a = 0{,}5$

12. $f_a''(x) = 12x^2 - 2a$; $f_a''(-1) = f_a''(1) = 12 - 2a \Rightarrow a = 6$

13. $f_a'(x) = x^2 - ax + 9 \Rightarrow |a| > 6$: 2 lokale Extremstellen: $x_{E_1,E_2} = 0{,}5a \pm \sqrt{0{,}25a^2 - 9}$;
$|a| = 6$: 1 lokale Extremstelle: $x_E = 3$ für $a = 6$ und $x_E = -3$ für $a = -6$;
$|a| < 6$: keine lokale Extremstelle.

14. $f_a''(x) = 12x^2 - 6a \Rightarrow a > 0$: 2 Wendestellen: $x_{w_1,w_2} = \pm\sqrt{0{,}5a}$;
$a = 0$: 1 Wendestelle: $x_w = 0$; $a < 0$: keine Wendestelle.

7.3 Kurvendiskussion

1. a) keine Symmetrie; 256

$\lim_{x \to -\infty} f(x) = -\infty$; $\lim_{x \to \infty} f(x) = \infty$

$x_{01} = 0$; $x_{02} = 4$ (doppelt);

$H\langle 1{,}33 \mid 4{,}74\rangle$; $T\langle 4 \mid 0\rangle$;

$W\langle 2{,}67 \mid 2{,}37\rangle$;

$M_1 = (-\infty; 1{,}33)$: $f'(0) = 8$

$\Rightarrow f$ ist in M_1 streng monoton steigend.

$M_2 = (1{,}33; 4)$: $f'(2) = -2$

$\Rightarrow f$ ist in M_2 streng monoton fallend.

$M_3 = (4; \infty)$: $f'(5) = 5{,}5$

$\Rightarrow f$ ist in M_3 streng monoton steigend.

$K_1 = (-\infty; 2{,}67)$: $f''(0) = -8$

$\Rightarrow G(f)$ ist in K_1 rechtsgekrümmt.

$K_2 = (2{,}67; \infty)$: $f''(3) = 1$

$\Rightarrow G(f)$ ist in K_2 linksgekrümmt.

$f(x) = 0{,}5x^3 - 4x^2 + 8x$

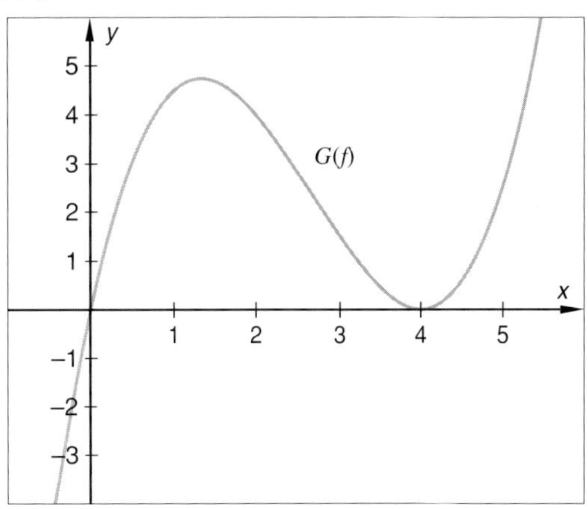

256

b) keine Symmetrie;
$\lim\limits_{x \to -\infty} f(x) = -\infty$; $\lim\limits_{x \to \infty} f(x) = \infty$
$x_{01} = -1$; $x_{02} = 0$; $x_{03} = 3$;
H⟨− 0,54 | 0,88⟩;
T⟨1,87 | −6,06⟩; W⟨0,67 | −2,59⟩;
$M_1 = (-\infty;\ -0{,}54)$: $f'(-1) = 4$
$\Rightarrow f$ ist in M_1 streng monoton steigend.
$M_2 = (-0{,}54;\ 1{,}87)$: $f'(0) = -3$
$\Rightarrow f$ ist in M_2 streng monoton fallend.
$M_3 = (1{,}87;\ \infty)$: $f'(2) = 1$
$\Rightarrow f$ ist in M_3 streng monoton steigend.
$K_1 = (-\infty;\ 0{,}67)$: $f''(0) = -4$
$\Rightarrow G(f)$ ist in K_1 rechtsgekrümmt.
$K_2 = (0{,}67;\ \infty)$: $f''(1) = 2$
$\Rightarrow G(f)$ ist in K_2 linksgekrümmt.

$f(x) = x^3 - 2x - 3x$

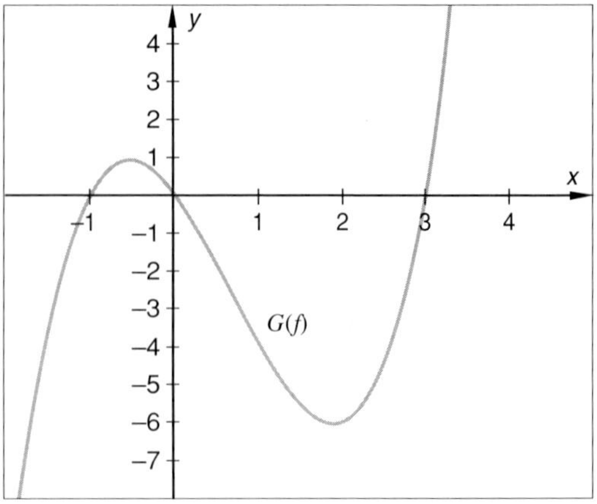

c) keine Symmetrie;
$\lim\limits_{x \to -\infty} f(x) = -\infty$; $\lim\limits_{x \to \infty} f(x) = \infty$
$x_{01} = -4$; $x_{02} = 0$ (doppelt);
H⟨− 2,67 | 2,37⟩; T⟨0 | 0⟩
W⟨−1,33 | 1,19⟩;
$M_1 = (-\infty;\ -2{,}67)$: $f'(-3) = 0{,}75$
$\Rightarrow f$ ist in M_1 streng monoton steigend.
$M_2 = (-2{,}67;\ 0)$: $f'(-1) = -1{,}25$
$\Rightarrow f$ ist in M_2 streng monoton fallend.
$M_3 = (0;\ \infty)$: $f'(1) = 2{,}75$
$\Rightarrow f$ ist in M_3 streng monoton steigend.
$K_1 = (-\infty;\ -1{,}33)$: $f''(-2) = -1$
$\Rightarrow G(f)$ ist in K_1 rechtsgekrümmt.
$K_2 = (-1{,}33;\ \infty)$: $f''(0) = 2$
$\Rightarrow G(f)$ ist in K_2 linksgekrümmt.

$f(x) = 0{,}25x^3 + x^2$

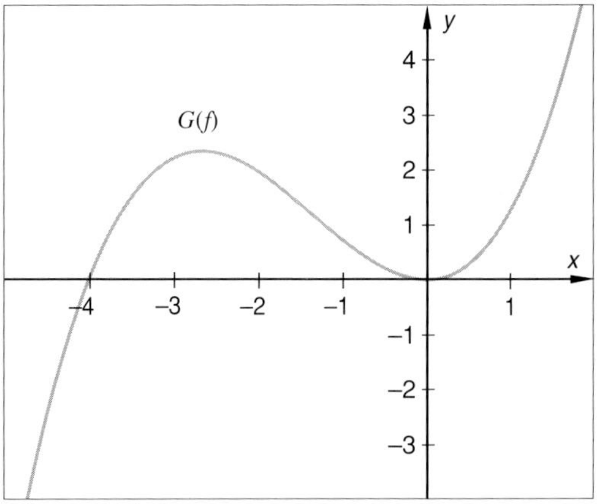

d) keine Symmetrie;
$\lim\limits_{x \to -\infty} f(x) = -\infty$; $\lim\limits_{x \to \infty} f(x) = \infty$
$x_0 = 2$ (dreifach); keine Extrempunkte;
W_S⟨2 | 0⟩;
$M = (-\infty;\ \infty)$: $f'(0) = 12$
$\Rightarrow f$ ist in M streng monoton steigend.
$K_1 = (-\infty;\ 2)$: $f''(1) = -6$
$\Rightarrow G(f)$ ist in K_1 rechtsgekrümmt.
$K_2 = (2;\ \infty)$: $f''(3) = 6$
$\Rightarrow G(f)$ ist in K_2 linksgekrümmt.

$f(x) = x^3 - 6x^2 + 12x - 8$

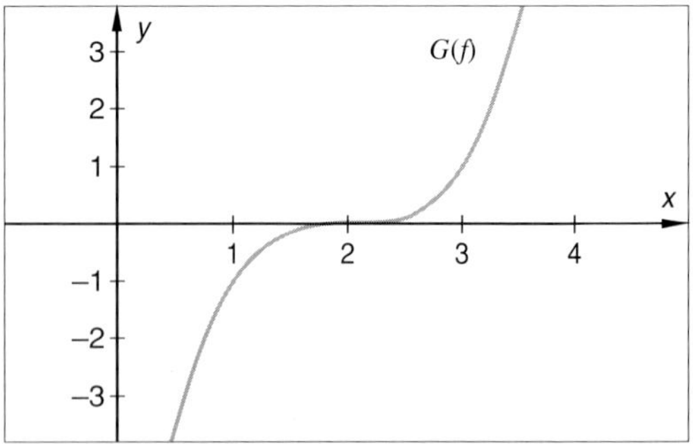

256

e) keine Symmetrie;
$\lim_{x \to -\infty} f(x) = \infty$; $\lim_{x \to \infty} f(x) = -\infty$
$x_{01} = -3$; $x_{02} = -2$; $x_{03} = 3$;
$T\langle -2{,}52 \mid -0{,}46\rangle$; $H\langle 1{,}19 \mid 8{,}06\rangle$
$W\langle -0{,}67 \mid 3{,}8\rangle$;
$M_1 = (-\infty;\ -2{,}52)$: $f'(-3) = -2$
$\Rightarrow f$ ist in M_1 streng monoton fallend.
$M_2 = (-2{,}52;\ 1{,}19)$: $f'(0) = 3$
$\Rightarrow f$ ist in M_2 streng monoton steigend.
$M_3 = (1{,}19;\ \infty)$: $f'(3) = -10$
$\Rightarrow f$ ist in M_3 streng monoton fallend.
$K_1 = (-\infty;\ -0{,}67)$: $f''(-1) = 0{,}67$
$\Rightarrow G(f)$ ist in K_1 linksgekrümmt.
$K_2 = (-0{,}67;\ \infty)$: $f''(0) = -1{,}33$
$\Rightarrow G(f)$ ist in K_2 rechtsgekrümmt.

$f(x) = -\frac{1}{3}x^3 - \frac{2}{3}x^2 + 3x + 6$

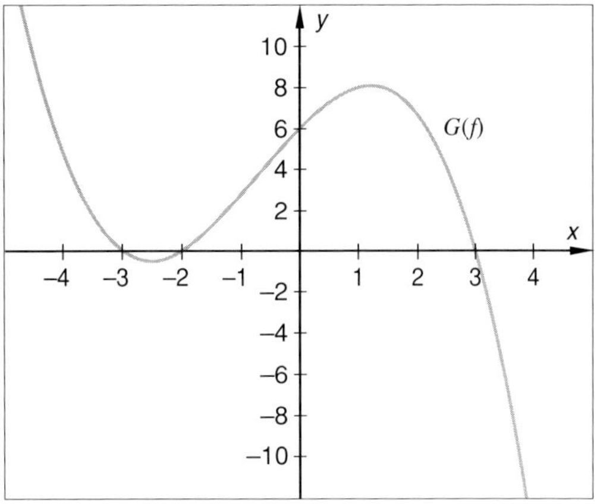

f) keine Symmetrie;
$\lim_{x \to -\infty} f(x) = -\infty$; $\lim_{x \to \infty} f(x) = \infty$
$x_{01} = -2$; $x_{02} = 4$ (doppelt);
$H\langle 0 \mid 6\rangle$; $T\langle 4 \mid 0\rangle$; $W\langle 2 \mid 3\rangle$;
$M_1 = (-\infty;\ 0)$: $f'(-1) = 2{,}81$
$\Rightarrow f$ ist in M_1 streng monoton steigend.
$M_2 = (0;\ 4)$: $f'(1) = -1{,}69$
$\Rightarrow f$ ist in M_2 streng monoton fallend.
$M_3 = (4;\ \infty)$: $f'(5) = 2{,}81$
$\Rightarrow f$ ist in M_3 streng monoton steigend.
$K_1 = (-\infty;\ 2)$: $f''(0) = -2{,}25$
$\Rightarrow G(f)$ ist in K_1 rechtsgekrümmt.
$K_2 = (2;\ \infty)$: $f''(4) = 2{,}25$
$\Rightarrow G(f)$ ist in K_2 linksgekrümmt.

$f(x) = \frac{3}{16}x^3 - \frac{9}{8}x^2 + 6$

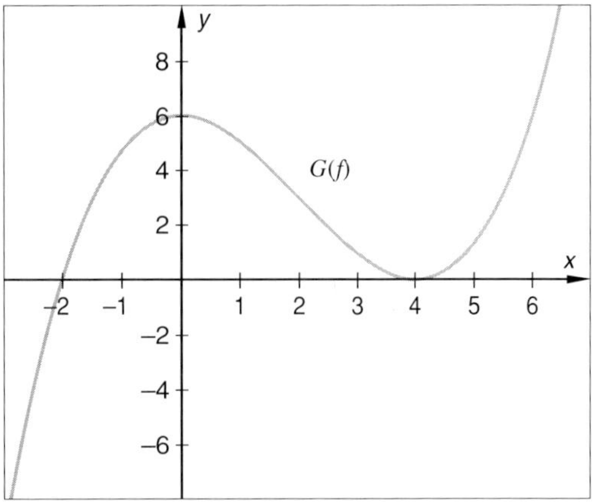

g) keine Symmetrie;
$\lim_{x \to -\infty} f(x) = -\infty$; $\lim_{x \to \infty} f(x) = \infty$
$x_{01} = -5$; $x_{02} = -1$; $x_{03} = 3$;
$H\langle -3{,}31 \mid 4{,}93\rangle$; $T\langle 1{,}31 \mid -4{,}93\rangle$;
$W\langle -1 \mid 0\rangle$;
$M_1 = (-\infty;\ -3{,}31)$: $f'(-4) = 2{,}2$
$\Rightarrow f$ ist in M_1 streng monoton steigend.
$M_2 = (-3{,}31;\ 1{,}31)$: $f'(0) = -2{,}6$
$\Rightarrow f$ ist in M_2 streng monoton fallend.
$M_3 = (1{,}31;\ \infty)$: $f'(2) = 2{,}2$
$\Rightarrow f$ ist in M_3 streng monoton steigend.
$K_1 = (-\infty;\ -1)$: $f''(-2) = -1{,}2$
$\Rightarrow G(f)$ ist in K_1 rechtsgekrümmt.
$K_2 = (-1;\ \infty)$: $f''(0) = 1{,}2$
$\Rightarrow G(f)$ ist in K_2 linksgekrümmt.

$f(x) = 0{,}2x^3 + 0{,}6x^2 - 2{,}6x - 3$

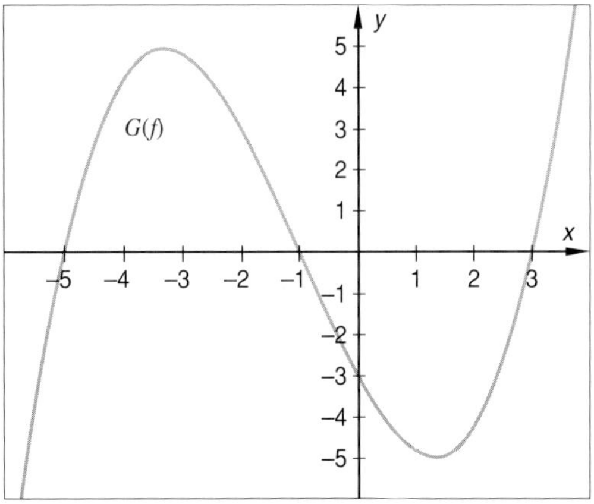

256

h) keine Symmetrie;
$\lim_{x\to-\infty} f(x) = \infty$; $\lim_{x\to\infty} f(x) = -\infty$
$x_{01} = -1$ (doppel); $x_{02} = 5$;
T⟨−1 | 0⟩; H⟨3 | 6,4⟩; W⟨1 | 3,2⟩;
$M_1 = (-\infty; -1)$: $f'(-2) = -3$
$\Rightarrow f$ ist in M_1 streng monoton fallend.
$M_2 = (-1; 3)$: $f'(0) = 1{,}8$
$\Rightarrow f$ ist in M_2 streng monoton steigend.
$M_3 = (3; \infty)$: $f'(4) = -3$
$\Rightarrow f$ ist in M_3 streng monoton fallend.
$K_1 = (-\infty; 1)$: $f''(0) = 1{,}2$
$\Rightarrow G(f)$ ist in K_1 linksgekrümmt.
$K_2 = (1; \infty)$: $f''(2) = -1{,}2 \Rightarrow G(f)$ ist in K_2 rechtsgekrümmt.

$f(x) = -0{,}2x^3 + 0{,}6x^2 + 1{,}8x + 1$

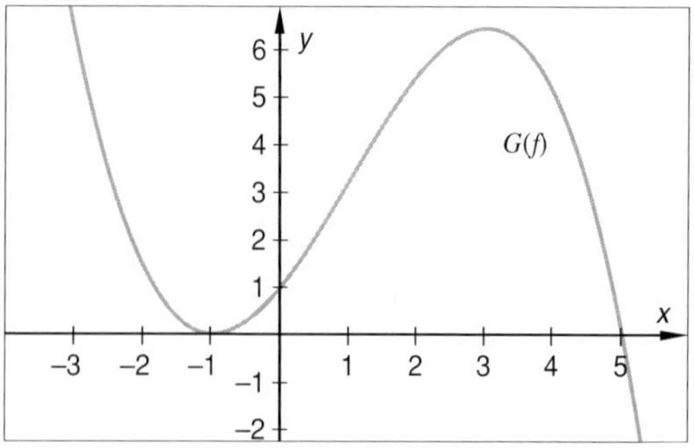

i) keine Symmetrie;
$\lim_{x\to-\infty} f(x) = -\infty$; $\lim_{x\to\infty} f(x) = \infty$
$x_{01} = 2$; $x_{02} = 5$ (doppelt);
H⟨3 | 0,8⟩; T⟨5 | 0⟩; W⟨4 | 0,4⟩;
$M_1 = (-\infty; 3)$: $f'(0) = 9$
$\Rightarrow f$ ist in M_1 streng monoton steigend.
$M_2 = (3; 5)$: $f'(4) = -0{,}6$
$\Rightarrow f$ ist in M_2 streng monoton fallend.
$M_3 = (5; \infty)$: $f'(6) = 1{,}8$
$\Rightarrow f$ ist in M_3 streng monoton steigend.
$K_1 = (-\infty; 4)$: $f''(0) = -4{,}8$
$\Rightarrow G(f)$ ist in K_1 rechtsgekrümmt.
$K_2 = (4; \infty)$: $f''(5) = 1{,}2$
$\Rightarrow G(f)$ ist in K_2 linksgekrümmt.

$f(x) = 0{,}2x^3 - 2{,}4x^2 + 9x - 10$

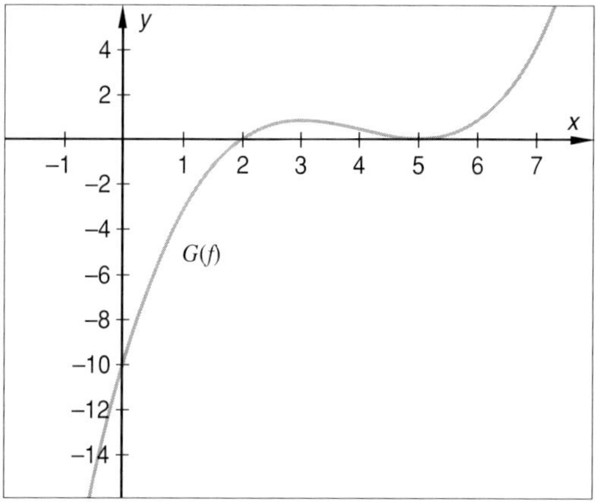

j) keine Symmetrie;
$\lim_{x\to-\infty} f(x) = -\infty$; $\lim_{x\to\infty} f(x) = -\infty$
$x_{01} = 0$ (dreifach); $x_{02} = 2$;
H⟨1,5 | 1,69⟩; W_S⟨0 | 0⟩; W⟨1 | 1⟩;
$M_1 = (-\infty; 1{,}5)$: $f'(1) = 2$
$\Rightarrow f$ ist in M_1 streng monoton steigend.
$M_2 = (1{,}5; \infty)$: $f'(2) = -8$
$\Rightarrow f$ ist in M_2 streng monoton fallend.
$K_1 = (-\infty; 0)$: $f''(-1) = -24$
$\Rightarrow G(f)$ ist in K_1 rechtsgekrümmt.
$K_2 = (0; 1)$: $f''(0{,}5) = 3$
$\Rightarrow G(f)$ ist in K_2 linksgekrümmt.
$K_3 = (1; \infty)$: $f''(2) = -24$
$\Rightarrow G(f)$ ist in K_3 rechtsgekrümmt.

$f(x) = -x^4 + 2x^3$

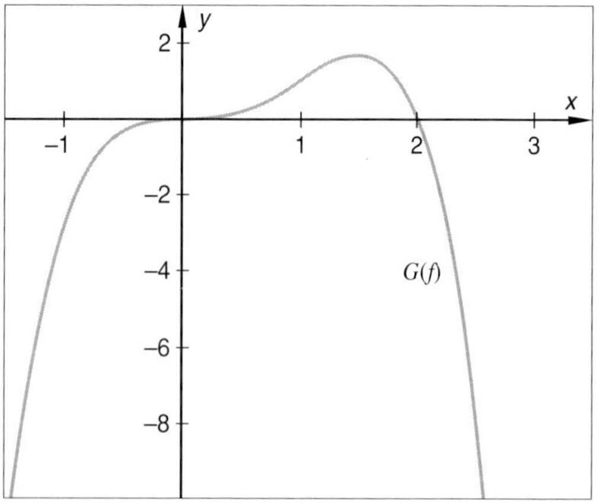

256

k) keine Symmetrie;
$\lim\limits_{x \to -\infty} f(x) = -\infty$; $\lim\limits_{x \to \infty} f(x) = \infty$
$x_{01} = -1{,}5$; $x_{02} = 1$; $x_{03} = 2{,}5$;
$H\langle -0{,}5 \mid 4{,}5\rangle$; $T\langle 1{,}83 \mid -1{,}85\rangle$;
$W\langle 0{,}67 \mid 1{,}32\rangle$;
$M_1 = (-\infty;\ -0{,}5)$: $f'(-1) = 4{,}25$
$\Rightarrow f$ ist in M_1 streng monoton steigend.
$M_2 = (-0{,}5;\ 1{,}83)$: $f'(0) = -2{,}75$
$\Rightarrow f$ ist in M_2 streng monoton fallend.
$M_3 = (1{,}83;\ \infty)$: $f'(2) = 1{,}25$
$\Rightarrow f$ ist in M_3 streng monoton steigend.
$K_1 = (-\infty;\ 0{,}67)$: $f''(0) = -4$
$\Rightarrow G(f)$ ist in K_1 rechtsgekrümmt.
$K_2 = (0{,}67;\ \infty)$: $f''(1) = 2$
$\Rightarrow G(f)$ ist in K_2 linksgekrümmt.

$f(x) = x^3 - 2x^2 - 2{,}75x + 3{,}75$

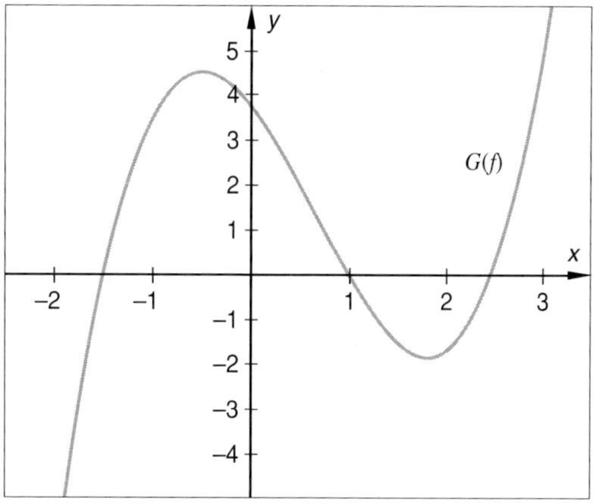

l) keine Symmetrie;
$\lim\limits_{x \to -\infty} f(x) = -\infty$; $\lim\limits_{x \to \infty} f(x) = \infty$
$x_{01} = -3$ (doppelt); $x_{02} = 1$;
$H\langle -3 \mid 0\rangle$; $T\langle -0{,}33 \mid -4{,}74\rangle$;
$W\langle -1{,}67 \mid -2{,}37\rangle$;
$M_1 = (-\infty;\ -3)$: $f'(-4) = 5{,}5$
$\Rightarrow f$ ist in M_1 streng monoton steigend.
$M_2 = (-3;\ -0{,}33)$: $f'(-1) = -2$
$\Rightarrow f$ ist in M_2 streng monoton fallend.
$M_3 = (-0{,}33;\ \infty)$: $f'(0) = 1{,}5$
$\Rightarrow f$ ist in M_3 streng monoton steigend.
$K_1 = (-\infty;\ -1{,}67)$: $f''(-2) = -1$
$\Rightarrow G(f)$ ist in K_1 rechtsgekrümmt.
$K_2 = (-1{,}67;\ \infty)$: $f''(0) = 5$
$\Rightarrow G(f)$ ist in K_2 linksgekrümmt.

$f(x) = 0{,}5x^3 - 2{,}5x^2 + 1{,}5x - 4{,}5$

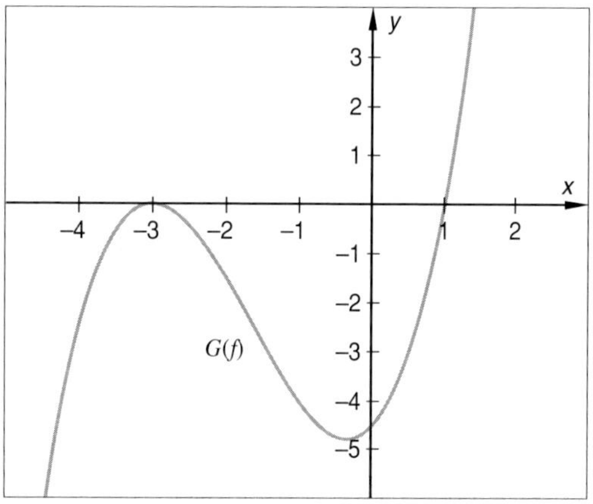

m) keine Symmetrie;
$\lim\limits_{x \to -\infty} f(x) = \infty$; $\lim\limits_{x \to \infty} f(x) = -\infty$
$x_{01} = -5$; $x_{02} = -1$; $x_{03} = 1$;
$T\langle -3{,}43 \mid -3{,}38\rangle$; $H\langle 0{,}1 \mid 1{,}01\rangle$;
$W\langle -1{,}67 \mid -1{,}19\rangle$;
$M_1 = (-\infty;\ -3{,}43)$: $f'(-4) = -1{,}4$
$\Rightarrow f$ ist in M_1 streng monoton fallend.
$M_2 = (-3{,}43;\ 0{,}1)$: $f'(0) = 0{,}2$
$\Rightarrow f$ ist in M_2 streng monoton steigend.
$M_3 = (0{,}1;\ \infty)$: $f'(1) = -2{,}4$
$\Rightarrow f$ ist in M_3 streng monoton fallend.
$K_1 = (-\infty;\ -1{,}67)$: $f''(-2) = 0{,}4$
$\Rightarrow G(f)$ ist in K_1 linksgekrümmt.
$K_2 = (-1{,}67;\ \infty)$: $f''(0) = -2 \Rightarrow G(f)$ ist in K_2 rechtsgekrümmt.

$f(x) = -0{,}2x^3 - x^2 + 0{,}2x + 1$

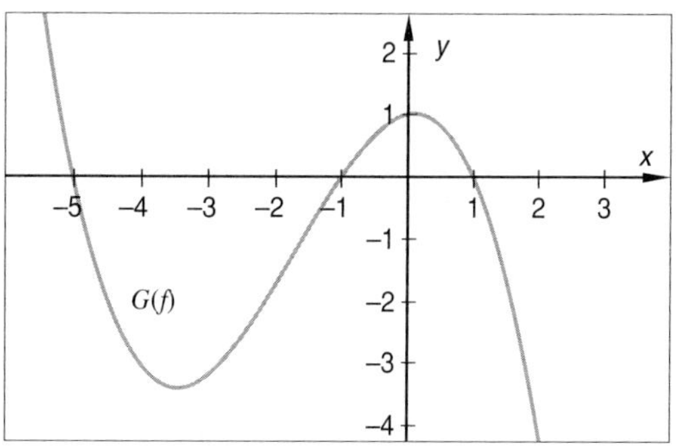

256

n) keine Symmetrie;
$\lim\limits_{x\to-\infty} f(x)=\infty$; $\lim\limits_{x\to\infty} f(x)=-\infty$
$x_{01}=-2$; $x_{02}=2$; $x_{03}=6$;
T$\langle -0{,}31 \mid -6{,}16\rangle$; H$\langle 4{,}31 \mid 6{,}16\rangle$;
W$\langle 2 \mid 0\rangle$;
$M_1=(-\infty;\ -0{,}31)$: $f'(-1)=-2{,}75$
$\Rightarrow f$ ist in M_1 streng monoton fallend.
$M_2=(-0{,}31;\ 4{,}31)$: $f'(0)=1$
$\Rightarrow f$ ist in M_2 streng monoton steigend.
$M_3=(4{,}31;\ \infty)$: $f'(5)=-2{,}75$
$\Rightarrow f$ ist in M_3 streng monoton fallend.
$K_1=(-\infty;\ 2)$: $f''(1)=1{,}5$
$\Rightarrow G(f)$ ist in K_1 linksgekrümmt.
$K_2=(2;\ \infty)$: $f''(3)=-1{,}5$
$\Rightarrow G(f)$ ist in K_2 rechtsgekrümmt.

$f(x)=-0{,}25x^3+1{,}5x^2+x-6$

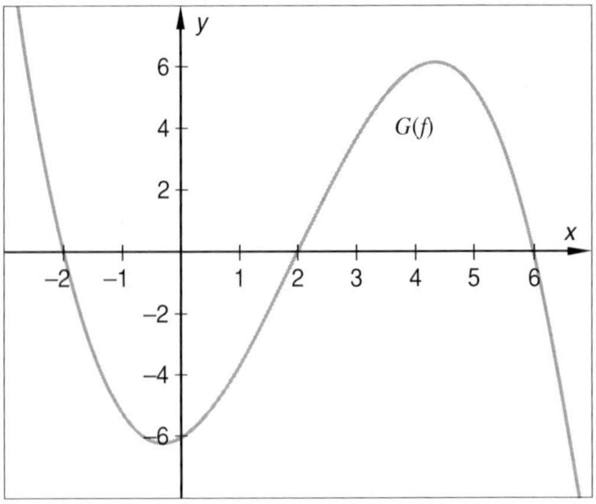

o) keine Symmetrie;
$\lim\limits_{x\to-\infty} f(x)=\infty$; $\lim\limits_{x\to\infty} f(x)=-\infty$
$x_{01}=-3$; $x_{02}=-2$; $x_{03}=1$;
T$\langle -2{,}54 \mid -0{,}44\rangle$; H$\langle -0{,}13 \mid 3{,}03\rangle$;
W$\langle -1{,}33 \mid 1{,}3\rangle$;
$M_1=(-\infty;\ -2{,}54)$: $f'(-3)=-2$
$\Rightarrow f$ ist in M_1 streng monoton fallend.
$M_2=(-2{,}54;\ -0{,}13)$: $f'(-1)=2$
$\Rightarrow f$ ist in M_2 streng monoton steigend.
$M_3=(-0{,}13;\ \infty)$: $f'(0)=-0{,}5$
$\Rightarrow f$ ist in M_3 streng monoton fallend.
$K_1=(-\infty;\ -1{,}33)$: $f''(-2)=2$
$\Rightarrow G(f)$ ist in K_1 linksgekrümmt.
$K_2=(-1{,}33;\ \infty)$: $f''(0)=-4$
$\Rightarrow G(f)$ ist in K_2 rechtsgekrümmt.

$f(x)=-0{,}5x^3-2x^2-0{,}5x+3$

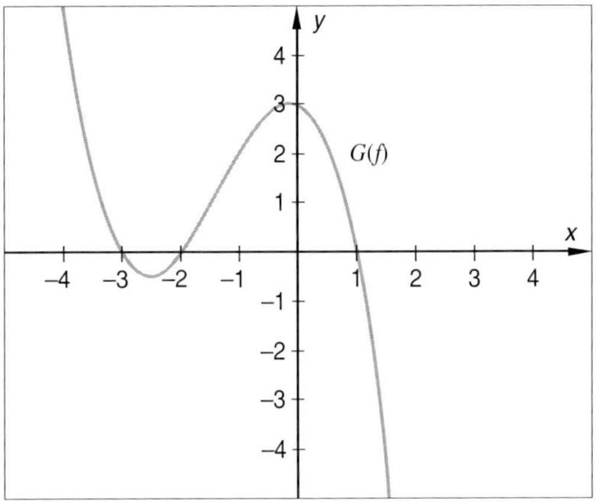

p) keine Symmetrie;
$\lim\limits_{x\to-\infty} f(x)=\infty$; $\lim\limits_{x\to\infty} f(x)=-\infty$
$x_{01}=-1$; $x_{02}=2$; $x_{03}=4$;
T$\langle 0{,}21 \mid -4{,}1\rangle$; H$\langle 3{,}12 \mid 2{,}03\rangle$;
W$\langle 1{,}67 \mid -1{,}04\rangle$;
$M_1=(-\infty;\ 0{,}21)$: $f'(0)=-1$
$\Rightarrow f$ ist in M_1 streng monoton fallend.
$M_2=(0{,}21;\ 3{,}12)$: $f'(1)=2{,}5$
$\Rightarrow f$ ist in M_2 streng monoton steigend.
$M_3=(3{,}12;\ \infty)$: $f'(4)=-5$
$\Rightarrow f$ ist in M_3 streng monoton fallend.
$K_1=(-\infty;\ 1{,}67)$: $f''(0)=5$
$\Rightarrow G(f)$ ist in K_1 linksgekrümmt.
$K_2=(1{,}67;\ \infty)$: $f''(2)=-1$
$\Rightarrow G(f)$ ist in K_2 rechtsgekrümmt.

$f(x)=-0{,}5x^3+2{,}5x^2-x-4$

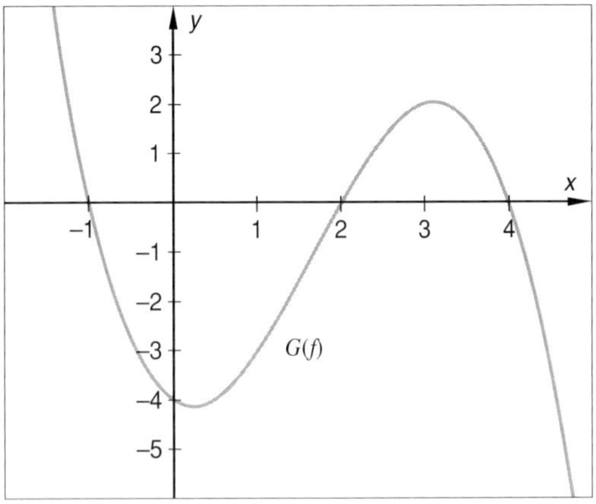

256

q) keine Symmetrie;
$\lim_{x \to -\infty} f(x) = \infty$; $\lim_{x \to \infty} f(x) = -\infty$
$x_{01} = -8$; $x_{02} = -1$; $x_{03} = 1$;
T$\langle -5{,}4 \mid -18{,}3 \rangle$; H$\langle 0{,}06 \mid 2{,}01 \rangle$;
W$\langle -2{,}67 \mid -8{,}15 \rangle$;
$M_1 = (-\infty;\ -5{,}4)$: $f'(-6) = -2{,}75$
$\Rightarrow f$ ist in M_1 streng monoton fallend.
$M_2 = (-5{,}4;\ 0{,}06)$: $f'(0) = 0{,}25$
$\Rightarrow f$ ist in M_2 streng monoton steigend.
$M_3 = (0{,}06;\ \infty)$: $f'(1) = -4{,}5$
$\Rightarrow f$ ist in M_3 streng monoton fallend.
$K_1 = (-\infty;\ -2{,}67)$: $f''(-3) = 0{,}5$
$\Rightarrow G(f)$ ist in K_1 linksgekrümmt.
$K_2 = (-2{,}67;\ \infty)$: $f''(0) = -4$
$\Rightarrow G(f)$ ist in K_2 rechtsgekrümmt.

$f(x) = -0{,}25x^3 - 2x^2 + 0{,}25x + 2$

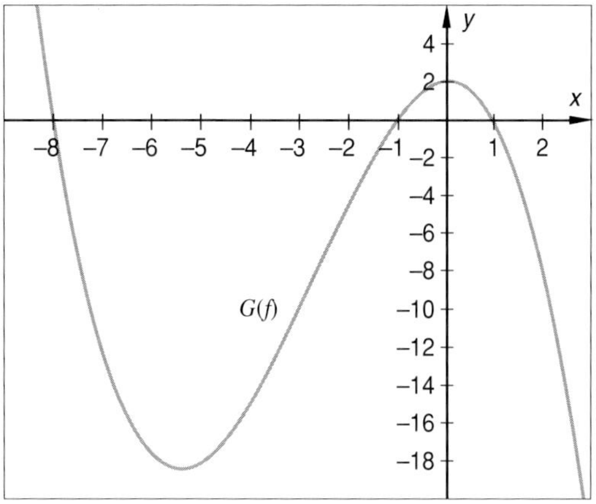

r) keine Symmetrie;
$\lim_{x \to -\infty} f(x) = \infty$; $\lim_{x \to \infty} f(x) = \infty$
$x_{01} = 0$ (doppelt); $x_{02} = 6$ (doppelt);
T$_1\langle 0 \mid 0 \rangle$; H$\langle 3 \mid 20{,}25 \rangle$; T$_2\langle 6 \mid 0 \rangle$;
W$_1\langle 1{,}27 \mid 9 \rangle$; W$_2\langle 4{,}73 \mid 9 \rangle$;
$M_1 = (-\infty;\ 0)$: $f'(-1) = -28$
$\Rightarrow f$ ist in M_1 streng monoton fallend.
$M_2 = (0;\ 3)$: $f'(1) = 10$
$\Rightarrow f$ ist in M_2 streng monoton steigend.
$M_3 = (3;\ 6)$: $f'(4) = -8$
$\Rightarrow f$ ist in M_3 streng monoton fallend.
$M_4 = (6;\ \infty)$: $f'(7) = 28$
$\Rightarrow f$ ist in M_4 streng monoton steigend.

$f(x) = 0{,}25x^4 - 3x^3 + 9x^2$

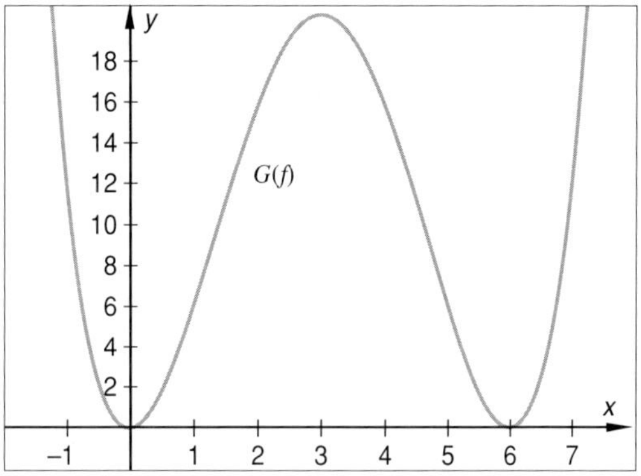

$K_1 = (-\infty;\ 1{,}27)$: $f''(0) = 18 \Rightarrow G(f)$ ist in K_1 linksgekrümmt.
$K_2 = (1{,}27;\ 4{,}73)$: $f''(2) = -6 \Rightarrow G(f)$ ist in K_2 rechtsgekrümmt.
$K_3 = (4{,}73;\ \infty)$: $f''(5) = 3 \Rightarrow G(f)$ ist in K_3 linksgekrümmt.

s) keine Symmetrie;
$\lim_{x \to -\infty} f(x) = \infty$; $\lim_{x \to \infty} f(x) = \infty$
$x_{01} = -3$; $x_{02} = 0$; $x_{03} = 2$ (doppelt);
T$_1\langle -2 \mid -8 \rangle$; H$\langle 0{,}75 \mid 1{,}1 \rangle$; T$_2\langle 2 \mid 0 \rangle$;
W$_1\langle -0{,}93 \mid -4{,}14 \rangle$; W$_2\langle 1{,}43 \mid 0{,}51 \rangle$;
$M_1 = (-\infty;\ -2)$: $f'(-3) = -18{,}75$
$\Rightarrow f$ ist in M_1 streng monoton fallend.
$M_2 = (-2;\ 0{,}75)$: $f'(0) = 3$
$\Rightarrow f$ ist in M_2 streng monoton steigend.
$M_3 = (0{,}75;\ 2)$: $f'(1) = -0{,}75$
$\Rightarrow f$ ist in M_3 streng monoton fallend.

$f(x) = 0{,}25x^4 - 0{,}25x^3 - 2x^2 + 3x$

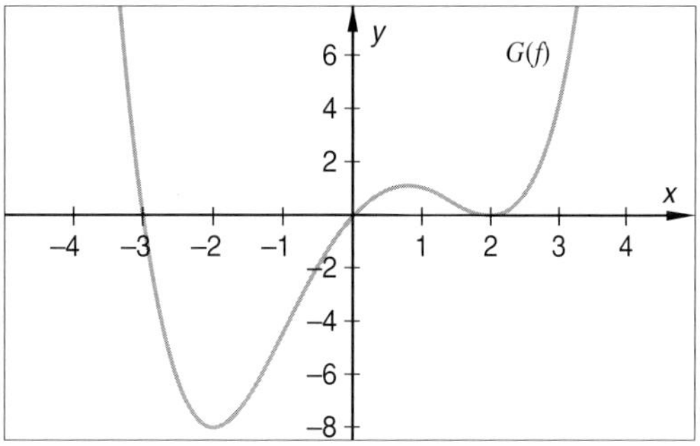

$M_4 = (2;\ \infty)$: $f'(3) = 11{,}25 \Rightarrow f$ ist in M_4 streng monoton steigend.
$K_1 = (-\infty;\ -0{,}93)$: $f''(-1) = 0{,}5 \Rightarrow G(f)$ ist in K_1 linksgekrümmt.
$K_2 = (-0{,}93;\ 1{,}43)$: $f''(0) = -4 \Rightarrow G(f)$ ist in K_2 rechtsgekrümmt.
$K_3 = (1{,}43;\ \infty)$: $f''(2) = 5 \Rightarrow G(f)$ ist in K_3 linksgekrümmt.

256

t) Achsensymmetrie zur y-Achse;
$\lim\limits_{x \to -\infty} f(x) = \infty$; $\lim\limits_{x \to \infty} f(x) = \infty$
$x_{01} = -3$; $x_{02} = -2$; $x_{03} = 2$; $x_{04} = 3$;
$T_1\langle -2{,}55 \mid -1{,}56\rangle$; $H\langle 0 \mid 9\rangle$;
$T_2\langle 2{,}55 \mid -1{,}56\rangle$; $W_1\langle -1{,}47 \mid 3{,}13\rangle$;
$W_2\langle 1{,}47 \mid 3{,}13\rangle$;
$M_1 = (-\infty;\ -2{,}55)$: $f'(-3) = -7{,}5$
$\Rightarrow f$ ist in M_1 streng monoton fallend.
$M_2 = (-2{,}55;\ 0)$: $f'(-1) = 5{,}5$
$\Rightarrow f$ ist in M_2 streng monoton steigend.
$M_3 = (0;\ 2{,}55)$: $f'(1) = -5{,}5$
$\Rightarrow f$ ist in M_3 streng monoton fallend.
$M_4 = (2{,}55;\ \infty)$: $f'(3) = 7{,}5$
$\Rightarrow f$ ist in M_4 streng monoton steigend.
$K_1 = (-\infty;\ -1{,}47)$: $f''(-2) = 5{,}5$
$\Rightarrow G(f)$ ist in K_1 linksgekrümmt.
$K_2 = (-1{,}47;\ 1{,}47)$: $f''(0) = -6{,}5$
$\Rightarrow G(f)$ ist in K_2 rechtsgekrümmt.
$K_3 = (1{,}47;\ \infty)$: $f''(2) = 5{,}5$
$\Rightarrow G(f)$ ist in K_3 linksgekrümmt.

$f(x) = 0{,}25x^4 - 3{,}25x^2 + 9$

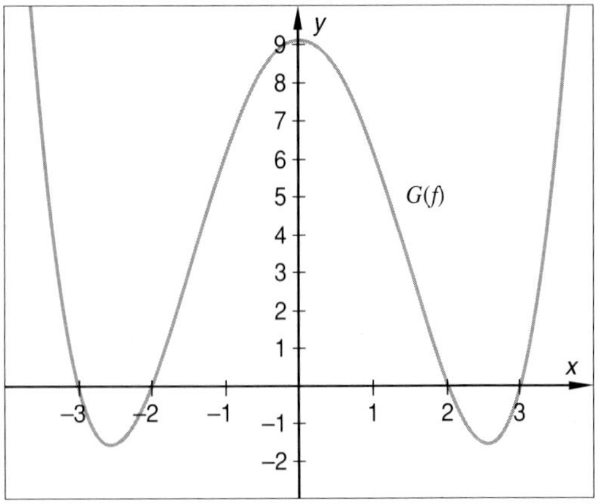

u) Achsensymmetrie zur y-Achse;
$\lim\limits_{x \to -\infty} f(x) = \infty$; $\lim\limits_{x \to \infty} f(x) = \infty$
$x_{01} = -6$; $x_{02} = -3{,}46$; $x_{03} = 3{,}46$;
$x_{04} = 6$;
$T_1\langle -4{,}9 \mid -3\rangle$; $H\langle 0 \mid 9\rangle$;
$T_2\langle 4{,}9 \mid -3\rangle$; $W_1\langle -2{,}83 \mid 2{,}33\rangle$;
$W_2\langle 2{,}83 \mid 2{,}33\rangle$;
$M_1 = (-\infty;\ -4{,}9)$: $f'(-5) = -0{,}42$
$\Rightarrow f$ ist in M_1 streng monoton fallend.
$M_2 = (-4{,}9;\ 0)$: $f'(-1) = 1{,}92$
$\Rightarrow f$ ist in M_2 streng monoton steigend.
$M_3 = (0;\ 4{,}9)$: $f'(1) = -1{,}92$
$\Rightarrow f$ ist in M_3 streng monoton fallend.
$M_4 = (4{,}9;\ \infty)$: $f'(5) = 0{,}42$
$\Rightarrow f$ ist in M_4 streng monoton steigend.
$K_1 = (-\infty;\ -2{,}83)$: $f''(-3) = 0{,}25$
$\Rightarrow G(f)$ ist in K_1 linksgekrümmt.
$K_2 = (-2{,}83;\ 2{,}83)$: $f''(0) = -2$
$\Rightarrow G(f)$ ist in K_2 rechtsgekrümmt.
$K_3 = (2{,}83;\ \infty)$: $f''(3) = 0{,}25$
$\Rightarrow G(f)$ ist in K_3 linksgekrümmt.

$f(x) = \frac{1}{48}x^4 - x^2 + 9$

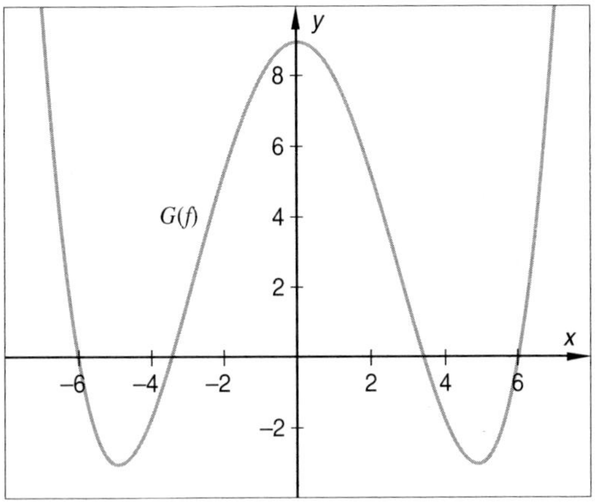

v) Achsensymmetrie zur y-Achse;
$\lim\limits_{x \to -\infty} f(x) = -\infty$; $\lim\limits_{x \to \infty} f(x) = -\infty$
$x_{01} = -2$; $x_{02} = 2$;
$H_1\langle -1{,}22 \mid 6{,}25\rangle$; $T\langle 0 \mid 4\rangle$;
$H_2\langle 1{,}22 \mid 6{,}25\rangle$; $W_1\langle -0{,}71 \mid 5{,}25\rangle$;
$W_2\langle 0{,}71 \mid 5{,}25\rangle$;
$M_1 = (-\infty;\ -1{,}22)$: $f'(-2) = 20$
$\Rightarrow f$ ist in M_1 streng monoton steigend.
$M_2 = (-1{,}22;\ 0)$: $f'(-1) = -2$
$\Rightarrow f$ ist in M_2 streng monoton fallend.
$M_3 = (0;\ 1{,}22)$: $f'(1) = 2$
$\Rightarrow f$ ist in M_3 streng monoton steigend.
$M_4 = (1{,}22;\ \infty)$: $f'(2) = -20$
$\Rightarrow f$ ist in M_4 streng monoton fallend.
$K_1 = (-\infty;\ -0{,}71)$: $f''(-1) = -6$
$\Rightarrow G(f)$ ist in K_1 rechtsgekrümmt.
$K_2 = (-0{,}71;\ 0{,}71)$: $f''(0) = 6$
$\Rightarrow G(f)$ ist in K_2 linksgekrümmt.
$K_3 = (0{,}71;\ \infty)$: $f''(1) = -6$
$\Rightarrow G(f)$ ist in K_3 rechtsgekrümmt.

$f(x) = -x^4 + 3x^2 + 4$

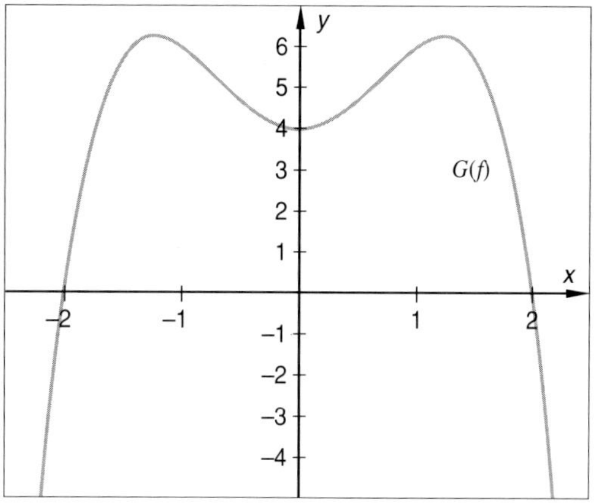

w) Achsensymmetrie zur y-Achse;
$\lim\limits_{x \to -\infty} f(x) = \infty$; $\lim\limits_{x \to \infty} f(x) = \infty$
$x_{01} = -2{,}24$; $x_{02} = 2{,}24$;
$T_1\langle -1{,}41 \mid -2{,}25\rangle$; $H\langle 0 \mid -1{,}25\rangle$;
$T_2\langle 1{,}41 \mid -2{,}25\rangle$; $W_1\langle -0{,}82 \mid -1{,}81\rangle$;
$W_2\langle 0{,}82 \mid -1{,}81\rangle$;
$M_1 = (-\infty;\ -1{,}41)$: $f'(-2) = -4$
$\Rightarrow f$ ist in M_1 streng monoton fallend.
$M_2 = (-1{,}41;\ 0)$: $f'(-1) = 1$
$\Rightarrow f$ ist in M_2 streng monoton steigend.
$M_3 = (0;\ 1{,}41)$: $f'(1) = -1$
$\Rightarrow f$ ist in M_3 streng monoton fallend.
$M_4 = (1{,}41;\ \infty)$: $f'(2) = 4$
$\Rightarrow f$ ist in M_4 streng monoton steigend.
$K_1 = (-\infty;\ -0{,}82)$: $f''(-1) = 1$
$\Rightarrow G(f)$ ist in K_1 linksgekrümmt.
$K_2 = (-0{,}82;\ 0{,}82)$: $f''(0) = -2$
$\Rightarrow G(f)$ ist in K_2 rechtsgekrümmt.
$K_3 = (0{,}82;\ \infty)$: $f''(1) = 1$
$\Rightarrow G(f)$ ist in K_3 linksgekrümmt.

$f(x) = 0{,}25x^4 - x^2 - 1{,}25$

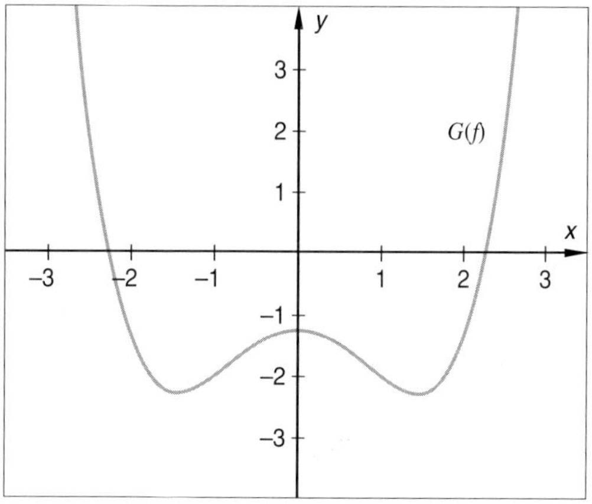

256 **x)** Achsensymmetrie zur y-Achse;
$\lim\limits_{x \to -\infty} f(x) = -\infty$; $\lim\limits_{x \to \infty} f(x) = -\infty$
$x_{01} = -3$; $x_{02} = -1$; $x_{03} = 1$; $x_{04} = 3$;
$H_1\langle -2{,}24 \mid 8\rangle$; $T\langle 0 \mid -4{,}5\rangle$;
$H_2\langle 2{,}24 \mid 8\rangle$; $W_1\langle -1{,}29 \mid 2{,}44\rangle$;
$W_2\langle 1{,}29 \mid 2{,}44\rangle$;
$M_1 = (-\infty; -2{,}24)$: $f'(-3) = 24$
$\Rightarrow f$ ist in M_1 streng monoton steigend.
$M_2 = (-2{,}24; 0)$: $f'(-1) = -8$
$\Rightarrow f$ ist in M_2 streng monoton fallend.
$M_3 = (0; 2{,}24)$: $f'(1) = 8$
$\Rightarrow f$ ist in M_3 streng monoton steigend.
$M_4 = (2{,}24; \infty)$: $f'(3) = -24$
$\Rightarrow f$ ist in M_4 streng monoton fallend.
$K_1 = (-\infty; -1{,}29)$: $f''(-2) = -14$
$\Rightarrow G(f)$ ist in K_1 rechtsgekrümmt.
$K_2 = (-1{,}29; 1{,}29)$: $f''(0) = 10$
$\Rightarrow G(f)$ ist in K_2 linksgekrümmt.

$f(x) = -0{,}5x^4 + 5x^2 - 4{,}5$

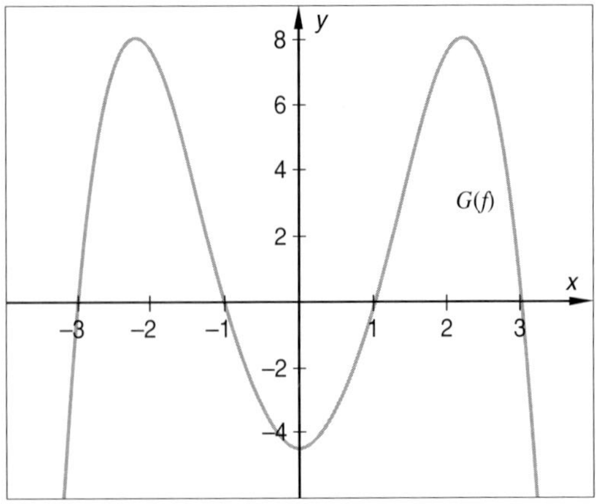

$K_3 = (1{,}29; \infty)$: $f''(2) = -14$
$\Rightarrow G(f)$ ist in K_3 rechtsgekrümmt.

y) keine Symmetrie;
$\lim\limits_{x \to 0} f(x) = 360$; $\lim\limits_{x \to \infty} f(x) = \infty$
$W\langle 3{,}33 \mid 706{,}29\rangle$;
$M = (0; \infty)$: $f'(1) = 130$
$\Rightarrow f$ ist in M streng monoton steigend.
$K_1 = (0; 3{,}33)$: $f''(3) = -10$
$\Rightarrow G(f)$ ist in K_1 rechtsgekrümmt.
$K_2 = (3{,}33; \infty)$: $f''(4) = 20$
$\Rightarrow G(f)$ ist in K_2 linksgekrümmt.

$f(x) = 5x^3 - 50x^2 + 215x + 360$

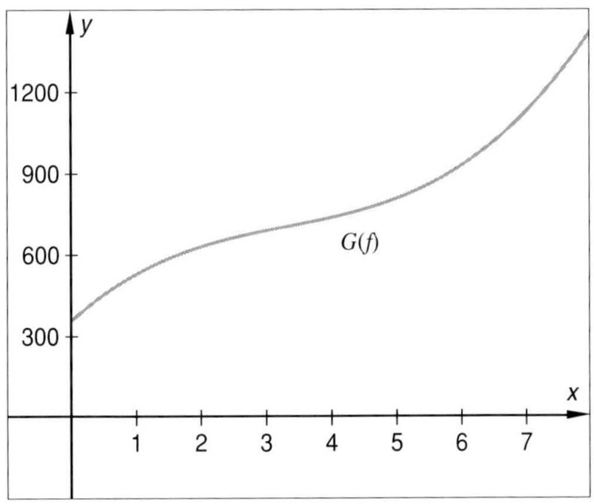

z) keine Symmetrie;
$\lim\limits_{x \to 0} f(x) = 72$; $\lim\limits_{x \to \infty} f(x) = \infty$
$W\langle 3{,}33 \mid 141{,}26\rangle$;
$M = (0; \infty)$: $f'(1) = 26$
$\Rightarrow f$ ist in M streng monoton steigend.
$K_1 = (0; 3{,}33)$: $f''(2) = -8$
$\Rightarrow G(f)$ ist in K_1 rechtsgekrümmt.
$K_2 = (3{,}33; \infty)$: $f''(4) = 4$
$\Rightarrow G(f)$ ist in K_2 linksgekrümmt.

$f(x) = x^3 - 10x^2 + 43x + 72$

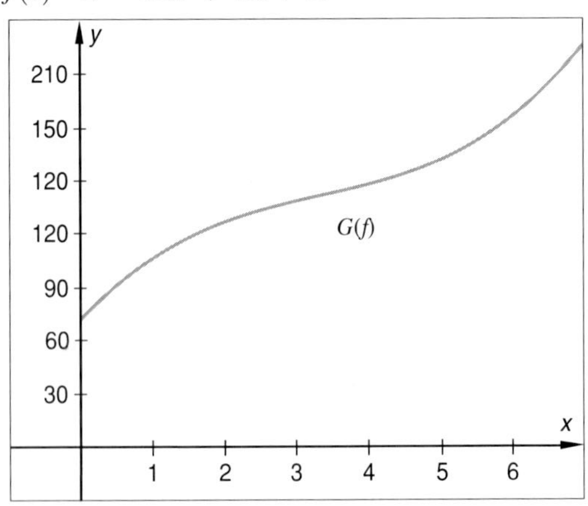

2. $f(x) = x^3 + 3x^2$

3. $f(x) = \frac{1}{3}x^3 - 4x^2 + 12x$

4. $f(x) = 0{,}25x^4 - 1{,}5x^2 + 2$

5. $f(x) = \frac{1}{6}x^3 + \frac{1}{3}x + 2$

6. $f(x) = 0{,}2x^3 - 1{,}4x^2 + 7{,}2$

7. $f(x) = -\frac{5}{8}x^5 + \frac{1}{4}x^3 + \frac{19}{8}x$

257

8. $f(x) = \frac{1}{3}x^3 - 3x^2 + 6x$

9. $f(x) = x^4 - 3x^2 - 4$

10. $f(x) = -\frac{1}{18}x^3 + 2x$

11. $f(x) = \frac{1}{6}x^3 - \frac{1}{3}x^2 - \frac{5}{2}x$

12. $f(x) = 0{,}25x^3 - 2x^2 + 4x$

13. $f(x) = \frac{3}{16}x^3 - \frac{9}{8}x^2 + 6$

14. $f(x) = 0{,}2x^3 - 2{,}4x^2 + 9x - 10$

15. $f(x) = x^3 - 2x^2 - 2{,}75x + 3{,}75$

16. $f(x) = -0{,}5x^3 + 0{,}5x^2 + 4x - 6$

17. $f(x) = -0{,}5x^3 + 3x^2 - 4{,}5x + 2$

18. $f(x) = \frac{1}{12}x^4 - 2x^2$

19. $f(x) = -x^4 + 2x^3$

20. $f(x) = 0{,}25x^4 - x^3 + 4x + 2{,}75$

21. Mit $f(x) = a \cdot x^2$ und $f(125) = 50$ folgt

$a = \frac{2}{625}$, also $f(x) = \frac{2}{625}x^2$

$\tan\alpha = m = f'(125) = \frac{4}{5}$

$\Rightarrow \alpha \approx 38{,}66°$; $\beta = 90° - \alpha \approx 51{,}34°$

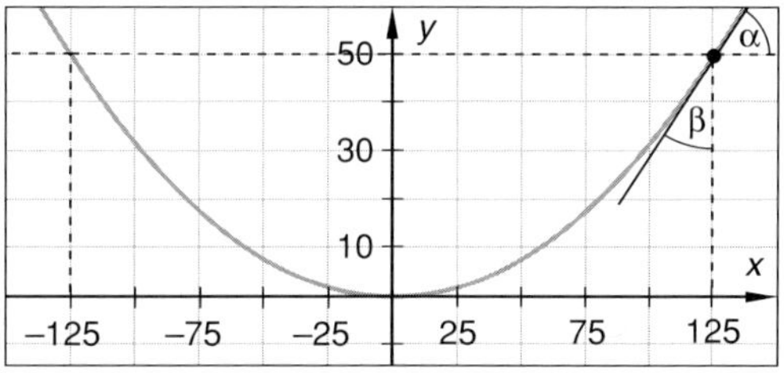

7.4 Extremwertaufgaben

265

1. $f(x) = \frac{x}{4} \cdot \sqrt{400 - x^2}$

$f^2(x) = \frac{x^2}{16} \cdot (400 - x^2)$

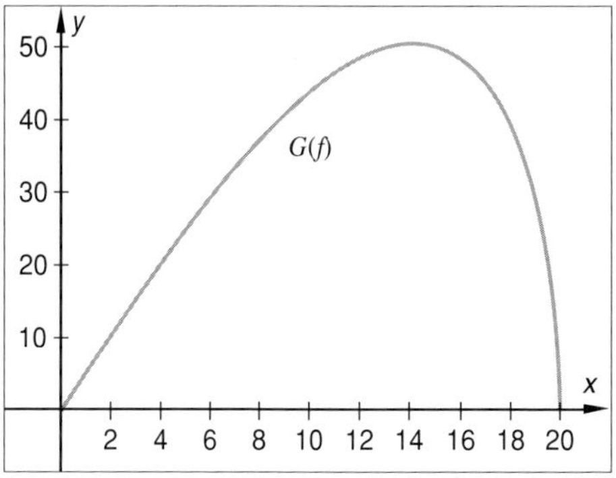

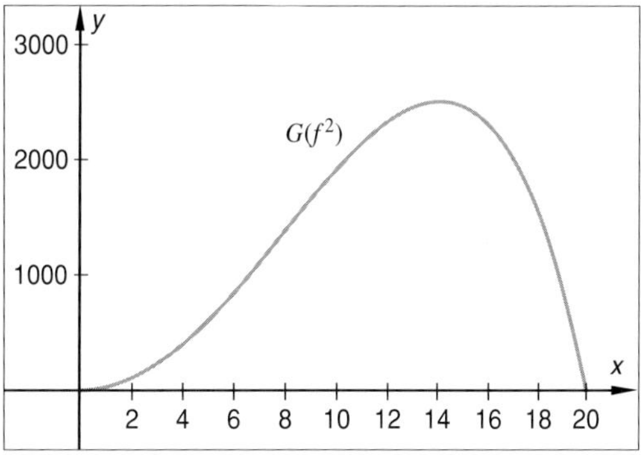

Alle Extremstellen von f sind auch Extremstellen von f^2 (es können bei f^2 höchstens neue Extremstellen hinzu kommen).

265

2. $d(x_1) = \sqrt{x_1^2 + 6 - x_1} \Rightarrow [d(x_1)]^2 = x_1^2 + 6 - x_1 \Rightarrow x_1 = 0{,}5;\ f(x_1) = 2{,}345;\ d = 2{,}4$

3. $f'(x) = g'(x) \Rightarrow P_1\langle 2{,}5 \mid 3{,}25\rangle$
$y_N(x) = -x + 5{,}75$ (Normale durch P_1)
$y_N(x) = g(x)$
$\Rightarrow P_2\langle 5{,}375 \mid 0{,}375\rangle$
$d = \sqrt{(5{,}375 - 2{,}5)^2 + (0{,}375 - 3{,}25)^2}$
$= 4{,}07$

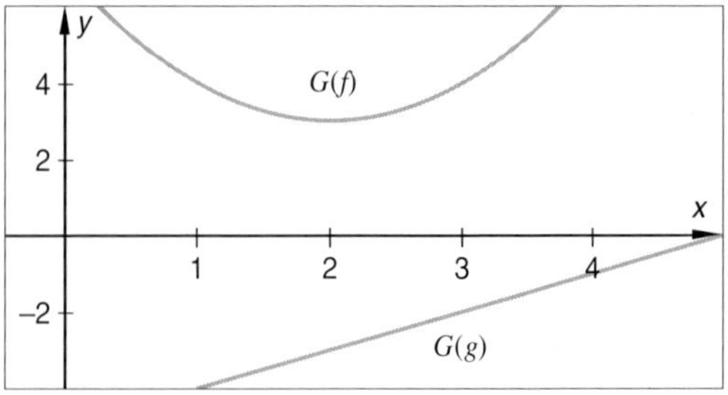

4. Zielfunktion: d: $d(a, b) = \sqrt{a^2 + b^2}$; Nebenbedingung: $a = 10 - b$.
$a = 5;\ b = 5;\ d = 7{,}07$

5. Zielfunktion: V: $V(h, r) = \frac{1}{3} \cdot \pi r^2 \cdot h$; Nebenbedingung: $r^2 = 24^2 - h^2$.
$h = 13{,}86;\ r = 19{,}6$

6. Zielfunktion: V: $V(h, r) = \pi r^2 \cdot h$; Nebenbedingung: $r^2 = 20^2 - h^2$.
$h = 11{,}55;\ r = 16{,}33$

7. Zielfunktion: A: $A(g, h) = 0{,}5\, g \cdot h$; Nebenbedingung: $h = \sqrt{30^2 - (0{,}5\, g)^2}$.
$h = 21{,}21;\ g = 42{,}43$

8. Zielfunktion: A: $A(a, b) = a \cdot b$; Nebenbedingung: $a = \sqrt{15^2 - b^2}$.
$a = 10{,}6;\ b = 10{,}6$

9. Zielfunktion: V: $V(h, r) = \pi r^2 \cdot h$; Nebenbedingung: $r^2 = 18^2 - (0{,}5\, h)^2$.
$h = 20{,}78;\ r = 14{,}70$

10. Zielfunktion: A: $A(g, h) = 0{,}5\, g \cdot h$; Nebenbedingung: $g = 120 - 2a;\ h = \sqrt{a^2 - (60 - g)^2}$.
$g = 40;\ a = 40{,}6;\ h = 34{,}64$

11. Zielfunktion: d: $d(a, b) = \sqrt{a^2 + b^2}$; Nebenbedingung: $b = \frac{120}{a} \cdot a = 10{,}95;\ b = 10{,}95$

12. a) Zielfunktion: f: $f(a, b) = a \cdot b$; Nebenbedingung: $b = 20 - a$. $a = 10;\ b = 10$
b) Zielfunktion: f: $f(a, b) = a^2 + b^2$; Nebenbedingung: $b = 20 - a$. $a = 10;\ b = 10$

13. a) Zielfunktion: A: $A(a, b) = a \cdot b$; Nebenbedingung: $b = \sqrt{16^2 - a^2}$. $a = 11{,}31;\ b = 11{,}31$
b) Zielfunktion: U: $U(a, b) = 2 \cdot (a + b)$; Nebenbedingung: $b = \sqrt{16^2 - a^2}$. $a = 11{,}31;\ b = 11{,}31$

14. Zielfunktion: A: $A(g, h) = 0{,}5\, g \cdot h$; Nebenbedingung: $h = \sqrt{r^2 - (0{,}5\, g)^2}$.
$h = \frac{r}{\sqrt{2}};\ g = \frac{2r}{\sqrt{2}} = r \cdot \sqrt{2}$

15. Zielfunktion: c: $c(a, b) = \sqrt{a^2 + b^2}$; Nebenbedingung: $b = 10 - a$. $a = 5;\ b = 5$

16. Zielfunktion: A: $A(b, r) = 2rb + 0{,}5\pi r^2$; Nebenbedingung: $b = 2{,}5 - 0{,}5\pi r - r$.
$r = 0{,}7;\ b = 0{,}7$

17. Zielfunktion: M: $M(b, h) = 6 \cdot \frac{b \cdot h^2}{6}$; Nebenbedingung: $\left(\frac{b}{2}\right)^2 + \left(\frac{h}{2}\right)^2 = r^2$.
$b = \frac{2}{\sqrt{3}} \cdot r;\ h = \sqrt{\frac{2}{3}} \cdot 2r$
Für $b = 12$ cm muß $r = 6\sqrt{3}$ cm $\approx 10{,}39$ cm sein.

7.5 Das Newtonsche Näherungsverfahren

271

1. Wenn $\langle x_n \rangle \to g$, so auch $\langle x_{n-1} \rangle \to g$, d.h.: $g = g - \dfrac{f(g)}{f'(g)} = 0$

$\Rightarrow \dfrac{f(g)}{f'(g)} = 0 \Rightarrow f(g) = 0 \Rightarrow g$ ist Nullstelle von f.

2. Keine Funktion hat in dem jeweils angegebenen Intervall eine Extremstelle.

a) $f(3) = -9;\ f(4) = 9;\ x_0 = 3{,}613470268$ **b)** $f(3) = -13;\ f(4) = 9;\ x_0 = 3{,}685779526$
c) $f(1) = -0{,}5;\ f(2) = 1;\ x_0 = 1{,}543689013$ **d)** $f(0) = -1;\ f(1) = 0{,}25;\ x_0 = 0{,}823907173$
e) $f(2) = 2;\ f(3) = -7;\ x_0 = 2{,}359304086$ **f)** $f(-2) = -3;\ f(-1) = 7;\ x_0 = -1{,}924051105$
g) $f(1) = -2;\ f(2) = 36;\ x_0 = 1{,}184954067$ **h)** $f(0) = -1;\ f(1) = 1{,}9;\ x_0 = 0{,}70051963$

3. a) $\sqrt{3} = 1{,}732050808$ **b)** $\sqrt{5} = 2{,}236067977$ **c)** $\sqrt{11} = 3{,}31662479$
d) $\sqrt{19} = 4{,}358898944$ **e)** $\sqrt{31} = 5{,}567764363$ **f)** $\sqrt{526} = 22{,}93468988$
g) $\sqrt[3]{5} = 1{,}709975947$ **h)** $\sqrt[3]{19} = 2{,}668401649$ **i)** $\sqrt[3]{37} = 3{,}332221852$
j) $\sqrt[3]{456} = 7{,}697002263$ **k)** $\sqrt[4]{5} = 1{,}495348781$ **l)** $\sqrt[3]{5} = 1{,}379729661$

7.6 Untersuchung weiterer Funktionenklassen

278

1. $d(h) = \dfrac{\sin(x_0 + h) - \sin(x_0)}{h}$

Umformung über die Additionstheoreme ergibt:

$$d(h) = \frac{\sin(x_0)\cdot\cos(h) + \cos(x_0)\cdot\sin(h) - \sin(x_0)}{h} = \sin(x_0)\cdot\frac{\cos(h)-1}{h} + \cos(x_0)\cdot\frac{\sin(h)}{h}$$

Für die Grenzwertbetrachtung ergibt sich: $\lim\limits_{h\to 0}\dfrac{\cos(h)-1}{h} = 0;\ \lim\limits_{h\to 0}\dfrac{\sin(h)}{h} = 1;$

also $\lim\limits_{h\to 0} d(h) = \sin(x_0)\cdot 0 + \cos(x_0)\cdot 1 = \cos(x_0)$

2. a) $f'(x) = x^2\cdot\cos x + 2x\cdot\sin x$ **b)** $f'(x) = 3x^2\cos x - x^3\sin x$
c) $f'(x) = e^x(x^2 + 2x - 1)$ **d)** $f'(x) = e^x(\cos x + \sin x)$
e) $f'(x) = e^x(x^3 - 4x^2 - 9x + 5)$ **f)** $f'(x) = e^x(2\cos^2 x + \sin x\cdot\cos x - 1)$

3. a) $f'(x) = 12x^5 - 16x^3 - 9x^2 + 6;$ $f''(x) = 60x^4 - 48x^2 - 18x$
b) $f'(x) = e^x(x^2 + 2x - 3);$ $f''(x) = e^x(x^2 + 4x - 1)$
c) $f'(x) = (x^4 - 2)\cos x + 4x^3\sin x;$ $f''(x) = 8x^3\cos x - (x^4 - 12x^2 - 2)\sin x$
d) $f'(x) = e^x(\cos x + \sin x + x^4 + 4x^3);$ $f''(x) = e^x(2\cos x + x^4 + 8x^3 + 12x^2)$
e) $f'(x) = e^x((x^2 - 3)\cdot\cos x + (x^2 + 2x - 3)\sin x) + 4x;$
$f''(x) = e^x((2x^2 + 4x - 6)\cos x + (4x + 2)\sin x) + 4$
f) $f'(x) = -e^x(\cos x - \sin x - x(x + 2)) + 2\cos^2 x - x^2\cos x - 2x\sin x - 1;$
$f''(x) = e^x(2\sin x + x^2 + 4x + 2) - \cos x(4\sin x + 4x) + \sin x(x^2 - 2)$

4. a) $f'(x) = \dfrac{x^2 - 21}{2x^4}$ **b)** $f'(x) = \dfrac{4x(2x - 3)}{(4x - 3)^2}$

c) $f'(x) = \dfrac{2((x^2 + 1)\cos x - 2x\cdot\sin x)}{(x^2 + 1)^2}$ **d)** $f'(x) = \dfrac{4e^x}{(e^x + 3)^2}$

278 **e)** $f'(x) = \dfrac{(x-1)(x^2-x+1)\cos x + x(2-x)\sin x}{(x^2-x+1)^2}$

f) $f'(x) = \dfrac{x \cdot e^x\left((x^2+x-4)(\sin x+3) - x(x-2)\cos x\right)}{3(\sin x+3)^2}$

5. a) $f'(x) = 3\cos(3x+2)$

b) $f'(x) = -\dfrac{1}{2}e^{-0,5 \cdot x}$

c) $f'(x) = 8x(x^2-3)^3$

d) $f'(x) = 6e^{2x+1}$

e) $f'(x) = 3\sin x \cos^3 x - 6\sin x \cos x + 3\sin x$

f) $f'(x) = -2e^{\cos(2x)} \cdot \sin(2x)$

6. a) $f'(x) = \dfrac{\sin(2x+5) - 2x\cos(2x+5)}{\sin(2x+5)^2}$

b) $f'(x) = e^x(2 \cdot e \cdot \cos(2x+2) + e \cdot \sin(2x+2))$

c) $f'(x) = \dfrac{2x^3(3-x)^3(x^2-7x+6)}{e^{2x+3}}$

d) $f'(x) = \dfrac{6(\cos(2x-4) - \sin(2x-4))}{e^{2x}}$

e) $f'(x) = \dfrac{5^x(e^x \cdot \ln 5 - 3) - x(x \cdot \ln 5 - 6) + 6(e^x - 2x)}{(e^x - x^2)^4}$

f) $f'(x) = \dfrac{12\sin^{11}x(\cos x - \sin x)}{e^{12x}}$

7. $f(x) = \tan x = \dfrac{\sin x}{\cos x}$

$$f'(x) = \frac{\cos x \cdot \cos x - \sin x \cdot (-\sin x)}{\cos^2 x} = \frac{1}{\cos^2 x}$$

8. Aus $[f(g(x))]' = f'(g(x)) \cdot g'(x)$ folgt $g'(x) = \dfrac{[f(g(x))]'}{f'(g(x))}$.

Ist f die natürliche Exponentialfunktion mit $f(z) = e^z$ und g die natürliche Logarithmusfunktion mit $g(x) = \ln x$, dann gilt $f(g(x)) = e^{\ln x} = x$, also $[f(g(x))]' = 1$.

Wegen $f(z) = e^z$ ist $f'(z) = e^z$, also $f'(g(x)) = e^{g(x)} = e^{\ln x} = x$.

Damit gilt: $(\ln x)' = g'(x) = \dfrac{[f(g(x))]'}{f'(g(x))} = \dfrac{1}{x}$.

9. a) $f'(t) = -\lambda \cdot e^{-\lambda \cdot t} \cdot \sin(\omega \cdot t + \varphi) + \omega \cdot e^{-\lambda \cdot t} \cdot \cos(\omega \cdot t + \varphi)$

b) Die Schüler ermitteln experimentell die Auswirkung der drei Parameter auf die Graphen der Funktionen f und f'. Dabei sollte in einer „Versuchsreihe" stets nur einer der drei Parameter variiert werden, z. B.: $\lambda = 0;\ 0,5;\ 1;\ 2$ (dabei stets: $\omega = 2\pi;\ \varphi = 0$).

279 **10.** $\dot{s}(t) = A \cdot \sqrt{\dfrac{D}{m}} \cdot \cos\left(\sqrt{\dfrac{D}{m}} \cdot t\right)$

$$\ddot{s}(t) = -A\frac{D}{m}\sin\left(\sqrt{\frac{D}{m}} \cdot t\right) = -\frac{D}{m} \cdot s(t)$$

279

11. $h'(x) = \tan\alpha - \frac{10}{(v_0 \cdot \cos\alpha)^2} \cdot x$

$x_{\text{höchst}} = \frac{\tan\alpha \cdot (v_0 \cdot \cos\alpha)^2}{10}$

Scheitelpunkt: $x_S = -\frac{b}{2a} = +\frac{\tan\alpha \cdot (v_0 \cdot \cos\alpha)^2}{2 \cdot 5} = x_{\text{höchst}}$

Die Wurfweite w ergibt sich als zweite Nullstelle der Parabel:

$w = 2 \cdot x_{\text{höchst}} = \frac{\tan\alpha \cdot (v_0 \cos\alpha)^2}{5}$

$w'(\alpha) = \frac{v_0^2}{5}(2\cos^2 - 1)$; $\alpha_{\text{opt}} = \frac{\pi}{4} = 45°$

12. $u(t) = -\alpha \cdot t \cdot i_0 \, e^{-\alpha t}$

13. $R_a = R_i$

8 Integralrechnung

297

1. a) F: $F(x) = 1{,}5x^2 + c$

b) F: $F(x) = x^2 + 5x + c$

c) F: $F(x) = -\frac{1}{6}x^3 + c$

d) F: $F(x) = \frac{2}{3}x^3 - 1{,}5x^2 + c$

e) F: $F(x) = x^4 + \frac{2}{3}x^3 + 0{,}5x^2 + c$

f) F: $F(x) = -x^5 + \frac{2}{3}x^3 + c$

g) F: $F(x) = \frac{1}{n+1}x^{n+1} + c$

h) F: $F(x) = \frac{a}{n+1}x^{n+1} - \frac{b}{n}x^n + c$

2. a) $x_{01} = 0$; $x_{02} = 1$; $x_{03} = 5$

b) $A = \frac{131}{12} = 10\frac{11}{12}$

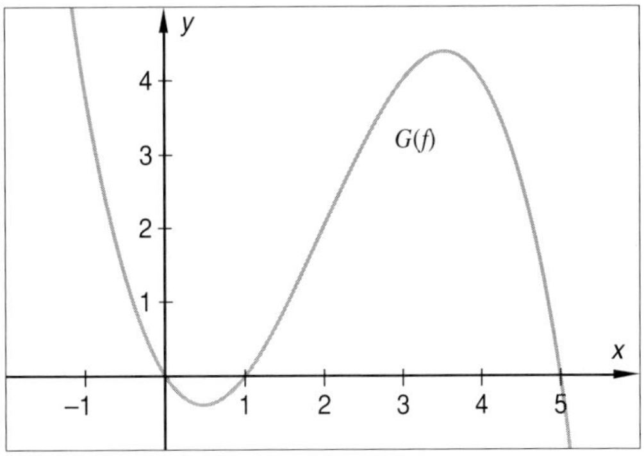

3. $A \approx 7{,}146$

4. $A = \frac{52}{3} = 17\frac{1}{3}$

5. $A = 72$

6. $A = \frac{64}{3} = 21\frac{1}{3}$

7. $A = 13{,}56$

8. $\int_a^x t\,dt = \frac{t^2}{2} + c \Big|_a^x = \frac{x^2}{2} - \frac{a^2}{2}$ ► $\frac{a^2}{2} \geq 0$

$\Rightarrow F\colon F(x) = \frac{x^2}{2} + 1$ ist Stammfunktion von f, aber keine Integralfunktion von f.

298 **9.** 1. $v(10\,\text{s}) = \int_0^{10\,\text{s}} a\,dt = \int_0^{10\,\text{s}} 3\frac{\text{m}}{\text{s}^2}dt = \left[3\frac{\text{m}}{\text{s}^2}\cdot t\right]_0^{10\,\text{s}} = 30\frac{\text{m}}{\text{s}}$

$$s(10\,\text{s}) = \int_0^{10\,\text{s}} v(t)\,dt = \int_0^{10\,\text{s}} \left(\frac{3\,\text{m}}{\text{s}^2}\cdot t\right) dt = \left[\frac{1}{2}\cdot\frac{3\,\text{m}}{\text{s}^2}t^2\right]_0^{10\,\text{s}} = 150\,\text{m}$$

2. $v(10\,\text{s}) = \int_0^{10\,\text{s}} a\,dt + 5\,\frac{\text{m}}{\text{s}} = 35\,\frac{\text{m}}{\text{s}}$

$$s(10\,\text{s}) = \int_0^{10\,\text{s}} \left(3\frac{\text{m}}{\text{s}^2}t + 5\frac{\text{m}}{\text{s}}\right) dt = \left[\frac{1}{2}\cdot 3\frac{\text{m}}{\text{s}^2}\cdot t^2 + 5\frac{\text{m}}{\text{s}}\cdot t\right]_0^{10} = 200\,\text{m}$$

10. $v(t) = -\int_0^t g\cdot dt + v_0 = 4\frac{\text{m}}{\text{s}} - g\cdot t$

$v(t) = 0 \;\Leftrightarrow\; t = \frac{4}{9{,}81}\,\text{s}$: Umkehrpunkt der Bewegung

$$s(t) = \int_0^t v(\tau)\,d\tau + s_0 = \int_0^t 4\frac{\text{m}}{\text{s}} - g\cdot\tau\,d\tau + s_0 = \left[4\frac{\text{m}}{\text{s}}\cdot\tau - \frac{1}{2}g\tau^2\right]_0^t + s_0$$
$$= 4\frac{\text{m}}{\text{s}}\cdot t - \frac{1}{2}gt^2 + 10\,\text{m}$$

max. Wurfhöhe: $s\left(\frac{4}{9{,}81}\,\text{s}\right) = 10{,}82\,\text{m}$; $t_{\text{vorbei}} = 2\cdot\frac{4}{9{,}81}\,\text{s} = \frac{8}{9{,}81}\,\text{s}$

Erdboden: $s(t_0) = 0 \;\Leftrightarrow\; t_0 = 1{,}893\,\text{s}$

11. $w = \int_0^{0{,}1\,\text{m}} F(s)\,ds = \int_0^{0{,}1\,\text{m}} D\cdot s\,ds = \left[\frac{1}{2}D\cdot s^2\right]_0^{0{,}1\,\text{m}} = \frac{1}{2}\cdot 12\,\frac{\text{N}}{\text{m}}\cdot(0{,}1\,\text{m})^2 = 0{,}06\,\text{Nm}$

12. Es gilt: $Q'(t) = \left(-\frac{1}{1{,}08}\right)\cdot\left(-6{,}0048\cdot e^{-\frac{t}{1{,}08}}\right) = 5{,}56\cdot e^{-\frac{t}{1{,}08}} = i(t)$.

Damit: $\int_0^4 i(t)\,dt = Q(4) - Q(0) = -6{,}0048\,(e^{-\frac{4}{1{,}08}} - e^{-\frac{0}{1{,}08}}) \approx 5{,}86$ (mAs).

13. $i(t) = i_{\max}\cdot\sin(2\pi f\cdot t) = \sin(100\pi\cdot t)$

$$Q(0{,}01) - Q(0) = \int_0^{0{,}01} \sin(100\pi\cdot t)\,dt$$
$$= -\frac{1}{100\pi}(\cos(100\pi\cdot 0{,}01) - \cos(100\pi\cdot 0)) \approx 0{,}00637 \quad \text{(As)}$$

14. Es gilt: $f'(t) = \frac{I_{\max}^2}{2}\cdot\left(\underbrace{1-\cos^2\frac{2\pi t}{T}}_{\sin^2\frac{2\pi t}{T}} + \sin^2\frac{2\pi t}{T}\right) = I_{\max}^2\cdot\sin^2\frac{2\pi t}{T} = i^2(t)$.

Damit: $I_{\text{eff}} = \sqrt{\frac{1}{T}(f(T) - f(0))} = \sqrt{\frac{1}{T}\cdot\frac{I_{\max}^2}{2}\cdot T} = \frac{\sqrt{2}}{2}\cdot I_{\max} \approx 0{,}707\,I_{\max}$.

9 Vektoralgebra

9.1 Der Begriff des Vektors

1. vektorielle Größen: Geschwindigkeit, Reibung als Reibungskraft, Druckkraft, Scherspannung; 306
skalare Größen: Leistung, elektrischer Widerstand, Dichte, Reibungskoeffizient, Druck als phys. Zustand

2. a) $\overrightarrow{P_1P_2} = \begin{pmatrix} 3 \\ -1 \end{pmatrix}$; **b)** $\overrightarrow{P_1P_2} = \begin{pmatrix} -11 \\ 14 \end{pmatrix}$;

c) $\overrightarrow{P_1P_2} = \begin{pmatrix} -4 \\ 5 \\ -11 \end{pmatrix}$; **d)** $\overrightarrow{P_1P_2} = \begin{pmatrix} 10 \\ -5 \\ 8 \end{pmatrix}$

3. a) $\vec{r} + \vec{s} = \begin{pmatrix} 1 \\ 7 \end{pmatrix}$; **b)** $\vec{s} - \vec{r} = \begin{pmatrix} 3 \\ 1 \end{pmatrix}$; **c)** $2\vec{r} + 3\vec{s} = \begin{pmatrix} 4 \\ 18 \end{pmatrix}$;

d) $4\vec{r} - 5\vec{s} = \begin{pmatrix} -14 \\ -8 \end{pmatrix}$; **e)** $\vec{t} + \vec{u} + \vec{v} = \begin{pmatrix} -2 \\ 0 \\ 10 \end{pmatrix}$; **f)** $\vec{u} - \vec{v} + \vec{w} = \begin{pmatrix} 12 \\ -12 \\ -2 \end{pmatrix}$;

g) $\vec{t} - \vec{u} - \vec{v} - \vec{w} = \begin{pmatrix} 1 \\ -1 \\ 3 \end{pmatrix}$; **h)** $2\vec{t} - 3\vec{u} + 4\vec{v} - 5\vec{w} = \begin{pmatrix} -49 \\ 48 \\ 21 \end{pmatrix}$

4. $\begin{pmatrix} u_x \\ u_y \\ u_z \end{pmatrix} + \begin{pmatrix} v_x \\ v_y \\ v_z \end{pmatrix} + \begin{pmatrix} w_x \\ w_y \\ w_z \end{pmatrix} = \begin{pmatrix} u_x + v_x \\ u_y + v_y \\ u_z + v_z \end{pmatrix} + \begin{pmatrix} w_x \\ w_y \\ w_z \end{pmatrix} = \begin{pmatrix} u_x + v_x + w_x \\ u_y + v_y + w_y \\ u_z + v_z + w_z \end{pmatrix} = \begin{pmatrix} u_x \\ u_y \\ u_z \end{pmatrix} + \begin{pmatrix} v_x + w_x \\ v_y + w_y \\ v_z + w_z \end{pmatrix}$

5. a) $\overrightarrow{PP_1} = \begin{pmatrix} 4 \\ 0 \\ 0 \end{pmatrix}$; $|\overrightarrow{PP_1}| = 4$ **b)** $\overrightarrow{PP_2} = \begin{pmatrix} 4 \\ 3 \\ 0 \end{pmatrix}$; $|\overrightarrow{PP_2}| = 5$ **c)** $\overrightarrow{PP_3} = \begin{pmatrix} 0 \\ 3 \\ 0 \end{pmatrix}$; $|\overrightarrow{PP_3}| = 3$

d) $\overrightarrow{PP_4} = \begin{pmatrix} 0 \\ 0 \\ 3 \end{pmatrix}$; $|\overrightarrow{PP_4}| = 3$ **e)** $\overrightarrow{PP_5} = \begin{pmatrix} 4 \\ 0 \\ 3 \end{pmatrix}$; $|\overrightarrow{PP_5}| = 5$ **f)** $\overrightarrow{PP_6} = \begin{pmatrix} 4 \\ 3 \\ 3 \end{pmatrix}$; $|\overrightarrow{PP_6}| \approx 5{,}83$

g) $\overrightarrow{P_1P_2} = \begin{pmatrix} 0 \\ 3 \\ 0 \end{pmatrix}$; $|\overrightarrow{P_1P_2}| = 3$ **h)** $\overrightarrow{P_1P_3} = \begin{pmatrix} -4 \\ 3 \\ 0 \end{pmatrix}$; $|\overrightarrow{P_1P_3}| = 5$ **i)** $\overrightarrow{P_1P_7} = \begin{pmatrix} -4 \\ 3 \\ 3 \end{pmatrix}$; $|\overrightarrow{P_1P_7}| \approx 5{,}83$

j) $\overrightarrow{P_2P_3} = \begin{pmatrix} -4 \\ 0 \\ 0 \end{pmatrix}$; $|\overrightarrow{P_2P_3}| = 4$ **k)** $\overrightarrow{P_2P_5} = \begin{pmatrix} 0 \\ -3 \\ 3 \end{pmatrix}$; $|\overrightarrow{P_2P_5}| \approx 4{,}24$ **l)** $\overrightarrow{P_2P_4} = \begin{pmatrix} -4 \\ -3 \\ 3 \end{pmatrix}$; $|\overrightarrow{P_2P_4}| \approx 5{,}83$

m) $\overrightarrow{P_7P_6} = \begin{pmatrix} 4 \\ 0 \\ 0 \end{pmatrix}$; $|\overrightarrow{P_7P_6}| = 4$ **n)** $\overrightarrow{P_7P_5} = \begin{pmatrix} 4 \\ -3 \\ 0 \end{pmatrix}$; $|\overrightarrow{P_7P_5}| - 5$ **o)** $\overrightarrow{P_7P_1} = \begin{pmatrix} 4 \\ -3 \\ -3 \end{pmatrix}$; $|\overrightarrow{P_7P_1}| \approx 5{,}83$

6. $\overrightarrow{PP_1} \uparrow\uparrow \overrightarrow{P_4P_5}$; $\overrightarrow{PP_4} \uparrow\downarrow \overrightarrow{P_5P_1}$; $\overrightarrow{P_1P_6} \uparrow\downarrow \overrightarrow{P_7P}$; $\overrightarrow{P_4P_3} \uparrow\downarrow \overrightarrow{P_2P_5}$; $\overrightarrow{P_5P_7} \uparrow\downarrow \overrightarrow{P_3P_1}$

307 **7. a)**

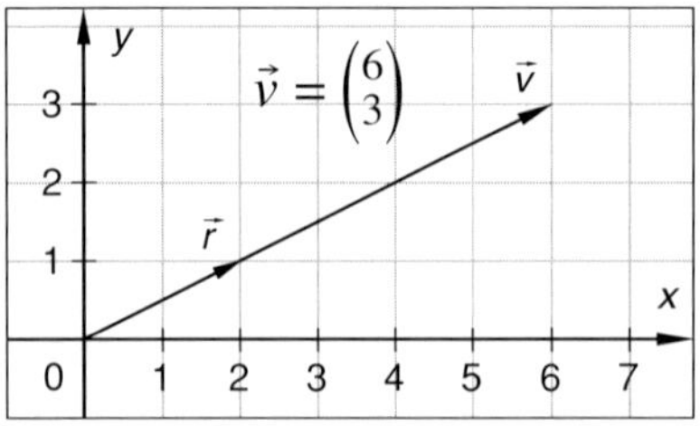

b)

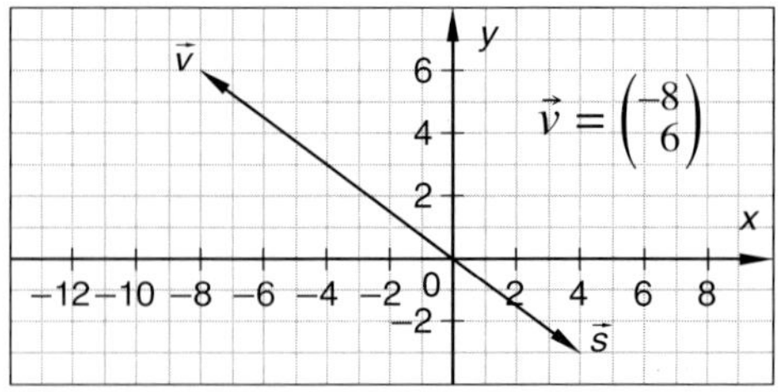

c)

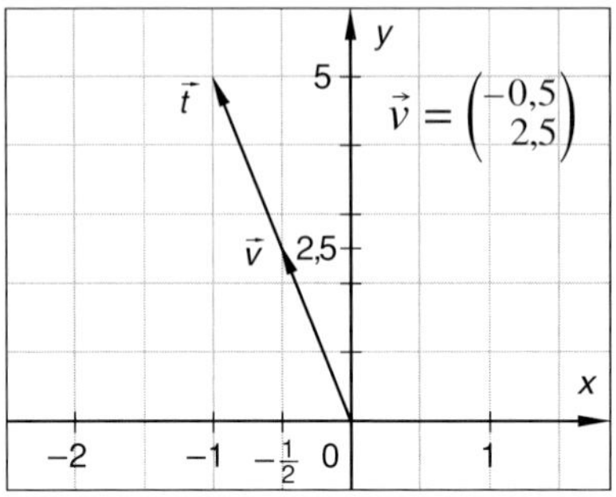

d)

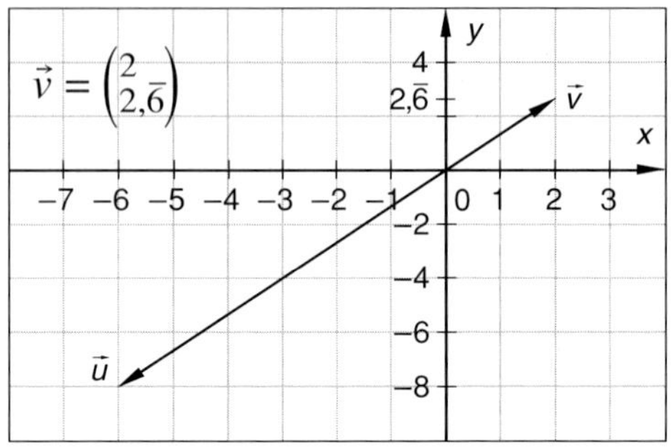

e)

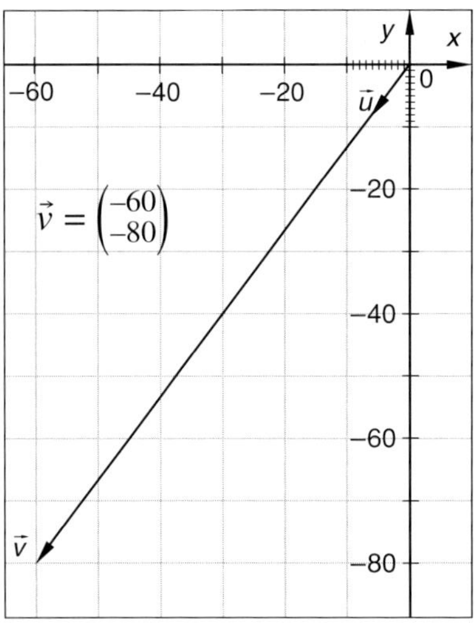

f)

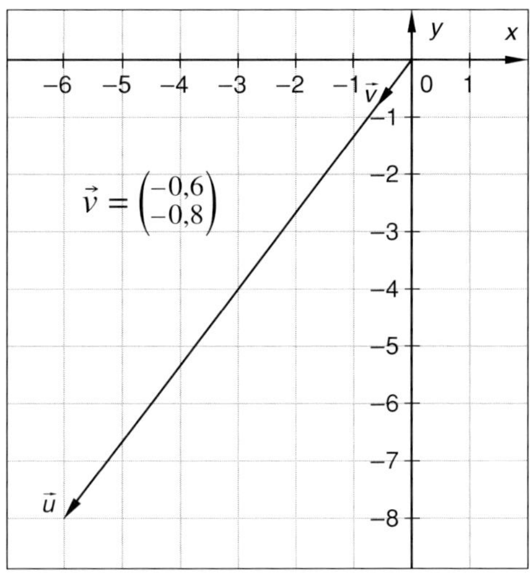

8. a) $\vec{x} = \begin{pmatrix} 20 \\ 23 \\ 9 \end{pmatrix}$ **b)** $\vec{x} = \begin{pmatrix} \frac{16}{3} \\ 18 \\ 1 \end{pmatrix}$ **c)** $\vec{x} = \begin{pmatrix} -0{,}5 \\ -1 \\ -3 \end{pmatrix}$

d) $\vec{x} = \begin{pmatrix} 20{,}96 \\ 19{,}97 \\ 36{,}43 \end{pmatrix}$ **e)** $\vec{x} = \begin{pmatrix} 11 \\ -7{,}5 \\ 18 \end{pmatrix}$ **f)** $\vec{x} = \frac{1}{2n-m} \begin{pmatrix} 3m+8n \\ 7{,}5m+6n \\ 1{,}5m+9n \end{pmatrix}$

9. a) $k = 2$; $m = 3$; $n = 1$ **b)** $k = -1$; $m = 0{,}5$; $n = 2$

c) $k = -0{,}5$; $m = 0{,}4$; $n = -3$ **d)** $k = 2{,}5$; $m = -1{,}5$; $n = -0{,}25$

307

10. a) $|\vec{r}| \approx 4{,}58$ **b)** $|\vec{s}| \approx 11{,}75$ **c)** $|\vec{t}| \approx 6{,}71$

d) $|\vec{u}| \approx 7{,}35$ **e)** $|\vec{v}| \approx 4{,}12$

11. $$\left|\vec{v}\cdot\frac{1}{|\vec{v}|}\right| = \sqrt{\left(\frac{x}{\sqrt{x^2+y^2+z^2}}\right)^2+\left(\frac{y}{\sqrt{x^2+y^2+z^2}}\right)^2+\left(\frac{z}{\sqrt{x^2+y^2+z^2}}\right)^2} = \sqrt{\frac{x^2+y^2+z^2}{x^2+y^2+z^2}} = 1 = |\vec{e}|$$

12.

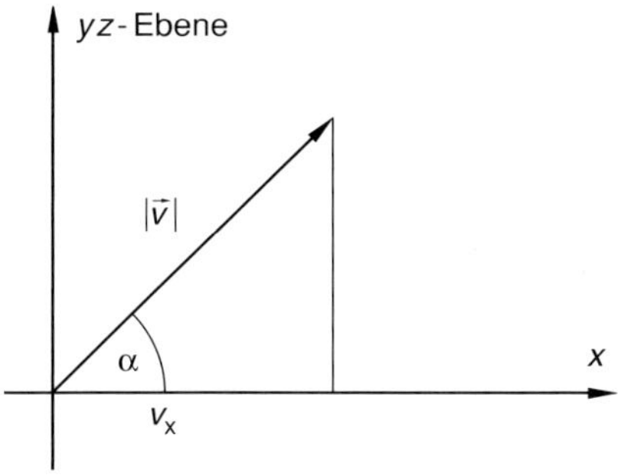

$\cos\alpha = \frac{v_x}{|\vec{v}|}$; analog verhält es sich mit dem Winkel β bzw. γ zur y- bzw. z-Achse

13. a) $\vec{e} = \frac{1}{\sqrt{21}}\begin{pmatrix}2\\-1\\4\end{pmatrix} \approx \begin{pmatrix}0{,}436\\-0{,}218\\0{,}873\end{pmatrix}$ **b)** $\vec{e} = \frac{1}{\sqrt{138}}\begin{pmatrix}5\\7\\8\end{pmatrix} \approx \begin{pmatrix}0{,}426\\0{,}596\\-0{,}681\end{pmatrix}$

c) $\vec{e} = \frac{1}{\sqrt{45}}\begin{pmatrix}-3\\0\\6\end{pmatrix} \approx \begin{pmatrix}-0{,}447\\0\\0{,}894\end{pmatrix}$ **d)** $\vec{e} = \frac{1}{\sqrt{54}}\begin{pmatrix}5\\-5\\2\end{pmatrix} \approx \begin{pmatrix}0{,}68\\-0{,}68\\0{,}272\end{pmatrix}$

e) $\vec{e} = \frac{1}{\sqrt{17}}\begin{pmatrix}\sqrt{3}\\-3\\\sqrt{5}\end{pmatrix} \approx \begin{pmatrix}0{,}42\\-0{,}728\\5{,}42\end{pmatrix}$

14. a) $t = 1$ **b)** $t = 0$ **c)** $t = \frac{1}{5}$ oder $t = -\frac{1}{5}$ **d)** $t = 0$

15. a) $x = -2$ oder $x = 2$ **b)** $y = -3$ oder $y = 3$

c) $z = -3$ oder $z = 3$ **d)** $t = -\frac{5}{14}$ oder $t = \frac{5}{14}$

16. $\vec{F}_R = \begin{pmatrix}-10\\80\end{pmatrix}$ N

$|\vec{F}_R| \approx 80{,}62$ N

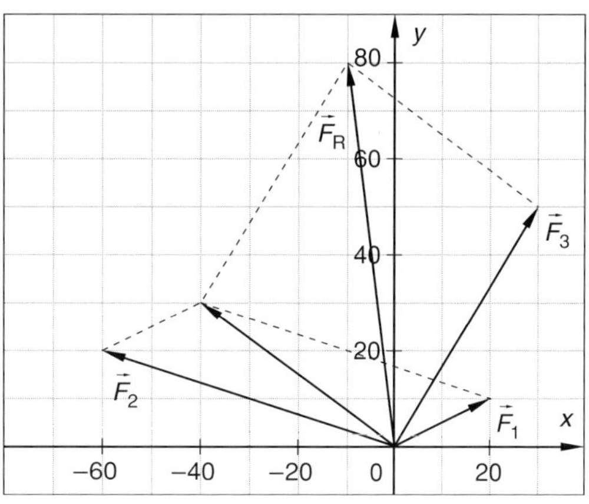

17. $\vec{F}_G = \begin{pmatrix} -8 \\ -10 \\ -7 \end{pmatrix}$

308

18. $\alpha = 60{,}26°$; $\vec{F} = \begin{pmatrix} 0 \\ -14 \end{pmatrix}$ kN

$\vec{F}_Z = \begin{pmatrix} -24{,}5 \\ 0 \end{pmatrix}$ kN; $|\vec{F}_Z| = 24{,}5$ kN

$\vec{F}_D = \begin{pmatrix} -24{,}5 \\ -14 \end{pmatrix}$ kN; $|\vec{F}_D| = 28{,}22$ kN

Belastung von Profil 1 und 2 auf den Druckstab, von Profil 3 auf den Zugstab.

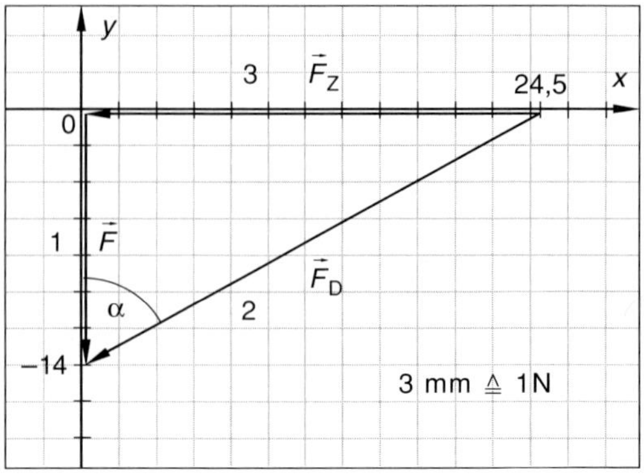

19. $P_1 = \begin{pmatrix} 60 \\ 45 \\ 85 \end{pmatrix}$; $P_2 = \begin{pmatrix} 95 \\ 65 \\ 100 \end{pmatrix}$; $P_4 = \begin{pmatrix} 165 \\ 105 \\ 130 \end{pmatrix}$; $P_5 = \begin{pmatrix} 200 \\ 125 \\ 145 \end{pmatrix}$; $P_6 = \begin{pmatrix} 235 \\ 145 \\ 160 \end{pmatrix}$

$P_7 = \begin{pmatrix} 270 \\ 165 \\ 175 \end{pmatrix}$; $P_9 = \begin{pmatrix} 240 \\ 205 \\ 205 \end{pmatrix}$; $a = 43$ mm

20. $\vec{v}_R = \begin{pmatrix} 1{,}8 \\ 3{,}8 \end{pmatrix} \frac{\text{km}}{\text{h}}$; $|\vec{v}_r| \approx 4{,}21 \frac{\text{km}}{\text{h}}$; $\sphericalangle(\vec{v}_e; \vec{v}_R) \approx 25{,}35°$

Abweichung $a \approx 36$ m; $t \approx 1{,}2$ min

21. $F_T \approx 271{,}35$ N

$F_N \approx 331{,}26$ N

$\beta(2F_T) \approx 38{,}59°$

Skizze:

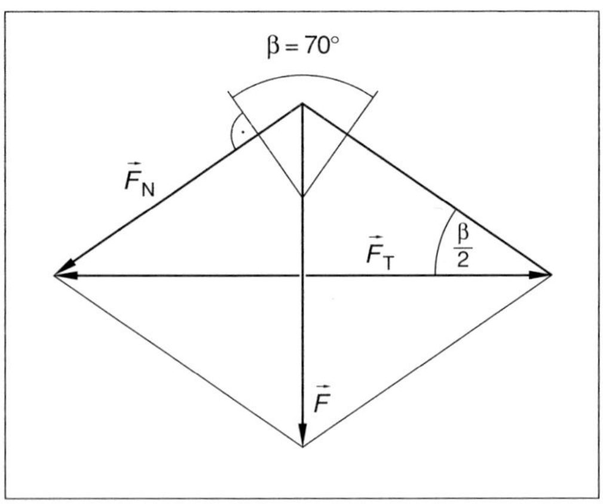

1 cm ≙ 100 N

308

22. $\vec{a}_b = \begin{pmatrix} 1\,800 \\ 500 \\ 600 \end{pmatrix}$ mm; $|\vec{a}_b| \approx 1\,962$ mm

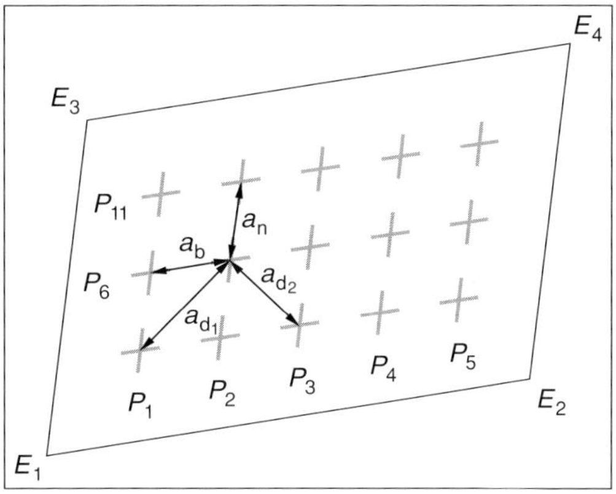

$\vec{a}_n = \begin{pmatrix} 500 \\ 1\,000 \\ 1\,500 \end{pmatrix}$ mm; $|\vec{a}_n| \approx 1\,871$ mm

$\vec{a}_{d_1} = \begin{pmatrix} 2\,300 \\ 1\,500 \\ 2\,100 \end{pmatrix}$ mm; $|\vec{a}_{d_1}| \approx 3\,457$ mm

$\vec{a}_{d_2} = \begin{pmatrix} 1\,300 \\ -500 \\ -900 \end{pmatrix}$ mm; $|\vec{a}_{d_2}| \approx 1\,658$ mm

$P_1 = \begin{pmatrix} 17\,300 \\ 23\,500 \\ 5\,100 \end{pmatrix}$ mm; $P_2 = \begin{pmatrix} 19\,100 \\ 24\,000 \\ 5\,700 \end{pmatrix}$ mm; $P3 = \begin{pmatrix} 20\,900 \\ 24\,500 \\ 6\,300 \end{pmatrix}$ mm;

$P_4 = \begin{pmatrix} 22\,700 \\ 25\,000 \\ 6\,900 \end{pmatrix}$ mm; $P_5 = \begin{pmatrix} 24\,500 \\ 25\,500 \\ 7\,500 \end{pmatrix}$ mm; $P_6 = \begin{pmatrix} 17\,800 \\ 24\,500 \\ 6\,600 \end{pmatrix}$ mm;

$P_7 = \begin{pmatrix} 19\,600 \\ 25\,000 \\ 7\,200 \end{pmatrix}$ mm; $P_8 = \begin{pmatrix} 21\,400 \\ 25\,500 \\ 7\,800 \end{pmatrix}$ mm; $P_9 = \begin{pmatrix} 23\,200 \\ 26\,000 \\ 8\,400 \end{pmatrix}$ mm;

$P_{10} = \begin{pmatrix} 25\,000 \\ 26\,500 \\ 9\,000 \end{pmatrix}$ mm; $P_{11} = \begin{pmatrix} 18\,300 \\ 25\,500 \\ 8\,100 \end{pmatrix}$ mm; $P_{12} = \begin{pmatrix} 20\,100 \\ 26\,000 \\ 8\,700 \end{pmatrix}$ mm;

$P_{13} = \begin{pmatrix} 21\,900 \\ 25\,500 \\ 9\,300 \end{pmatrix}$ mm; $P_{14} = \begin{pmatrix} 23\,700 \\ 27\,000 \\ 9\,900 \end{pmatrix}$ mm; $P_{15} = \begin{pmatrix} 25\,500 \\ 27\,500 \\ 10\,500 \end{pmatrix}$ mm

$E_4 = \begin{pmatrix} 27{,}8 \\ 29 \\ 12{,}6 \end{pmatrix}$ m

23. (Druckfehlerberichtigung ab dem 2. Druck des Schülerbuches: Die Schnittgeschwindigkeit beträgt $12{,}0\,\frac{\text{m}}{\text{min}}$ statt $120\,\frac{\text{m}}{\text{min}}$.)

Um die zeichnerische Lösung durchführen zu können, muss die Vorschubgeschwindigkeit v_f aus der gegebenen Schnittgeschwindigkeit v_c berechnet werden:

$v_f = \text{Vorschub} \cdot \text{Drehzahl}$.

Aus $v_c = d \cdot \pi \cdot n$ erhält man die dafür benötigte Drehzahl

$n = 112{,}345 \cdot \frac{1}{\text{min}} \quad \Rightarrow \quad v_f = 1{,}404\,\frac{\text{m}}{\text{min}}$

Daraus ergibt sich die Wirkgeschwindigkeit

$\vec{v}_e = \begin{pmatrix} -1{,}404 \\ 12 \end{pmatrix} \frac{\text{m}}{\text{min}}$; $|\vec{v}_e| \approx 12{,}082\,\frac{\text{m}}{\text{min}}$

und der Wirkwinkel $\eta \approx 6{,}67°$.

Als Hauptzeit ergibt sich $t_h \approx 0{,}5 \text{ min} = 30$ s

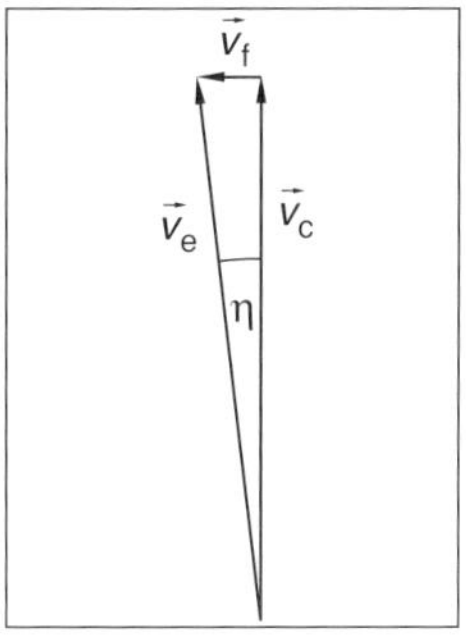

308 **24.** $\vec{F}_R \approx \begin{pmatrix} 0{,}30 \\ 0{,}05 \end{pmatrix}$ kN

$|\vec{F}_R| \approx 0{,}304$ kN

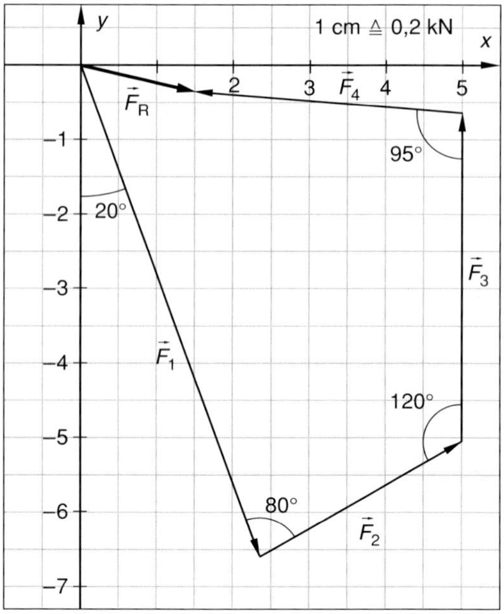

9.2 Das Skalarprodukt und das Vektorprodukt

315 **1. a)** -7 **b)** 13 **c)** -43
d) 46 **e)** 8 **f)** -15

2. a) -80 **b)** 96 **c)** -192
d) 112 **e)** -80 **f)** 304

3. a) $\alpha \approx 69{,}23°$ **b)** $\alpha \approx 77{,}09°$ **c)** $\alpha \approx 19{,}97°$ **d)** $\alpha \approx 145{,}2°$

4. a) $t = \frac{17}{6}$ **b)** $t = \frac{28}{3}$

5. a) $\sphericalangle(\vec{r};\vec{s}) \approx 81{,}87°$;
$\sphericalangle(\vec{s};\vec{t}) \approx 60{,}26°$;
$\sphericalangle(\vec{r};\vec{t}) \approx 37{,}87°$

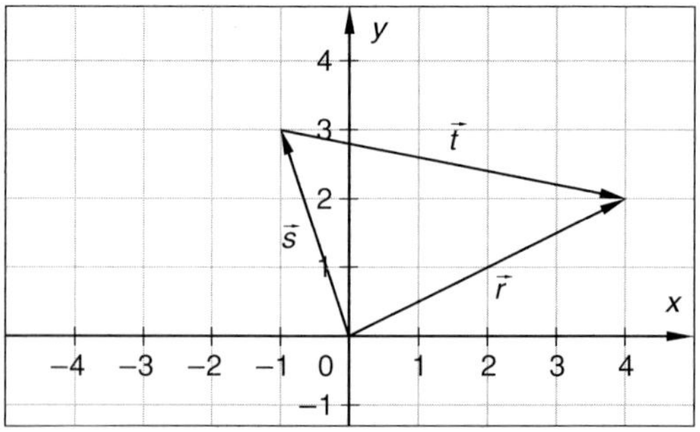

315

b) $\sphericalangle(\vec{r}; \vec{s}) \approx 83{,}88°$;
$\sphericalangle(\vec{s}; \vec{t}) \approx 70{,}35°$;
$\sphericalangle(\vec{r}; \vec{t}) \approx 25{,}77°$

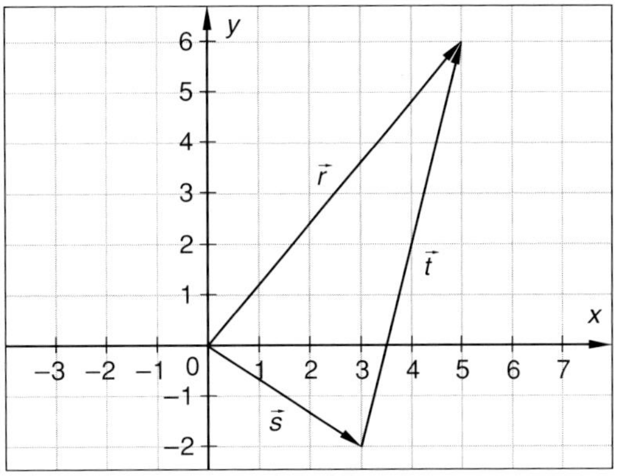

c) $\sphericalangle(\vec{r}; \vec{s}) \approx 74{,}74°$;
$\sphericalangle(\vec{s}; \vec{t}) \approx 57{,}53°$;
$\sphericalangle(\vec{r}; \vec{t}) \approx 47{,}73°$

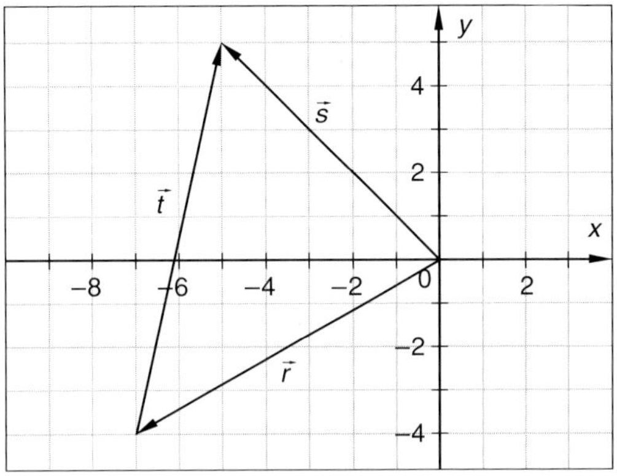

d) $\sphericalangle(\vec{r}; \vec{s}) \approx 172{,}87°$;
$\sphericalangle(\vec{s}; \vec{t}) \approx 4{,}64°$;
$\sphericalangle(\vec{r}; \vec{t}) \approx 2{,}49°$

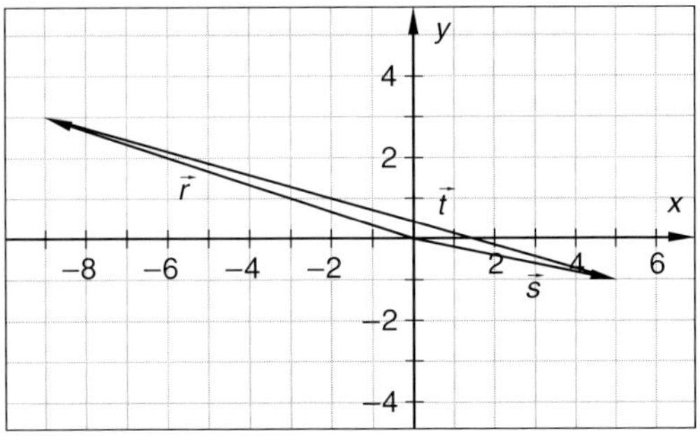

6. a) $k = 0$

b) $k_1 = -\frac{\sqrt{129}+7}{4}$; $k_2 = \frac{\sqrt{129}-7}{4}$

c) $k_1 = 0$; $k_2 = -2{,}6$

d) $k_1 = -1$; $k_2 = 2$

7. a) $P_3\langle -2 \mid 2 \mid 3 \rangle$

b) $P_3\langle 3 \mid 5 \mid -15 \rangle$

c) $P_3\langle x \mid 3 \mid x-16 \rangle$

d) $P_3\left\langle \frac{y+3z-10}{8} \middle| y \middle| \frac{8x-y+10}{3} \right\rangle$

8. $W = 970$ kNm

9. $W \approx 1\,113{,}15$ kNm; Höhenunterschied $l_Z \approx 0{,}7$ m

316

10. a) $\vec{r} \times \vec{s} = \begin{pmatrix} -13 \\ -26 \\ 26 \end{pmatrix}$; $\vec{s} \times \vec{r} = \begin{pmatrix} 13 \\ 26 \\ -26 \end{pmatrix}$

$|\vec{r}| \approx 8{,}062$; $|\vec{s}| \approx 5{,}099$; $|\vec{r} \times \vec{s}| = |\vec{s} \times \vec{r}| = 39$

b) $\vec{r} \times \vec{s} = \begin{pmatrix} 80 \\ 86 \\ 107 \end{pmatrix}$; $\vec{s} \times \vec{r} = \begin{pmatrix} -80 \\ -86 \\ -107 \end{pmatrix}$

$|\vec{r}| \approx 11{,}576$; $|\vec{s}| \approx 13{,}748$; $|\vec{r} \times \vec{s}| = |\vec{s} \times \vec{r}| \approx 158{,}887$

c) $\vec{r} \times \vec{s} = \begin{pmatrix} 22 \\ -20 \\ -81 \end{pmatrix}$; $\vec{s} \times \vec{r} = \begin{pmatrix} -22 \\ 20 \\ 21 \end{pmatrix}$

$|\vec{r}| = 13$; $|\vec{s}| \approx 7{,}349$; $|\vec{r} \times \vec{s}| = |\vec{s} \times \vec{r}| \approx 86{,}284$

d) $\vec{r} \times \vec{s} = \begin{pmatrix} 96 \\ -54 \\ 24 \end{pmatrix}$; $\vec{s} \times \vec{r} = \begin{pmatrix} -96 \\ 54 \\ 24 \end{pmatrix}$

$|\vec{r}| \approx 10{,}44$; $|\vec{s}| \approx 12{,}369$; $|\vec{r} \times \vec{s}| = |\vec{s} \times \vec{r}| \approx 112{,}73$

11. a)–d) da die Vektoren zu sich selbst kollinear sind, sind alle Vektorprodukte gleich Null und damit auch das gesamte Produkt.

12. a) nicht kollinear **b)** kollinear **c)** nicht kollinear **d)** für $k = \frac{15}{2}$ kollinear

13. Es sei $\vec{u} = \begin{pmatrix} u_x \\ u_y \\ u_z \end{pmatrix}$ und $\vec{v} = \begin{pmatrix} v_x \\ v_y \\ v_z \end{pmatrix}$.

Der Vektor $\vec{w}$ sie das Vektorprodukt $\vec{u} \times \vec{v}$ der beiden Vektoren $\vec{u}$ und $\vec{v}$; für den Vektor $\vec{w}$ gelten also die folgenden Beziehungen:

(1) $\vec{w} \cdot \vec{u} = 0$ und $\vec{w} \cdot \vec{v} = 0$,

(2) $|\vec{w}| = |\vec{u}| \cdot |\vec{v}| \cdot \sin\alpha$ mit $\alpha = \sphericalangle(\vec{u}, \vec{v})$.

Aus (2) folgt:

$$
\begin{aligned}
|\vec{w}|^2 &= |\vec{u}|^2 \cdot |\vec{v}|^2 \cdot \sin^2\alpha = |\vec{u}|^2 \cdot |\vec{v}|^2 \cdot (1 - \cos^2\alpha) \\
&= |\vec{u}|^2 \cdot |\vec{v}|^2 - |\vec{u}|^2 \cdot |\vec{v}|^2 \cdot \cos^2\alpha = |\vec{u}|^2 \cdot |\vec{v}|^2 - (|\vec{u}| \cdot |\vec{v}| \cdot \cos\alpha)^2 \\
&= |\vec{u}|^2 \cdot |\vec{v}|^2 - (\vec{u} \cdot \vec{v})^2 \\
&= (u_x^2 + u_y^2 + u_z^2) \cdot (v_x^2 + v_y^2 + v_z^2) - (u_x v_x + u_y v_y + u_z v_z)^2 \\
&= \quad (u_x v_x)^2 + (u_x v_y)^2 + (u_x v_z)^2 \\
&\quad + (u_y v_x)^2 + (u_y v_y)^2 + (u_y v_z)^2 \\
&\quad + (u_z v_x)^2 + (u_z v_y)^2 + (u_z v_z)^2 \\
&\quad - (u_x v_x)^2 - (u_y v_y)^2 - (u_z v_z)^2 - 2 u_x u_y v_x v_y - 2 u_x u_z v_x v_z - 2 u_y u_z v_y v_z \\
&= \quad (u_y v_z)^2 - 2 u_y u_z v_z v_y + (u_z v_y)^2 \\
&\quad + (u_z v_x)^2 - 2 u_z u_x v_x v_z + (u_x v_z)^2 \\
&\quad + (u_x v_y)^2 - 2 u_x u_y v_y v_x + (u_y v_x)^2 \\
&= (u_y v_z - u_z v_y)^2 + (u_z v_x - u_x v_z)^2 + (u_x v_y - u_y v_x)^2;
\end{aligned}
$$

also: $|w| = \sqrt{(u_y v_z - u_z v_y)^2 + (u_z v_x - u_x v_z)^2 + (u_x v_y - u_y v_x)^2}$.

Der Vektor $\begin{pmatrix} u_y v_z - u_z v_y \\ u_z v_x - u_x v_z \\ u_x v_y - u_y v_x \end{pmatrix}$ besitzt denselben Betrag wie $\vec{w}$. Außerdem gilt:

316

$$\begin{pmatrix} u_y v_z - u_z v_y \\ u_z v_x - u_x v_z \\ u_x v_y - u_y v_x \end{pmatrix} \cdot \vec{u} = u_y v_z u_x - u_z v_y u_x + u_z v_x u_y - u_x v_z u_y + u_x v_y u_z - u_y v_x u_z = 0,$$

$$\begin{pmatrix} u_y v_z - u_z v_y \\ u_z v_x - u_x v_z \\ u_x v_y - u_y v_x \end{pmatrix} \cdot \vec{v} = u_y v_z v_x - u_z v_y v_x + u_z v_x v_y - u_x v_z v_y + u_x v_y v_z - u_y v_x v_z = 0;$$

also ist auch (1) erfüllt. Damit ist gezeigt: $\vec{w} = \vec{u} \times \vec{v} = \begin{pmatrix} u_y v_z - u_z v_y \\ u_z v_x - u_x v_z \\ u_x v_y - u_y v_x \end{pmatrix}$.

14. a) $\vec{M} = \begin{pmatrix} -250 \\ 650 \\ -50 \end{pmatrix}$ Nm; $|\vec{M}| \approx 698{,}21$ Nm

$\vec{F}_\perp \approx \begin{pmatrix} 1\,037{,}31 \\ 444{,}56 \\ 592{,}75 \end{pmatrix}$ N; $|\vec{F}_\perp| \approx 1\,274{,}75$ N

b) $\vec{M} = \begin{pmatrix} 1\,200 \\ 700 \\ 2\,700 \end{pmatrix}$ N; $|\vec{M}| \approx 3\,036{,}45$ Nm

$\vec{F}_\perp \approx \begin{pmatrix} 29{,}98 \\ 44{,}98 \\ -24{,}99 \end{pmatrix}$ N; $|\vec{F}_\perp| \approx 59{,}55$ N

15. $A = 15\ \text{m}^2$; $d_1 \approx 11{,}05$ m; $d_2 \approx 4{,}243$ m

16. $\overrightarrow{M}_1 = \overrightarrow{M}_2 = \overrightarrow{M}_3 = \begin{pmatrix} 0 \\ 0 \\ -49 \end{pmatrix}$ Nm; $|\overrightarrow{M}| = 49$ Nm

17. (Druckfehlerberichtigung ab 2. Druck des Schülerbuches: $\vec{l}$ statt $\vec{v}$)
$W_H = W_B = 9025{,}2$ Nm; $P \approx 112{,}2\ W$; $P_0\langle 10 \mid 21 \mid 10\rangle$ m

18. Mit einem Kolbendurchmesser[1)] von 100 mm: Kraft auf den Kolben: $F_P = 119\,380{,}52$ N.
Mit dem Sinussatz berechnet man den Winkel zwischen Pleuelstange und Symmetrielinie: $\alpha \approx 11{,}658°$

$\overrightarrow{F_P} = \begin{pmatrix} 119\,380{,}52 \\ 24\,631{,}669 \\ 0 \end{pmatrix}$ N; $\overrightarrow{M} = \begin{pmatrix} 0 \\ 0 \\ -6\,374\,951 \end{pmatrix}$ Nmm

$F_N = F_Y = 24\,631{,}669$ N

1) Im 1. Druck des Schülerbuches ist dieser im Bild nicht angegeben

9.3 Lineare Gleichungssysteme

327

1. a) linear abhängig **b)** linear abhängig
c) linear unabhängig **c)** linear unabhängig

2. Übung 12., Seite 316
zu **a)** linear unabhängig **b)** linear abhängig
c) linear unabhängig **d)** linear abhängig

3. siehe Schülerbuch Seite 323 oben.
Die zum Vektorprodukt $\vec{u} \times \vec{v}$ gehörige Determinante $\begin{vmatrix} \vec{j} & u_x & v_x \\ \vec{i} & u_y & v_y \\ \vec{k} & u_z & v_z \end{vmatrix}$ lässt sich nach der Regel von Sarrus berechnen: $D = \begin{pmatrix} \vec{i} & u_y & v_z - \vec{i} & u_z & v_y \\ \vec{j} & u_z & v_x - \vec{j} & u_x & v_z \\ \vec{k} & u_x & v_y - \vec{k} & u_y & v_x \end{pmatrix} = \begin{pmatrix} 1 \\ 1 \\ 1 \end{pmatrix} \begin{pmatrix} u_y & v_z - u_z & v_y \\ u_z & v_x - u_x & v_z \\ u_x & v_y - u_y & v_x \end{pmatrix}$
Dies entspricht der Komponentendarstellung des Vektorproduktes.

4. Siehe Lösung zu 9.2 Übung 10., 11.

5. a) linear unabhängig **b)** linear unabängig

6. siehe Schülerbuch Seite 322 oben.
Der erste Schritt der Regel von Sarrus
$D = a_{11}\,a_{22}\,a_{33} - a_{11}\,a_{23}\,a_{32} - a_{21}\,a_{12}\,a_{33} + a_{21}\,a_{13}\,a_{32} + a_{31}\,a_{12}\,a_{23} - a_{31}\,a_{13}\,a_{22}$
entspricht der Zusammensetzung der Determinante aus zweireihigen Unterdeterminanten nach dem Entwicklungssatz, usw.

7. a) 1) $k = -13$ 2) $k = 4$
b) 1) $a(\vec{r}) = -2;\ b(\vec{s}) = -1;\ c(\vec{t}) = 3$
2) $a(\vec{r}) = -2;\ b(\vec{s}) = -1;\ c(\vec{t}) = \frac{1}{2}$

8. a) $D = 0$ **b)** $D = 98$ **c)** $D = -15$
d) $D = yz(z-y) - xz(z-x) + xy(y-x)$
e) $D = 0$ **f)** $D = y^2(z-x)$

9. a) $k \in \mathbb{R} \setminus \{-4\}$ **b)** $k \in \mathbb{R} \setminus \{-8\}$ **c)** $k \in \mathbb{R} \setminus \{-3 \mid 3\}$
d) $k \in \mathbb{R} \setminus \{1\}$ **e)** $k \in \mathbb{R} \setminus \{2\}$ **f)** $k \in \mathbb{R} \setminus \{3\}$

328

10. Siehe Lösung zu 2.2 Übung 13.

11. Siehe Lösung zu 9.1 Übung 9.

12. a) $x = -2;\ y = 5$ **b)** $x = 1{,}5;\ y = -0{,}8$
c) $x = -3;\ y = -7$ **d)** $x = 5;\ y = -3;\ z = 9$
e) $x = -1;\ y = -2;\ z = 3$ **f)** $x = 11;\ y = 15;\ z = 0$
g) $x = \frac{1}{4};\ y = -\frac{5}{4};\ z = \frac{3}{2}$ **h)** $x = -9;\ y = 4;\ z = -8$

13. a) $a_2 = 2;\ a_1 = -3;\ a_0 = -3:\quad f(x) = x^3 + 2x^2 - 3x - 3$ 328

b) $a_2 = -3;\ a_1 = -\frac{5}{2};\ a_0 = 9:\quad f(x) = x^3 - 3x^2 - \frac{5}{2}x + 9$

c) $a_2 = -5;\ a_1 = -\frac{17}{4};\ a_0 = \frac{7}{2}:\quad f(x) = x^3 - 5x^2 - \frac{17}{4}x + \frac{7}{2}$

14. $A = 20$ kg; $B = 60$ kg; $C = 120$ kg

15. $S_2 = -2F_0 = -150$ N: Druckstab
$S_1 = F_0 = 75$ N: Zugstab
$S_3 = S_2 = -150$ N: Druckstab

16. $S_1 \approx -10{,}392$ kN: Zugstab 329
$S_2 = 12$ kN: Druckstab
$S_3 \approx -20{,}785$ kN: Druckstab

17. $I \approx 6{,}629$ V; $I_1 \approx 2{,}486$ V; $I_2 \approx 4{,}143$ V